环保公益性行业科研专项经费项目系列丛书
环境污染事故应急处置实用技术丛书

危险化学品环境污染事故应急处置实用技术

张立秋　伉沛崧　时圣刚　梁贤伟　编著

中国环境出版社·北京

图书在版编目（CIP）数据

危险化学品环境污染事故应急处置实用技术/张立秋等编著. —北京：中国环境出版社，2014.12

（环保公益性行业科研专项经费项目系列丛书. 环境污染事故应急处置实用技术丛书）

ISBN 978-7-5111-2149-3

Ⅰ. ①危… Ⅱ. ①张… Ⅲ. ①化工产品—危险物品管理—事故处理—研究 Ⅳ. ①TQ086.5

中国版本图书馆 CIP 数据核字（2014）第 285284 号

出 版 人 王新程
责任编辑 连 斌
责任校对 尹 芳
封面设计 宋 瑞

出版发行 中国环境出版社
（100062 北京市东城区广渠门内大街 16 号）
网 址：http：//www.cesp.com.cn
电子邮箱：bjgl@cesp.com.cn
联系电话：010-67112765（编辑管理部）
010-67110763 生态（水利）图书出版中心
发行热线：010-67125803，010-67113405（传真）

印 刷 北京中科印刷有限公司
经 销 各地新华书店
版 次 2015 年 12 月第 1 版
印 次 2015 年 12 月第 1 次印刷
开 本 787×1092 1/16
印 张 13
字 数 277 千字
定 价 39.00 元

《环保公益性行业科研专项经费项目系列丛书》

编 委 会

《环境污染事故应急处置实用技术丛书》

编 委 会

总　序

我国作为一个发展中的人口大国，资源环境问题是长期制约经济社会可持续发展的重大问题。党中央、国务院高度重视环境保护工作，提出了建设生态文明、建设资源节约型与环境友好型社会、推进环境保护历史性转变、让江河湖泊休养生息、节能减排是转方式调结构的重要抓手、环境保护是重大民生问题、探索中国环保新道路等一系列新理念新举措。在科学发展观的指导下，环境保护工作成效显著，在经济增长超过预期的情况下，主要污染物减排任务超额完成，环境质量持续改善。

随着当前经济的高速增长，资源环境约束进一步强化，环境保护正处于负重爬坡的艰难阶段。治污减排的压力有增无减，环境质量改善的压力不断加大，防范环境风险的压力持续增加，确保核与辐射安全的压力继续加大，应对全球环境问题的压力急剧加大。要破解发展经济与保护环境的难点，解决影响可持续发展和群众健康的突出环境问题，确保环保工作不断上台阶出亮点，必须充分依靠科技创新和科技进步，构建强大坚实的科技支撑体系。

2006 年，我国发布了《国家中长期科学和技术发展规划纲要（2006—2020 年）》（以下简称《规划纲要》），提出了建设创新型国家战略，科技事业进入了发展的快车道，环保科技也迎来了蓬勃发展的春天。为适应环境保护历史性转变和创新型国家建设的要求，原国家环境保护总局于 2006 年召开了第一次全国环保科技大会，出台了《关于增强环境科技创新能力的若干意见》，确立了科技兴环保战略；2012 年，环境保护部召开第二次全国环保科技大会，出台了《关于加快完善环保科技标准体系的意见》，全面实施科技兴环保战略，建设满足环境优化经济发展需要、符合我国基本国情和世界环保事业发展趋势的环境科技创新体系、环保标准体系、环境技术管理体系、环保产业培育体系和科技支撑保障体系。几年来，在广大环境科技工作者的努力下，水体污染控制与治理科技重大专项实施顺利，科技投入持续增加，科技创新能力显著增强；现行国家标准达 1 300 余项，环境标准体系建设实现了跨越式发展；完成了 100 余项环保技术文件的制修订工作，确立了技术指导、评估和示范为主要内容的管理框架。环境科技为全面完成环保规划的各项任务起到了重要的引领和支撑作用。

为优化中央财政科技投入结构，支持市场机制不能有效配置资源的社会公益研究活动，“十一五”期间国家设立了公益性行业科研专项经费。根据财政部、科技部的总体部署，环保公益性行业科研专项紧密围绕《规划纲要》和《国家环境保护科技发展规划》确定的重点领域和优先主题，立足环境管理中的科技需求，积极开展应急性、培育性、基础性科学研究。“十一五”以来，环境保护部组织实施了公益性行业科研专项项目 439 项，涉及大气、水、生态、土壤、固废、核与辐射等领域，共有包括中央级科研院所、高等院校、地方环保科研单位和企业等几百家单位参与，逐步形成了优势互补、团结协作、良性竞争、共同发展的环保科技“统一战线”。目前，专项取得了重要研究成果，提出了一系列控制污染和改善环境质量技术方案，形成一批环境监测预警和监督管理技术体系，研发出一批与生态环境保护、国际履约、核与辐射安全相关的关键技术，提出了一系列环境标准、指南和技术规范建议，为解决我国环境保护和环境管理中急需的成套技术和政策制定提供了重要的科技支撑。

为广泛共享“十一五”以来环保公益性行业科研专项项目研究成果，及时总结项目组织管理经验，环境保护部科技标准司组织出版环保公益性行业科研专项经费系列丛书。该丛书汇集了一批专项研究的代表性成果，具有较强的学术性和实用性，可以说是环境领域不可多得的资料文献。丛书的组织出版，在科技管理上也是一次很好的尝试，我们希望通过这一尝试，能够进一步活跃环保科技的学术氛围，促进科技成果的转化与应用，为探索中国环保新道路提供有力的科技支撑。

中华人民共和国环境保护部副部长

吴晓青

2011 年 10 月

序　言

国家环保公益项目“环境污染应急处置技术筛选和评估研究”，是在我国环境总体形势依然十分严峻，特别是突发性环境污染事故频频发生的特殊时刻，针对其应急及管理方面急需一系列技术支持的背景下设立的。2012 年，在环保部科技司和应急中心组织领导和大力支持下，哈尔滨工业大学联合了五家在该领域具有较大影响力和研究特色的科研单位，开始了环境污染应急处置技术筛选与评估研究。该项目设立了包括溢油污染应急处置技术筛选与评估研究、重金属与尾矿库金属泄漏污染应急处置技术筛选与评估研究、典型化学品污染应急处置技术筛选与评估研究、城市饮用水源地污染应急处置技术筛选与评估研究、环境应急管理政策体系框架研究、环境污染应急处置技术筛选与评估体系数字化平台研究六个子课题。

在近三年的时间里，由哈尔滨工业大学负责，环境保护部华南环境科学研究所、中国环境科学研究院、北京林业大学、大连理工大学、国环危险废物处置工程技术（天津）公司等单位参加组成的课题组，开展了国内外相关文献资料的检索收集、案例分析、实地调研、案例库和技术库构建等研究工作，召开了 10 余次项目组研讨会或外聘专家咨询会，完成了上述六个子课题研究和项目计划书设定的总体目标和任务，提出了针对溢油、重金属与尾矿库金属泄漏、典型危险化学品、城市饮用水水源地突发污染事故的应急处置技术筛选与评估方法与程序，通过对国内外应急管理政策对比分析提出了环境应急管理政策体系框架建议，建立了环境应急信息管理系统和应急处置技术筛选与评估体系数字化平台。本项目研究成果将有助于提升我国环境应急管理的技术水平，为国家环境应急管理提供了有力的科学技术支撑。

本系列丛书把在项目研究中汇集的大量有价值信息和相对成熟的部分研究成果加以系统整理奉献给读者，该系列丛书由如下 6 本书构成：

1. 溢油环境污染事故应急处置实用技术（郑洪波、张树深）

2．危险化学品环境污染事故应急处置实用技术（张立秋、伉沛崧、时圣刚、梁贤伟）

3．重金属环境污染事故应急处置实用技术（上册）（庞志华、许振成、郑彤、王振兴）

4．重金属环境污染事故应急处置实用技术（下册）（郑彤、王鹏、赵坤荣）

5．城市饮用水水源地环境污染事故应急处置实用技术（孟宪林、王鹏、崔崇威、侯炳江、曲建华）

6．水环境突发污染应急决策支持系统（郭亮、王鹏、姜继平）

本系列丛书主要介绍突发环境事故应急处置的实用技术，包括应急监测技术、应急处理处置技术、应急物资储备等，该系列丛书在整体上具有如下 3 个特点：①实用性：密切结合各类环境污染事故的特点，充分考虑应急现场的实际需求，分析污染事故处理处置工作中可能遇到的技术问题，为应急预案编制提供可操作的技术支持；②全面性：针对常见各类污染事故给出应急处理处置技术方案，适用于国家、省、市等各级环保部门制定应急处置预案，也适用于化工、石化、矿业、焦化、煤炭、电子、造纸、油库等行业企业制定应急响应预案，并对典型案例的应急监测和处置进行了描述介绍；③科学性：以大量相关文献调研为基础，对部分技术进行了实验验证，结合作者的实践经验分析了环境污染事故处理工作中的各种管理、技术问题，论证提出科学的应急处置解决措施和技术方案。

本系列丛书内容丰富、翔实可信，作者从大量案例分析着手，详细介绍了常见溢油、危险化学品、重金属、饮用水水源地等污染事故的应急监测和处理处置技术。本书可供环保、石化、化工、交通、卫生部门的管理及技术人员使用，尤其对广大环境保护工作者而言，可为其在进行环境污染事故处理工作中提供参考和借鉴。

借此丛书出版的机会，我们再一次对项目研究期间给予了我们巨大帮助和支持的环境保护部科技标准司、环境应急与事故调查中心，以及全国许多相关单位的领导、同行和专家表示衷心的感谢；项目组要特别感谢环境保护部科技标准司刘志全巡视员兼副司长、科技发展处禹军处长、陈胜副处长，环境应急与事故调查中心田为勇主任、冯晓波副主任、隋筱婵副巡视员、预警处刘相梅处长、应急调查一处侯世健副处长等对本项目的肯定、鼓励、指导和支持；感谢陈尚芹、樊元生、虞统、许振成、陈求稳、杨晓松、李维新、孙德智、王业耀、汪群慧、李政禹、陈超、杨敏、张晓健等各位教授和专家，他们花费了宝贵时间对项目研究成果进行审阅，提出宝贵意见，对提高项目研究成果质量起到了重要作用；特别感谢项目参加单位——哈尔滨工业大学、中国环境科学研究院、环保部华南环境研究所、北京林业大学、大连理工大学、国环危险废物处置工程技术（天津）公司等单位的领导对本项目开展和本丛书撰写给予的大力支持！

由于我们水平有限，加之成书仓促，书中可能存在许多不足，恳请广大读者批评指正！

作 者

2014 年 5 月于哈尔滨

前　言

近年来，国内外频繁发生的危险化学品污染事故给社会和人民生命财产造成了重大损失，也引起了国家和社会的高度关注。危险化学品，是指具有毒害、腐蚀、爆炸、燃烧、助燃等性质，对人体、设施、环境具有危害的剧毒化学品和其他化学品。危险化学品在人们生产与生活中发挥着不可替代的作用，同时其固有的危险性也会对人类的生命、物质财产以及生态环境造成极大的威胁。因此，针对危险化学品环境污染事故必须采取有效措施，进行妥善的处理处置，以满足我国环境污染综合治理的总体要求。

依托国家环保公益性行业科研专项“环境污染应急处置技术筛选和评估研究”中的子课题“典型化学品污染应急处置技术筛选与评估研究”的研究成果，北京林业大学环境科学与工程学院与国环危险废物处置工程技术（天津）有限公司共同组织编写了《危险化学品环境污染事故应急处置实用技术》，希望能为指导我国危险化学品环境污染事故的应急处理处置工作提供有益的参考和帮助。

本书在编写过程中参阅了大量的文献资料，并结合了国内外对危险化学品环境污染事故的处理处置实践经验，系统介绍了环境污染事故处理处置的过程、基本要求、技术特点、技术方案构建原则与方法、事故现场危险性分析、环境监测的基本方法，同时选取了六种典型化学品进行了详细的应急处理处置方案介绍与案例分析。本书语言通俗易懂，实用性强，可作为广大企事业单位事故预案编订、安全技术教育、安全管理人员以及事故救援人员的参考书。

本书由北京林业大学时圣刚博士编写第 1 章、第 4 章、第 6 章及第 3 章、第 7 章的部分内容，国环危险废物处置工程技术（天津）有限公司的梁贤伟博士编写第 5 章及第 3 章、第 7 章的部分内容，北京林业大学曹敬灿硕士编写第 2 章内容，最后由北京林业大学的张立秋教授与国环危险废物处置工程技术（天津）有限公司的伉沛崧高级工程师对全书进行了修改和统稿，在编写过程中得到了北京林业大学孙德智、梁文艳、封莉等老师的大力帮助，在此深表感谢。

由于水平有限，书中难免存在错误和不妥之处，望广大读者不吝指出，如果本书能给读者带来帮助，我们备感荣幸。

目 录

第 1 章

危险化学品概述

化学类制品，现代文明社会的几乎所有领域都以某种方式与其相依存，人类的衣食住行方方面面都不同程度与其相联系。正因为如此，化学品的年产量以亿吨计，品种达千万以上，而且每年还在以相当大的速度递增。与此同时，化学品在生产、仓储、运输、销售、使用和废弃处置六大环节的安全问题也日益凸显。国内外频繁发生的化学品污染事故给社会和人民生命财产造成了重大损失，已引起了我国政府和社会的高度关注。

化学品中一些对生态环境与人体健康具有较高危险性的物品，被称为危险化学品。根据 2011 年 2 月 16 日国务院第 144 次常务会议修订通过的《危险化学品安全管理条例》（国务院第 591 号令）的定义，危险化学品是指具有毒害、腐蚀、爆炸、燃烧、助燃等性质，对人体、设施、环境具有危害的剧毒化学品和其他化学品。危险化学品往往会在生产、储存、使用、经营和运输过程中，造成人身伤亡和财产损毁，从而需要特别防护。需要说明的是，在不同领域内对危险化学品的称呼并不相同，例如在生产、经营、使用等场所常称其为化学工业产品；而在铁路运输、公路运输、水上运输、航空运输等运输过程中常称其为危险货物；在储存环节中常称其为危险物品或危险品。当然这些名称中除包括通常的危险化学品外，还包括一些其他产品、货物或物品。在国家的法律法规中对危险化学品的称呼也不统一，如在《中华人民共和国安全生产法》中称“危险物品”，在《危险化学品安全管理条例》（国务院第 591 号令）中称“危险化学品”。

1.1　危险化学品的分类与识别

现阶段关于危险化学品的分类与识别方法，是以联合国所定的分类方法为准。1992 年，联合国环境和发展会议在巴西里约热内卢举行，认为各国及相关组织缺少统一的危险化学品分类和标志，给各国之间危险化学品贸易及管理造成了技术壁垒，最终计划制定危险化学品分类和标记全球协调制度。1999 年 10 月，成立了危险货物运输和全球化学品统一分类和标签制度专家委员会；2002 年 12 月，在联合国危险货物运输和全球化学品统一分类和标签制度专家委员会第一届会议上核准了《化学品分类及标记全球协调制度》（Globally Harmonized System of Classification and Labelling of Chemicals，GHS）文件（第一版），并于 2003 年由联合国正式出版，因其封面为紫色，被称为“紫皮书”。2004 年

12 月，专家委员会第二届会议通过了对 GHS 文件的修改，形成了第一修订版。2002 年 9 月，在约翰内斯堡召开的“联合国可持续发展世界首脑会议”上，联合国要求所有国家从 2008 年开始实施 GHS，对此中国投了赞成票。随后联合国经济及社会理事会在 2003 年 7 月 25 日的决议中，请所有各国政府采取必要措施，通过适当的国家程序或立法，尽快并不迟于 2008 年实施 GHS 文件。在 GHS 文件中规定了 27 类危险化学品的鉴别指标和测定方法。目前，另一个国际通用的危险化学品分类标准是联合国《关于危险货物运输的建议书》（2007 年第四修订版）中规定的九类危险化学品的鉴别指标。

2006 年 10 月 24 日，国家质量监督检验检疫总局与中国国家标准化委员会在联合国《化学品分类及标记全球协调制度》（GHS）第二次修订版的基础上联合发布了《化学品分类和危险性公示通则》（GB 13690—2009），该标准将危险化学品依据其危害性，从理化危险、健康危害和环境危害三个方面划分为 27 类，包含着 98 个类别。另外，依据 GHS 有关的事项制定了强制性国家标准“化学品分类、警示性标签和警示性说明安全规范”，共 26 个标准。实施日期为 2008 年 1 月 1 日。

1.1.1 理化危险

1.1.1.1 爆炸物

爆炸物是指能通过化学反应在内部产生一定速度、温度和压力的气体，且对周围环境具有破坏作用的一种固体或液体物质（或其混合物）。烟火物质无论其是否产生气体都属于爆炸物。

根据爆炸物所具有的危险特性可以将其划分为以下六项：

（1）具有整体爆炸危险的物质、混合物和制品（整体爆炸实际上是瞬间引燃几乎所有装填料的爆炸）。

（2）具有喷射危险但无整体爆炸危险的物质、混合物和制品。

（3）具有燃烧危险和较小的爆炸危险或较小的喷射危险或兼有两种危险，但无整体爆炸危险的物质、混合物和制品。

（4）不存在显著爆炸危险的物质、混合物和制品。这些物质、混合物和制品，万一被点燃或引爆也只存在较小危险，并且要求最大限度地控制在包装内，同时保证无肉眼可见的碎片喷出，爆炸产生的外部火焰不会引发包装内的其他物质发生整体爆炸。

（5）具有整体爆炸危险，但又不敏感的物质或混合物。这些物质、混合物虽然具有整体爆炸危险，但是极不敏感，以至于在正常条件下引爆或由燃烧转到爆炸的可能性非常小。

（6）极不敏感，且无整体爆炸危险的制品。这些制品只含极不敏感爆炸物质或混合物和那些被证明意外引发的可能性几乎为零的制品。

1.1.1.2 易燃气体

通常气体是指在 50℃蒸气压大于 300 kPa，或在 20℃和标准压力 101.3 kPa 下完全是气态的物质。易燃气体是指在 20℃和标准大气压 101.3 kPa 时与空气混合有一定易燃范围的气体。易燃气体可以分为两类：

（1）在 20℃和标准大气压 101.3 kPa 时的气体，在与空气的混合物中按体积占 13%或更少时可点燃的气体；或不论易燃下限如何，与空气混合可燃范围至少为 12%的气体。

（2）在 20℃和标准大气压 101.3 kPa 时，除类别（1）中的气体之外，与空气混合时有易燃范围的气体。

1.1.1.3　易燃气溶胶

气溶胶是指喷射罐（系任何不可重新罐装的容器，该容器由金属、玻璃或塑料制成）内装强制压缩、液化或溶解的气体（包含或不包含液体、膏剂或粉末），并配有释放装置以使内装物喷射出来，在气体中形成悬浮的固态或液态微粒或形成泡沫、膏剂或粉末或者以液态或气态形式出现。

易燃气溶胶的分类原则：

（1）如果气溶胶含有任何按 GHS 分类原则为易燃的成分时，该气溶胶应考虑分类为易燃的，即含易燃液体、易燃气体、易燃固体物质的气溶胶为易燃气溶胶。易燃成分不包括自燃、自热物质或遇水反应物质，因为这些成分不用作气溶胶内装物。

（2）易燃气溶胶根据其成分的化学燃烧热分为两类，分别是泡沫气溶胶（根据其成分的泡沫试验来确定）和喷雾气溶胶（根据点燃距离试验和封闭空间试验来确定）。

1.1.1.4　氧化性气体

氧化性气体是指通过提供氧，可引起或比空气更能促进其他物质燃烧的任何气体。需要注意的是，通常含氧量体积分数高达 23.5%的人造空气视为非氧化性气体。

1.1.1.5　压力下气体

压力下气体是指 20℃时压力不小于 280 kPa 的容器中的气体或成为冷冻液化的气体。压力下气体由压缩气体、液化气体、溶解气体、冷冻液化气体组成。

（1）压缩气体：在压力下包装时，−50℃是完全气态的气体，包括所有具有临界温度不大于−50℃的气体。

（2）液化气体：在压力下包装时，温度高于−50℃时部分是液体的气体。它区分为：

① 高压液化气：临界温度为−50～65℃之间的气体；

② 低压液化气：临界温度高于+65℃的气体；

③ 溶解气体：在压力下包装时溶解在液相溶剂中的气体；

④ 冷冻液化气体：包装时由于其低温而部分成为液体的气体。

其中，临界温度是指高于此温度无论压缩程度如何，纯气体都不能被液化的温度。

1.1.1.6　易燃液体

易燃液体是指闪点不大于 93℃的液体。可以分为四类：

（1）闪点＜23℃和初沸点≤35℃；

（2）闪点＜23℃和初沸点＞35℃；

（3）23℃≤闪点≤60℃；

（4）60℃<闪点≤93℃。

其中，闪点高于35℃的液体如果在联合国《关于危险货物运输的建议书试验和标准手册》的持续燃烧性试验中得到否定结果时，对于运输可看作非易燃液体。

1.1.1.7 易燃固体

易燃固体是指容易燃烧的或可通过摩擦引起或促进着火的固体，通常是粉状、颗粒状或膏状物质，它们与点火源短暂接触，可以很容易被点燃，并且火焰蔓延很快。

易燃固体按燃烧速率试验验证方法可分为两类：

（1）除金属粉末以外的物质或混合物若潮湿也不能阻挡火焰，且燃烧时间<45 s 或燃烧速率>2.2 mm/s；金属粉末的燃烧时间≤5 min。

（2）除金属粉末以外的物质或混合物若潮湿能阻挡火焰至少 4 min，并且燃烧时间<45 s 或燃烧速率>2.2 mm/s；金属粉末：5 min<燃烧时间≤10 min。其中对于固体物质或混合物的分类试验，该试验应按提供的物质或混合物进行。例如，如果对于供应或运输目的，同种化学品其提交的形态不同于试验时的形态，而且被认为可能实际上不同于分类试验时的性能时，则该物质还必须以新形态进行试验。

1.1.1.8 自反应物质

自反应物质是指对热不稳定的液体、固体或混合物，即使没有氧（空气），也易发生强烈放热分解反应，但不包括 GHS 分类为爆炸品、有机过氧化物或氧化性物质的物质和混合物。

当自反应物质或混合物具有在实验室试验以有限条件加热时易于爆炸、快速爆燃或显现剧烈反应，可认为其具有爆炸特性。

自反应物质和混合物按下列原则分为“A～G 型”七个类型：

（1）任何自反应物质或混合物，如在运输包件中可能起爆或迅速爆燃，则定义为 A 型自反应物质。

（2）具有爆炸性的任何自反应物质或混合物，如在运输包件中不会起爆或迅速爆燃，但在该包件中可能发生热爆炸，则定为 B 型自反应物质。

（3）具有爆炸性的任何自反应物质或混合物，如在运输包件中不可能起爆或迅速爆燃或发生热爆炸，则定为 C 型自反应物质。

（4）任何自反应物质或混合物，在实验室中试验时：

① 部分起爆，不迅速爆燃，在封闭条件下加热时不呈现任何剧烈效应；

② 根本不起爆，缓慢爆燃，在封闭条件下加热时不呈现任何剧烈效应；

③ 根本不起爆或爆燃，在封闭条件下加热时呈现中等效应。

定为 D 型自反应物质。

（5）任何自反应物质或混合物，在实验室中试验时，既绝不起爆也绝不爆燃，在封闭条件下加热时呈现微弱效应或无效应，则定为 E 型自反应物质。

（6）任何自反应物质或混合物，在实验室中试验时，既绝不在空化状态下起爆也绝不爆燃，在封闭条件下加热时只呈现微弱效应或无效应，而且爆炸力弱或无爆炸力，则定为 F 型自反应物质。

（7）任何自反应物质或混合物，在实验室中试验时，既绝不在空化状态下起爆也绝不爆燃，在封闭条件下加热时显示无效应，而且无任何爆炸力，则定为 G 型自反应物质。但该物质或混合物必须是热稳定的（50 kg 包件的自加速分解温度为 60～75℃）；对于液体混合物，所用脱敏稀释剂的沸点不低于 150℃。如果混合物不是热稳定的，或所用脱敏稀释剂的沸点低于 150℃，则定为 F 型自反应物质。

1.1.1.9 自热物质

自热物质是指通过与空气反应无能量供应，易于自热的固体、液体物质或混合物。该物质或混合物与自燃液体或固体不同之处在于只在大量（几千克）和较长的时间周期（数小时或数天）时才会着火。

注：物质或混合物的自热，导致自发燃烧，是由该物质或混合物与氧（空气中的）反应产生的热不能足够迅速地传导至周围环境中引起的。当产生热的速度超过散失热的速度和达到了自燃温度时就会发生自燃。

一种物质或混合物按联合国《关于危险货物运输的建议书试验和标准手册》（第四修订版）中所列的试验方法来确定，如果符合下列要求，则应被分类为自热物质：

（1）用边长 25 mm 的立方体样品在 140℃时得到样品为自热物质。

（2）① 用边长 100 mm 的立方体样品在 140℃试验时得到样品为自热物质和使用边长 25 mm 的立方体样品在 140℃试验时得到样品为非自热物质并且该物质是待包装在体积大于 3 m^3 的包装中；② 用边长 100 mm 的立方体样品在 140℃试验时得到样品为自热物质和使用边长 25 mm 的立方体样品在 140℃试验时得到样品为非自热物质，用边长 100 mm 的立方体样品在 120℃试验时得到样品为自热物质并且该物质是待包装在体积大于 450 L 的包装中；③ 用边长 100 mm 的立方体样品在 140℃试验时得到样品为自热物质和使用边长 25 mm 的立方体样品在 140℃试验时得到样品为非自热物质并且用边长 100 mm 的立方体样品在 100℃试验时得到样品为自热物质。

注 1：对于固体物质或混合物的分类试验而言，应对提交的物质或混合物进行该试验。例如，对于供应或运输为目的的试验，同样的化学品被提交的形态，如果不同于试验时的形态，并且认为其性能可能与分类试验有实质不同时，该物质或混合物还必须以新的形态进行试验。

注 2：该标准基于木炭的自燃温度，27 m^3 的试样立方体的自燃温度为 50℃。体积为 27 m^3，自燃温度高于 50℃的物质和混合物不应划入本危险类别。体积 450 L，自燃温度高于 50℃的物质和混合物不应划入类别（1）。

1.1.1.10 自燃液体

自燃液体是指即使数量小也能在与空气接触后 5 min 内着火的液体。自燃液体根据联合国《关于危险货物运输的建议书试验和标准手册》（第四修订版）中所列的试验方法有如下分类：

液体加至惰性载体上并暴露于空气中 5 min 内燃烧，或与空气接触 5 min 内燃着或炭化滤纸。

1.1.1.11 自燃固体

自燃固体是指与空气接触后 5 min 内，即使少量也易着火的固体。

其中，对于固体物质或混合物的分类试验而言，试验理应是对物质或混合物按提交形态进行的。例如，如果对于供应或运输目的，同样的化学品被提交的形态不同于试验时的形态并且认为其性能可能与分类试验有实质不同时，该物质或混合物还必须以新的形态试验。

1.1.1.12 遇水放出易燃气体的物质

遇水放出易燃气体的物质是指通过与水相互反应所产生的气体通常显示自燃的倾向，或放出危险数量的易燃气体的固体或液体物质。

遇水放出易燃气体的物质根据联合国《关于危险货物运输的建议书试验和标准手册》（第四修订版）中所列的试验方法有如下分类：

（1）在环境温度下与水剧烈反应所产生的气体通常显示自燃的倾向，或在环境温度下容易与水反应，放出易燃气体的速率大于或等于每分钟 10 L/kg。

（2）在环境温度下易与水反应，放出易燃气体的最大速率大于或等于每小时 20 L/kg，并且不符合类别（1）准则的任何物质或混合物。

（3）在环境温度下与水缓慢反应，放出易燃气体的最大速率大于或等于每小时 1 L/kg，并且不符合类别（1）和类别（2）准则的任何物质或混合物。其中，如果在试验程序的任何一步中发生自燃，该物质就被分类为遇水放出易燃气体的物质或混合物。

1.1.1.13 金属腐蚀物

金属腐蚀物是指通过化学作用会显著损伤甚至毁坏金属的物质或混合物。金属腐蚀物根据联合国《关于危险货物运输的建议书试验和标准手册》（第四修订版）中所列的试验方法有如下分类：

在试验温度 55℃下，钢（Q235B、Q235D）或铝（非包覆类型的 7075-T6 或 AZ5GU-T6）表面的腐蚀速率超过 6.25 mm/a。

1.1.1.14 氧化性液体

氧化性液体是指通过产生氧，可引起或促使其他物质燃烧，而其本身不一定可燃的液体。

氧化性液体物质根据联合国《关于危险货物运输的建议书试验和标准手册》（第四修订版）中所列的试验方法有如下分类：

（1）试验物质（或混合物）与纤维素 1∶1（质量比）混合物可自燃，或试验物质（或混合物）与纤维素 1∶1（质量比）混合物的平均压力升高时间小于 50%高氯酸水溶液和纤维素 1∶1（质量比）混合物的平均压力升高时间的任何物质和混合物。

（2）试验物质（或混合物）与纤维素 1∶1（质量比）混合物显示的平均压力升高时间小于或等于 40%氯酸钠水溶液和纤维素 1∶1（质量比）混合物的平均压力升高时间，并且不符合类别（1）的任何物质和混合物。

（3）试验物质（或混合物）与纤维素 1∶1（质量比）混合物显示的平均压力升高时间小于或等于 65%硝酸水溶液和纤维素 1∶1（质量比）混合物的平均压力升高时间，并且不符合类别（1）和类别（2）的任何物质和混合物。

1.1.1.15　氧化性固体

氧化性固体是指本身不一定可燃，但一般通过产生氧而引起或促使其他物质燃烧的一种固体。

氧化性固体根据联合国《关于危险货物运输的建议书试验和标准手册》（第四修订版）中所列的试验方法有如下分类：

（1）试验物质（或混合物）与纤维素 4∶1 或 1∶1（质量比）混合物平均燃烧时间小于溴酸钾与纤维素 3∶2（质量比）混合物的平均燃烧时间的任何物质或混合物。

（2）试验物质（或混合物）与纤维素 4∶1 或 1∶1（质量比）混合物平均燃烧时间等于或小于溴酸钾与纤维素 2∶3（质量比）混合物的平均燃烧时间和不符合类别（1）的任何物质或混合物。

（3）试验物质（或混合物）与纤维素 4∶1 或 1∶1（质量比）混合物平均燃烧时间等于或小于溴酸钾与纤维素 3∶7（质量比）混合物的平均燃烧时间和不符合类别（1）和类别（2）的任何物质或混合物。

1.1.1.16　有机过氧化物

有机过氧化物是指含有二价—O—O—结构和可视为过氧化氢的一个或两个氢原子已被有机基团取代的衍生物，通常是液体或固体的有机物，还包括有机过氧化配制物（混合物）。有机过氧化物是可发生放热自加速分解的热不稳定物质或混合物。此外，它们可具有一种或多种下列性质：易爆炸分解；快速燃烧；对撞击或摩擦敏感；与其他物质发生危险的反应。

注：实验室试验中有机过氧化物在封闭条件下加热时易发生爆炸、迅速爆燃或表现剧烈效果，被认为具有爆炸性质。

有机过氧化物根据联合国《关于危险货物运输的建议书试验和标准手册》中第Ⅱ部分中所述试验系列 A～G，按下列原则分为七类：

（1）任何有机过氧化物，如在包装件中，能起爆或迅速爆燃的，为 A 型有机过氧化物。

（2）任何具有爆炸性质的有机过氧化物，如在包装件中，既不起爆也不迅速爆燃，但易在该包装内发生热爆炸将被分类为 B 型有机过氧化物。

（3）任何具有爆炸性质的有机过氧化物，如在包件中时，不可能起爆或迅速爆燃或发生热爆炸，则定为 C 型有机过氧化物。

（4）任何有机过氧化物，如果在实验室试验中：

① 部分起爆，不迅速爆燃，在封闭条件下加热时不呈现任何剧烈效应；

② 根本不起爆，缓慢爆燃，在封闭条件下加热时不呈现任何剧烈效应；

③ 根本不起爆或爆燃，在封闭条件下加热时呈现中等效应。

定为 D 型有机过氧化物。

（5）任何有机过氧化物，在实验室试验中，既绝不起爆也绝不爆燃，在封闭条件下加热时只呈现微弱效应或无效应，则定为 E 型有机过氧化物。

（6）任何有机过氧化物，实验室试验中，既绝不在空化状态下起爆也绝不爆燃，在封闭条件下时只呈现微弱效应或无效应，而且爆炸力弱或无爆炸力，则定为 F 型有机过氧化物。

（7）任何有机过氧化物，在实验室试验中，既绝不在空化状态下起爆也绝不爆燃，在封闭条件下时显示无效应，而且无任何爆炸力，则定为 G 型有机过氧化物，但该物质或混合物必须是热稳定的（50 kg 包件的自加速分解温度为 60℃或更高），对于液体混合物，所用脱敏稀释剂的沸点不低于 150℃。如果有机过氧化物不是热稳定的，或者所用脱敏稀释剂的沸点低于 150℃，则定为 F 型有机过氧化物。

1.1.2 健康危害

1.1.2.1 急性毒性

急性毒性是指经口或经皮肤摄入物质的单次剂量或在 24 h 内给予的多次剂量，或者 4 h 的吸入接触发生的急性有害影响。

一些相关定义如下：

（1）毒物：在一定条件下，较小剂量就能够对生物体产生损害作用或使生物体出现异常反应的外源化学物。

（2）LD_{50}：统计学意义上，预计引起一群受试对象 50%个体死亡所需的剂量。

（3）LC_{50}：统计学意义上，预计引起一群受试对象 50%个体死亡所需的毒物浓度。

按急性毒性危险类别 LD_{50}/LC_{50} 值将急性毒性物质分成五类，如表 1-1 所示。

表 1-1 急性毒性物质分类

暴露方式	单位	类别 1	类别 2	类别 3	类别 4	类别 5
经口	mg/kg	5	50	300	2 000	5 000
经皮肤	mg/kg	50	200	1 000	2 000	
气体	ml/L	0.1	0.5	2.5	5	
蒸气	mg/L	0.5	2.0	10	20	
粉尘和烟雾	mg/L	0.05	0.5	1.0	5	

1.1.2.2　皮肤腐蚀/刺激

皮肤腐蚀/刺激包括皮肤腐蚀与皮肤刺激两种类型：

（1）皮肤腐蚀：对皮肤能造成不可逆性损害，即将受试物在皮肤上涂敷 4 h 后，出现可见的皮肤的坏死。典型的腐蚀反应具有溃疡、出血、血痂等特征。

（2）皮肤刺激：将受试物在皮肤上涂敷 4 h 后，对皮肤造成可逆性损害。

1.1.2.3　严重眼睛损伤/眼睛刺激性

（1）严重眼睛损伤：将受试物滴入眼内表面，对眼睛产生组织损害或使视力下降，且在滴眼 21 d 内不能完全恢复。

（2）眼睛刺激：将受试物滴入眼内表面，使眼睛产生变化，但在滴眼 21 d 内可完全恢复。

1.1.2.4　呼吸或皮肤过敏

呼吸或皮肤过敏分为呼吸致敏物和皮肤致敏物两种类型：

（1）呼吸致敏物是指吸入后会引起呼吸道过敏反应的物质。如果人接触后表现为哮喘、鼻炎、结膜炎、肺泡炎等，说明该物质能引起特异性呼吸过敏，或有合适动物试验的阳性结果。

（2）皮肤致敏物是指皮肤接触后会引起过敏反应的物质。如果有人接触后表现为过敏性接触性皮炎，说明该物质对皮肤接触能引起大多数人的过敏反应，或有合适动物试验的阳性结果。

1.1.2.5　生殖细胞突变性

突变是指细胞中遗传物质的数量或结构发生的永久改变。生殖细胞突变性主要是指可引起人体生殖细胞突变并能遗传给后代的化学品。

生殖细胞突变性可以分为两个类别：

（1）类别 1：已知能引起人体生殖细胞可遗传的突变或可能引起可遗传的突变的化学品。

① 已知能引起人体生殖细胞可遗传突变的化学品。

指标：人群流行病学研究的阳性证据。

② 认为可能引起人体生殖细胞可遗传突变的化学品。

指标：哺乳动物体内遗传的生殖细胞突变试验的阳性结果，或哺乳动物体内体细胞突变性试验的阳性结果，结合该物质具有诱发生殖细胞突变的某些证据。这种证据可由体内生殖细胞中突变性/遗传毒性试验推导；或由该物质或其代谢物与生殖细胞的遗传物质的相互作用证实；或显示人类的生殖细胞突变影响的试验的阳性结果不遗传给后代，例如接触该物质的人群的精液细胞中非整倍体频度的增加。

（2）类别 2：由于其可能诱发人类的生殖细胞可遗传突变而引起担心的化学品——可疑人类生殖细胞突变物。

指标：来自哺乳动物试验和/或在某些情况下来自体外试验得到的阳性结果；可得自

哺乳动物体内体细胞的突变性试验；或其他体外突变性试验的阳性结果支持的体内细胞遗传毒性试验。

其中，体外哺乳动物细胞突变性试验为阳性，并且从化学品结构活性关系已知为生殖细胞突变的化学品，应考虑分为类别 2 致突变物。

1.1.2.6 致癌性

致癌性是指能诱发癌症或增加癌症发病率的化学物质或化学物质的混合物。在操作良好的动物实验研究中，诱发良性或恶性肿瘤的物质通常可认为是或可能是人类致癌物，除非有确切证据表明形成肿瘤的机制与人类无关。

致癌性可以划分为两个类别：

（1）类别 1：已知或可疑人类致癌物。

根据流行病学和/或动物的致癌性数据，可将化学品划分在类别 1 中。个别的化学品可以进一步分类。

① 已知对人类具有致癌能力，化学品分类主要根据人类的证据。

② 可疑对人类有致癌能力，化学品分类主要根据动物的证据。

（2）类别 2：可疑人类致癌物。

某化学品被分在类别 2 中是根据人类和/或动物研究得到的证据进行的，但没有充分证据可将该化学品分在类别 1 中。根据证据力度与其他参考因素，这些证据可来源于人类研究的有限致癌性证据或来自动物研究的有限致癌性证据。

1.1.2.7 生殖毒性

生殖毒性包括生殖毒性、对生殖能力的有害效应、对子代发育的有害效应和哺乳效应四种类型。

（1）生殖毒性：对成年男性或女性的性功能和生育力的有害作用，以及对子代的发育毒性。在此分类系统中，生殖毒性被细分为两个主要部分：对生殖或生育能力的有害效应和对后代发育的有害效应。

（2）对生殖能力的有害效应：化学品干扰生殖能力的任何效应，这包括但不仅限于女性和男性生殖系统的变化；对性成熟期开始的有害效应、配子的形成和输送、生殖周期的正常性、性功能、生育力、分娩、未成熟生殖系统的早衰、与生殖系统完整性有关的其他功能的改变和对经过哺乳造成的有害效应都包括在生殖毒性中。但是出于分类目的，应分别处理这样的效应。

（3）对子代发育的有害效应：取其最广义而言，发育毒性包括妨碍胎儿出生前后的正常发育过程中的任何影响，而影响是无论来自在妊娠前其父母接触这类物质的结果，还是子代在出生前发育过程中，或出生后至性成熟时期前接触的结果。

生殖毒性可以划分为两个类别：

1）类别 1：已知或足以确定的人类的生殖或发育毒物。

此类别包括对人类的生殖能力或发育已产生有害效应的物质，或有动物研究的证据，以及可能用其他信息补充提供其具有妨碍人生殖能力的物质。根据其分类的证据来源可作进一步区分，主要来自人的数据（类别 a）或来自动物的数据（类别 b）。

① 已知对人类的生殖能力、生育或发育造成有害效应的，该物质分类在这一类别主要根据人的数据。

② 推定对人的生殖能力或对发育会产生有害影响，该物质分类在这一类别主要根据实验动物的数据。

2）类别 2：可疑是人类生殖毒（性）物或发育毒（性）物。

此类别的物质应有人或动物试验研究的某些证据（可能还有其他补充材料）表明对生殖能力、发育的有害效应而不伴发其他毒性效应；但如果生殖毒性效应伴发其他毒性效应时，这种生殖毒性效应不被认为是其他毒性效应的继发的非特异性结果；同时，没有充分证据支持分为类别 1。

（4）哺乳效应：已知许多物质不存在经哺乳能对子代引起有害影响的信息。然而，已知一些物质被妇女吸收后显示干扰哺乳，或该物质（包括代谢物）可能存在于乳汁中，而且其含量足以影响哺乳婴儿的健康，那么应标示出该物质分类对哺乳婴儿造成危害的性质。这一分类可根据如下情况确定：

① 对该物质吸收、代谢、分布和排泄的研究应指出该物质在乳汁中存在，且其含量达到可能产生毒性的水平；

② 在动物实验中一代或二代的研究结果表明，物质转移至乳汁中对子代的有害影响或对乳汁质量的有害影响的清楚证据；

③ 对人的实验证据包括对哺乳期婴儿的危害。

1.1.2.8　特异性靶器官系统毒性一次接触

特异性靶器官系统毒性一次接触是指由一次接触产生特异性的、非致死性靶器官系统毒性的物质。包括产生即时的和/或延迟的、可逆性和不可逆性功能损害的各种明显的健康效应。

特异性靶器官系统毒性一次接触可以划分为两个类别：

（1）类别 1：一次接触对人体造成明显特异性靶器官系统毒性的物质，或根据动物实验研究的证据，推定可能对人体造成明显特异性靶器官系统毒性的物质。

将物质分入类别 1 的根据是：人类的病例报告或流行病学研究的可靠和高质量的证据；或动物实验研究的观察资料，其中在一般低浓度接触时产生与人类健康有关的明显和/或严重的特异性靶器官系统毒性效应。

（2）类别 2：根据动物实验研究的证据，可以推定一次接触可能对人体的健康产生危害的物质。根据动物实验研究的观察资料，将物质分类于类别 2，其中在一般中等接触浓度时即会产生与人类健康相关的明显的特异性靶器官系统毒性。

1.1.2.9　特异性靶器官系统毒性反复接触

特异性靶器官系统毒性反复接触是由反复接触而引起特异性的非致死性靶器官系统

毒性的物质。包括能够引起即时的和/或迟发的、可逆性的和不可逆性功能损害的各种明显的健康效应。

特异性靶器官系统毒性反复接触可以划分为两个类别：

（1）类别 1：反复接触对人体已产生明显特异性靶器官系统毒性的物质，或根据现有实验动物研究的证据，能推定对人体有可能产生明显特异性靶器官系统毒性的物质。

将物质分入类别 1 是根据人类的病例报告或流行病学研究的可靠和高质量的证据；或动物实验研究的观察资料，其中在低接触浓度时产生与人类健康有关的明显和/或严重的特异性靶器官系统毒性效应。表 1-2 提供的指导剂量/浓度值可用于证据权衡评价。

对于类别 1 分类而言，在对实验动物进行的 90 d 反复接触研究中观察到明显毒性效应，按表 1-2 各数据作为参考，便可进行分类。

（2）类别 2：反复接触，根据动物实验研究得来的证据能推定对人类健康可能产生危害的物质。将物质分类于类别 2 是根据动物实验研究的观察资料，其中在中等接触浓度时产生与人类健康有关的明显特异性靶器官系统毒性。为了有助于分类，表 1-3 提供了指导剂量/浓度值。在特别情况，分类至类别 2 也可使用人类证据。

表 1-2　类别 1 分类的指导值（90 d 反复接触）

接触途径	单位	指导值（剂量/浓度）
经口（大鼠）	（mg/kg）/d	10
经皮肤（大鼠或兔）	（mg/kg）/d	20
吸入（大鼠），气体	（ml/L）/6 h/d	0.05
吸入（大鼠），蒸气	（ml/L）/6 h/d	0.2
吸入（大鼠），粉尘/烟/雾	（ml/L）/6 h/d	0.02

表 1-3　类别 2 分类的指导值（90 d 反复接触）

接触途径	单位	指导值（剂量/浓度）
经口（大鼠）	（mg/kg）/d	10～100
经皮肤（大鼠或兔）	（mg/kg）/d	20～200
吸入（大鼠），气体	（ml/L）/6 h/d	0.05～0.25
吸入（大鼠），蒸气	（ml/L）/6 h/d	0.2～1.0
吸入（大鼠），粉尘/烟/雾	（ml/L）/6 h/d	0.02～0.2

1.1.3 环境危害

危害水环境物质类别可以分为急性毒性与慢性毒性两大类、七小类。

1.1.3.1 急性毒性

（1）急性 1：96 h LC_{50}（鱼类）≤1 mg/L 和/或 48 h EC_{50}（甲壳纲）≤1 mg/L 和/或 72 h 或 96 h ErC_{50}（藻类或其他水生植物）≤1 mg/L。

（2）急性 2：96 h LC_{50}（鱼类）＞1 mg/L～≤10 mg/L 和/或 48 h EC_{50}（甲壳纲）＞1 mg/L 且≤10 mg/L 和/或 72 h 或 96 h ErC_{50}（藻类或其他水生植物）＞1 mg/L 且≤10 mg/L。

（3）急性 3：96 h LC_{50}（鱼类）＞10 mg/L～≤100 mg/L 和/或 48 h EC_{50}（甲壳纲）＞10 mg/L 且≤100 mg/L 和/或 72 h 或 96 h ErC_{50}（藻类或其他水生植物）＞10 mg/L 且≤100 mg/L。

1.1.3.2　慢性毒性

（1）慢性 1：96 h LC_{50}（鱼类）≤1 mg/L 和/或 48 h EC_{50}（甲壳纲）≤1 mg/L 和/或 72 h 或 96 h ErC_{50}（藻类或其他水生植物）≤1 mg/L。

该物质不能快速降解和/或 log K_{ow}≥4（除非试验确定 BCF＜500）。

（2）慢性 2：96 h LC_{50}（鱼类）＞1 mg/L 且≤10 mg/L 和/或 48 h EC_{50}（甲壳纲）＞1 mg/L 且≤10 mg/L 和/或 72 h 或 96 h ErC_{50}（藻类或其他水生植物）＞1 mg/L 且≤10 mg/L。

该物质不能快速降解和/或 log K_{ow}≥4（除非试验确定 BCF＜500），除非慢性毒性 NOECs＞1 mg/L。

（3）慢性 3：96 h LC_{50}（鱼类）＞10 mg/L 且≤100 mg/L 和/或 48 h EC_{50}（甲壳纲）＞10 mg/L 且≤100 mg/L 和/或 72 h 或 96 h ErC_{50}（藻类或其他水生植物）＞10 mg/L 且≤100 mg/L。

该物质不能快速降解和/或 logK_{ow}≥4（除非试验确定 BCF＜500），除非慢性毒性 NOECs＞1 mg/L。

（4）慢性 4：在水溶性水平之下没有显示急性毒性，而且不能快速降解，logK_{ow}≥4，表现出生物积累潜力的不易溶解物质可划为本类别，除非有其他科学证据表明不需要分类。这样的证据包括经试验确定的 BCF＜500，或者慢性毒性 $NOEC_s$＞1 mg/L，或者有在环境中快速降解的证据。

1.2　危险化学品事故

危险化学品事故是指一种或数种危险化学品由于能量意外释放造成的人身伤亡、财产损失或环境污染事故。如果可以确定事故中产生危害的物质是危险化学品，那么基本上可以定为危险化学品事故。某些特殊的事故类型，如矿山爆破事故，一般不列入危险化学品事故。

判断危险化学品事故可以考虑以下三个方面：首先，事故中产生危害的危险化学品是事故发生之前已经存在的，而不是在事故发生时产生的；其次，危险化学品发生变化释放的能量是事故中的主要能量；最后，危险化学品发生了人们所不希望见到意外的物理、化学或生物变化。

危险化学品事故的发生过程可以分为几个阶段：首先，危险化学品所处的外界条件发生变化；其次，这种变化导致危险化学品发生了人们不希望产生的变化，主要包括化学变化、物理变化以及生物化学变化和生物物理变化等过程；最后，引发危险化学品的爆炸、燃烧与泄漏等，造成了人员伤亡、财产损失和环境污染等事故后果。

危险化学品事故如果按照伤害方式可以划分为六大类。

1.2.1 危险化学品火灾事故

危险化学品火灾事故是指燃烧物质中存在危险化学品的火灾事故。其中又可划分为：易燃液体火灾、易燃固体火灾、自燃物品火灾、遇湿易燃物品火灾、其他危险化学品火灾。

大多数危险化学品在燃烧时会放出有毒气体或烟雾，因此在这类物质的火灾事故中，人员伤亡的原因大多数是中毒或窒息。易燃液体火灾往往最终会发展到爆炸事故，造成重大的人员伤亡，单纯的易燃液体火灾事故较少。固体危险化学品火灾的主要危害是燃烧时会放出有毒气体或烟雾，或发生爆炸，因此这类事故也往往被归入危险化学品爆炸（火灾爆炸）事故，或危险化学品中毒和窒息事故。

1.2.2 危险化学品爆炸事故

危险化学品爆炸事故指由于发生化学反应导致危险化学品的爆炸事故或液化气体和压缩气体的物理爆炸事故。具体可划分为：爆炸品的爆炸（又可分为烟花爆竹爆炸、民用爆炸器材爆炸、军工爆炸品爆炸等）；易燃固体、自燃物品、遇湿易燃物品的火灾爆炸；易燃液体的火灾爆炸；易燃气体爆炸；危险化学品产生的粉尘、气体、挥发物的爆炸；液化气体和压缩气体的物理爆炸；其他化学反应爆炸。

常见的危险化学品爆炸可分为以下几类：

（1）气体与粉尘爆炸。易燃液体挥发为蒸气或泄漏的气体可能与周围的空气混合，从而形成可燃性混合物，如果在空气中扩散，进一步形成大面积的可燃云团，一旦遇到点火源会发生爆炸。粉尘爆炸发生在可燃固体物质与空气强烈混合时，分散的固体物质呈颗粒极细的粉状，当点火源存在或空气流动时就可能发生爆炸，另外粉尘爆炸扬起的粉尘与空气混合的结果是极易发生二次爆炸，甚至多次爆炸。

（2）沸腾液体扩展蒸气爆炸。当处于过热状态的水、有机液体、液化气体等瞬时气化时，可能产生爆炸现象。这种过程产生的气云如果被点燃，极易出现火球，从而几秒内形成巨大的热辐射，可导致人员严重烧伤或致死。另外容器爆炸通常具有较高压力，危害同样极大。

（3）物理爆炸。这种爆炸形式通常是由于装置或设备的物理变化过程所引发的爆炸，如液化气体、压缩气体超压引发的爆炸。

1.2.3 危险化学品中毒和窒息事故

危险化学品中毒和窒息事故主要指生物体吸入、食入或接触有毒有害化学品或者化学品发生反应的产物，而导致的中毒和窒息事故。具体可划分为：吸入中毒事故（中毒途径为呼吸道）、接触中毒事故（中毒途径为皮肤、眼睛等）、误食中毒事故（中毒途径为消化道）、其他中毒和窒息事故。

有毒物质对生物体的危害程度取决于毒物的性质、毒物的浓度、人员与毒物接触的时间等因素。

1.2.4 危险化学品灼伤事故

危险化学品灼伤事故主要指具有腐蚀性的危险化学品，当意外与生物体接触时，短时间内可在被接触表面发生化学反应，造成明显破坏。腐蚀品包括酸性腐蚀品、碱性腐蚀品和其他不显酸碱性的腐蚀品。物理灼伤主要是指火焰烧伤、高温固体或液体烫伤等伤害，主要伤害是高温造成。化学品灼伤通常存在一个化学反应过程，开始可能并不会感到疼痛，要经过几分钟，几小时甚至几天才表现出严重的伤害，并且伤害还会不断地加深，因此化学品灼伤比物理灼伤危害更大。

1.2.5 危险化学品泄漏事故

危险化学品泄漏事故主要指气体、液体或固体类危险化学品发生了一定规模的泄漏，虽然没有发展成为火灾、爆炸或中毒事故，但造成了严重的财产损失或环境污染等后果的危险化学品事故。危险化学品泄漏事故一旦失控，往往造成重大火灾、爆炸、中毒及环境污染事故。

1.2.6 其他危险化学品事故

不能归入上述五类危险化学品事故之外的事故称为其他危险化学品事故。主要指危险化学品的险肇事故，即危险化学品发生了人们不希望的意外事件，如危险化学品罐体倾倒、车辆倾覆等，但没有发生火灾、爆炸、中毒和窒息、灼伤、泄漏等事故。

危险化学品事故最常见的事故模式是危险化学品发生泄漏而导致的火灾、爆炸、中毒等事故，这类事故的后果往往也非常严重。

据联合国有关资料统计，世界各国平均每年的事故经济损失约占国内生产总值（GDP）的 2.5%，预防事故和应急救援措施的投入约占 3.5%。2000 年统计表明，在 1 141 起事故中，火灾、爆炸事故占 4.8%，毒物泄漏事故占 1.8%，事故共死亡 2 938 人，伤 2 180 人，死亡人数中火灾、爆炸事故占 6.1%，毒物泄漏事故占 1.6%。受伤人数中火灾、爆炸事故占 9.6%，毒物泄漏事故占 7.7%。国外资料推测表明：化学品爆炸的火灾死亡 17～1 600 人的事故推测频率为 156 年中 19 次以上，中毒死亡 0～6 000 人的事故推测频率为 20 年中 10 次以上。

涉及危险化学品的行业主要集中在化工、制药、冶炼、煤气、石油开采等行业，并且还有范围越来越广的趋势。国际社会关注工业化生产带来的危险化学品问题源于 20 世纪 70 年代，当时世界范围的各工业大国和化学工业发达地区发生了多起重特大安全生产事故，其中引起全球震惊的事故有：1974 年 6 月在英国的弗利克斯巴勒环己烷泄漏引起蒸气云爆炸事故，导致 28 人死亡，36 人受伤；1978 年 7 月西班牙卡洛斯德拉公路运输事故，液态丙烯蒸气云爆炸导致 215 人死亡，67 人受伤；1984 年 11 月墨西哥国家石油公司液化石油气泄漏事故，导致 650 人死亡，6 000 人受伤；1984 年 12 月印度博帕尔甲基异氰酸酯泄漏事故，导致 3 000 多人死亡，200 000 多人中毒。据不完全统计，仅在 2002—2004 年，我国共发生危险化学品（不含爆炸品类危险化学品）事故 1 091 起，累计造成 977 人死亡，1 477 人受伤。危险化学品的泄漏污染事故不仅严重危害了人民群众的生命和财产安全，而且还污染了生态环境，造成严重的社会影响。从 20 世纪 80 年代起欧美等发达国家开展了有关危险化学品泄漏扩散方面的研究，并进行了较大规模的现场试验。

1.3 危险化学品救援体系

事故应急救援的总目标是通过有效的应急救援行动，尽可能地降低事故的危害，包括人员伤亡、财产损失和环境破坏等。事故应急救援的基本任务包括：① 立即组织营救受害人员，组织撤离或者采取其他措施保护危害区域内的人员。抢救受害人员是应急救援的首要任务，在应急救援行动中，快速、有序、有效地实施现场急救与安全转送伤员是降低伤亡率，减少事故损失的关键。由于重大事故发生突然、扩散迅速、涉及范围广、危害大，应及时指导和组织群众采取各种措施进行自身防护，必要时迅速撤离危险区或可能受到危害的区域。在撤离过程中，应积极组织群众开展自救和互救工作。② 迅速控制事态，并对事故造成的危害进行检测、监测，测定事故的危害区域、危害性质及危害程度。及时控制事故的危险源是应急救援工作的重要任务，只有及时地控制住危险源，防止事故的继续扩展，才能及时有效地进行救援。特别对发生在城市或人口稠密地区的化学品污染事故，应尽快组织工程抢险队与事故单位技术人员一起及时控制事故继续扩展。③ 消除危害后果，做好现场恢复。针对事故对人体、动植物、土壤、空气等造成的现实危害和可能的危害，迅速采取封闭、隔离、洗消、监测等措施，防止对人的继续危害和对环境的污染。及时清理废墟和恢复基本设施，将事故现场恢复至相对稳定的基本状态。④ 查清事故原因，评估危害程度。事故发生后应及时调查事故发生的原因和事故性质，评估出事故的危害范围和危险程度，查明人员伤亡情况，做好事故调查。

1.3.1 事故应急救援系统的组织机构

重大事故的应急救援行动往往涉及多个部门，因此应预先明确在应急救援中承担相应任务的组织机构及其职责。比较典型的事故应急救援系统的机构组成包括：

（1）应急救援中心：应急救援中心是整个应急救援系统的重心，主要负责协调事故应急救援期间各个机构的运作，统筹安排整个应急救援行动，为现场应急救援提供各种信息支持；必要时迅速召集各应急机构和有关部门的高级代表到应急中心，实施场外应急力量、救援装备、器材、物品等的迅速调度和增援，保证行动快速、有序、有效地进行。

（2）应急救援专家组：应急救援专家组在应急准备和应急救援中起着重要的参谋作用。包括对城市潜在重大危险的评估、应急资源的配备、事态及发展趋势的预测、应急力量的重新调整和部署、个人防护、公众疏散、抢险、监测、清消、现场恢复等行动提出决策性的建议。

（3）医疗救治：通常由医院、急救中心和军队医院组成。主要负责设立现场医疗急救站，对伤员进行现场分类和急救处理，及时合理转送医院进行救治，并对现场救援人员进行医学监护。

（4）消防与抢险：主要由公安消防队、专业抢险队、有关工程建筑公司组织的工程抢险队、军队防化兵和工程兵等组成，其重要职责是尽可能、尽快地控制并消除事故，营救受害人员。

（5）监测组织：主要由环保监测站、卫生防疫站、军队防化侦察分队、气象部门等组成，主要负责快速测定事故的危害区域范围及危害性质，监测空气、水、食物、设备（施）的污染情况，以及气象监测等。

（6）公众疏散组织：主要由公安、民政部门和街道居民组织抽调力量组成。必要时可吸收工厂、学校中的骨干力量参加，或请求军队支援。主要负责根据现场指挥部发布的警报和防护措施，指导部分高层住宅居民实施隐蔽；引导必须撤离的居民有秩序地撤至安全区或安置区，组织好特殊人群的疏散安置工作；引导受污染的人员前往洗消去污点；维护安全区或安置区内的秩序和治安。

（7）警戒与治安组织：通常由公安部门、武警、军队、联防等组成。主要负责对危害区外围的交通路口实施定向、定时封锁，阻止公众进入事故危害区；指挥、调度撤出危害区的人员和使车辆顺利地通过通道，及时疏散交通阻塞；对重要目标实施保护，维护社会治安。

（8）洗消去污组织：主要由公安消防队伍、环卫队伍、军队防化部队组成。其主要职责有：开设洗消站，对受污染的人员或设备、器材等进行消毒；组织地面洗消队实施地面消毒，开辟通道或对建筑物表面进行消毒，临时组成喷雾分队降低有毒有害物的空气浓度，减少扩散范围。

（9）后勤保障组织：主要涉及计划部门、交通部门、电力、通信、市政、民政部门、物资供应企业等，主要负责应急救援所需的各种设施，设备，物资以及生活、医药等的后勤保障。

（10）信息发布中心：主要由宣传部门、新闻媒体、广播电视台等组成。负责事故和救援信息的统一发布，及时准确地向公众发布有关保护措施的紧急公告等。

1.3.2 重大事故应急救援体系的支持保障系统

为保障重大事故应急救援工作的有效开展，应建立重大事故应急救援体系的支持保障系统，主要包括：

（1）法律法规保障体系：重大事故应急救援体系的建立与应急救援工作的开展必须有相应法律法规作为支撑和保障，以明确应急救援的方针与原则，规定有关部门在应急救援工作中的职责，划分响应级别、明确应急预案编制和演练要求、资源和经费保障、索赔和补偿、法律责任等。

（2）通信系统：通信系统是保障应急救援工作正常开展的一个关键。应急救援体系必须有可靠的通信保障系统，保证整个应急救援过程中救援组织内部，以及内部与外部之间通畅的通信网络，并设立备用通信系统。

（3）警报系统：应建立和维护可靠的重大事故警报系统，及时向受事故影响的人群发出警报和紧急公告，准确传达事故信息和防护措施。

（4）技术与信息支持系统：重大事故的应急救援工作离不开技术与信息的支持，应建立应急救援信息平台，开发应急救援信息数据库和决策支持系统，建立应急救援专家组，为现场应急救援决策提供所需的各类信息和技术支持。

（5）宣传、教育和培训体系：在充分利用已有资源的基础上，建立起应急救援的宣传、教育和培训体系。一是通过各种形式的活动，加强对公众应急知识的教育，提高社会应急意识，如应急救援政策、基本防护知识、自救与互救基本常识等；二是为全面提高应急队伍的作战能力和专业水平，设立应急救援培训基地，对各级应急指挥人员、技术人员、监测人员和应急队员进行强化培训和训练，如基础培训、专业培训、战术培训等。

1.3.3 重大事故应急救援体系响应机制

重大事故应急救援体系应根据事故的性质、严重程度、事态发展趋势实行分级响应机制，对不同的响应级别，相应地明确事故的通报范围，应急中心的启动程度，应急力量的出动，设备、物资的调集规模，疏散的范围和应急总指挥的职位等。典型的响应级别通常可划分为三级。

（1）一级紧急情况：能被一个部门正常可利用的资源处理的紧急情况，正常可利用的资源指在该部门权力范围内通常可以利用的应急资源，包括人力和物力等。必要时，该部门可以建立一个现场指挥部，所需的后勤支持、人员或其他资源增援由本部门负责解决。

（2）二级紧急情况：需要两个或更多的政府部门响应的紧急情况。该事故的救援需要有关部门的协作，并且提供人员、设备或其他资源。该级响应需要成立现场指挥部来统一指挥现场的应急救援行动。

（3）三级紧急情况：必须利用城市所有有关部门及一切资源的紧急情况，或者需要城市的各个部门同城市以外的机构联合起来处理各种紧急情况，通常政府要宣布进入紧急状态。在该级别中，做出主要决定的通常是紧急事务管理部门。

1.3.4　事故应急救援体系的响应程序

事故应急救援系统的应急响应程序，按过程可分为接警、响应级别确定、应急启动、救援行动、应急恢复和应急结束等几个过程。重大事故应急救援体系响应流程如图 1-1 所示。

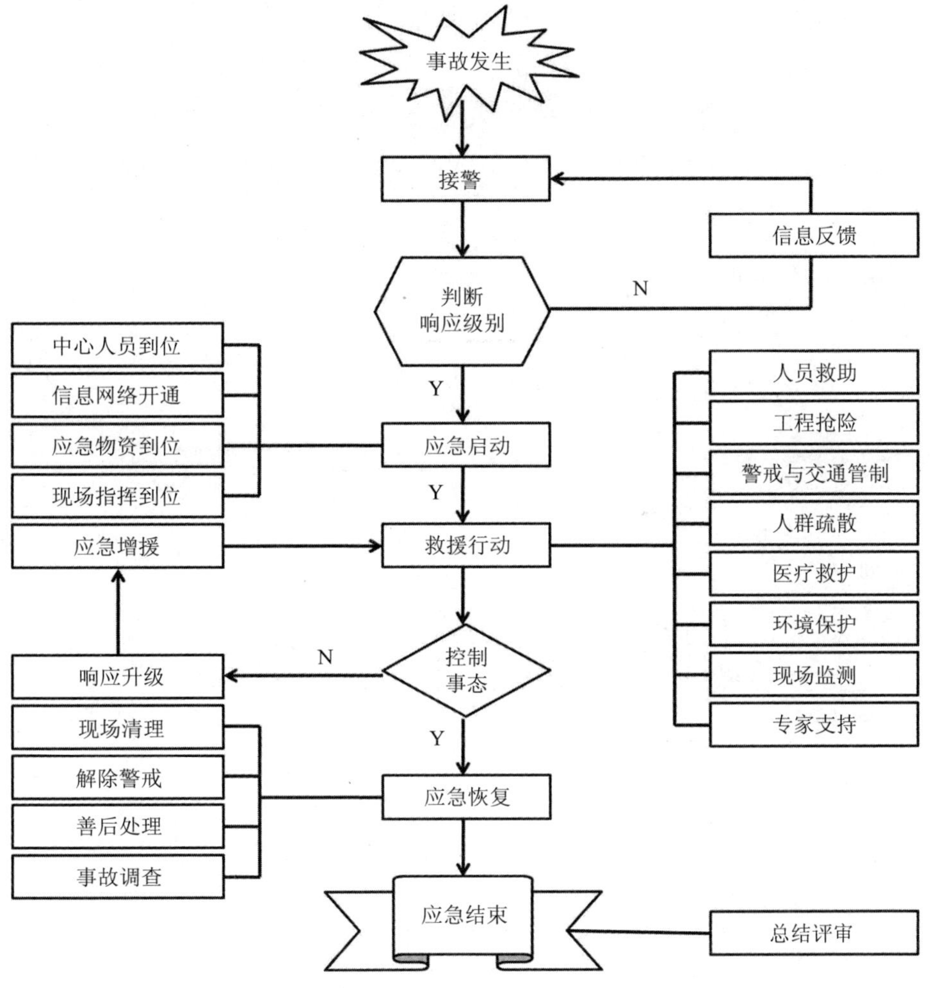

图 1-1　重大事故应急救援体系响应流程

（1）警情与响应级别确定：接到事故报警后，按照工作程序，对警情作出判断，初步确定相应的响应级别。如果事故不足以启动应急救援体系的最低响应级别，响应关闭。

（2）应急启动：应急响应级别确定后，按所确定的响应级别启动应急程序，如通知应急中心有关人员到位、开通信息与通信网络、通知调配救援所需的应急资源（包括应急队伍和物资、装备等）、成立现场指挥部等。

（3）救援行动：有关应急队伍进入事故现场后，迅速开展事故侦测、警戒、疏散、人员救助、工程抢险等有关应急救援工作；专家组为救援决策提供建议和技术支持。当事态超出响应级别，无法得到有效控制，向应急中心请求实施更高级别的应急响应。

（4）应急恢复：救援行动结束后，进入临时应急恢复阶段。包括现场清理、人员清点和撤离、警戒解除、善后处理和事故调查等。

（5）应急结束：执行应急关闭程序，由事故总指挥宣布应急结束。

第 2 章 危险化学品突发污染事故分析

危险化学品环境污染事故的预防应以对事故进行全方位的深入分析为基础，从过去发生的事故中寻找事故规律和事故发生的关键因素，并总结经验教训，以用于指导危险化学品环境污染事故的应急管理。

2.1 危险化学品突发污染事故调研方法

近年来，由危险化学品引发的突发环境污染事故频频发生，不仅对空气、水体、土壤等造成严重污染，影响居民正常生活，而且还有可能带来巨大的经济损失和人员伤亡。为了全面认识危险化学品事故所造成的环境污染的现状及其发展趋势，深刻了解危险化学品突发环境污染事故的发生机理、发生规律，做好危险化学品事故预防、应急与处置工作，通过查阅有较大影响力的文献、网站、书籍并结合实地调研的方式，对危险化学品突发环境污染事故进行了大量的收集。

2.1.1 书籍调研

已有的部分书籍中对危险化学品环境污染事故的介绍较为详细，不仅包含事故发生时间、地点、经过等基本信息，还包括了事故发生后对周边环境的污染状况以及对污染的处理处置方案、处理过程等。主要参考的书籍包括:《环境污染事故典型案例选编》《环境应急与典型案例》《危险化学品事故分析与预防》《突发环境事件典型案例选编》《突发性环境污染事故应急监测案例》《危险化学品重特大事故案例精选》等。然而，书籍对危险化学品环境污染事故的收录通常有限。其主要是对影响范围广、环境危害大、社会关注度高的事故进行了介绍，收录的事故案例有限，因此只通过书籍对事故进行收集是远远不够的。

2.1.2 文献调研

文献调研是通过查找相关文献对危险化学品环境污染事故的发生时间、地点、起因、危害程度、处理方法与结果等进行调研。参考文献主要来自国内外相关领域的专业期刊，其中包括了国内外安全与环境领域的权威期刊，如:《安全与环境学报》《化学品安全与应急救援通信》《全球化学事故通报与调查动向》《*Safety Science*》《*Journal of Hazardous materials*》《*Journal of Chemical Health & Safety*》等。这些期刊刊载了国内外化学突发环境污染事故案例，包括事故的发生时间、污染物质、事故类型、事发环节、伤亡人数等内容。

2.1.3 网络调研

网络调研主要通过网络搜索、数据库检索等方式，收集危险化学品突发环境污染事故案例，并将收集的数据进行整理分析。由于网络数据庞杂、信息量大，通过网络调研可以获取大量危险化学品突发环境污染事故案例，是进行事故调研的最佳手段。国内较为权威的网站主要有国家安全生产监督管理总局网、中国化学品安全网、化学品事故信息网等。

国家安全生产监督管理总局网（www.chinasafety.gov.cn）是中华人民共和国国务院主管全国安全生产监督相关事项的正部级国务院直属机构。其事故报道不仅有事故快报系统、事故查询系统，而且该网站还单独将较大及其以上事故进行了分类报道。但该网站对每一事故的报道并不够全面，其主要对事故发生时间、地点、经过、事故原因等信息进行介绍。

中国化学品安全网（www.nrcc.com.cn）是为提高我国化学灾害事故应急处理能力，及时有效地控制和降低化学事故危害，由国家安全生产监督管理总局化学品登记中心（原国家化学品登记注册中心）开发建设。该网站的每日事故动态中，事故案例的报道是对最新发生事故的简短概括；重大事故追踪板块是对重大事故进行跟踪报道，事故信息较为详细。

化学品事故信息网附属于国家安全生产监督管理总局化学品登记中心，是国家安全监管总局直属的事业单位，是我国危险化学品安全监管综合技术支撑机构。化学品登记中心主要开展危险化学品登记、化学品危险性鉴别与分类、化学事故应急救援、危险化学品从业单位安全生产标准化、化学品安全管理法规标准的起草与修订，以及化学品安全管理、重大危险源监控、应急救援、职业危害防治课题研究和相关评估、技术开发、培训与咨询工作。并建立了专业的事故调查与研究团队，拥有整套化学事故调查的程序、工具和分析方法，建立了国内外事故案例数据库。该网站包含国内外事故快讯和国内外典型事故案例，其事故信息主要对事故经过、事故原因及事故后续相关责任人的处罚信息介绍较为详细。

2.1.4 实地调研

实地调研除调研危险化学品突发环境污染事故案例外，还对危险化学品应急物质处理处置技术进行了充分调研。调研地点主要有国家环境保护部环境应急与事故调查中心、国环危险废物处置工程技术（天津）有限公司以及深圳市危险废物处理站的应急中心。

调研内容主要为收集危险化学品突发环境污染事故案例、调研单位的应急参与情况、危险化学品事故应急技术、应急物质处理处置途径及技术等多项内容。

目前收集到的信息较为完整的危险化学品突发环境污染事故国内案例共 854 起，时间跨度为 1972—2014 年，地域涵盖我国除香港、台湾和澳门以外的内陆地区，主要覆盖省份有山东省、江苏省、浙江省、湖北省、广东省等危险化学品突发环境污染事故多发地区。

2.2 事故发生时间分析

2.2.1 事故发生年份分析

危险化学品突发环境污染事故的发生数量随年份变化的情况如图 2-1 所示。可以看出 1972—2014 年我国危险化学品突发环境污染事故的数量整体呈现波动上涨趋势，虽然在 2009 年和 2010 年两年中有明显下降，但到 2011 年事故发生数量又急剧回升。而 2000 年之前，我国危险化学品突发环境污染事故发生的数量总体相对较少。

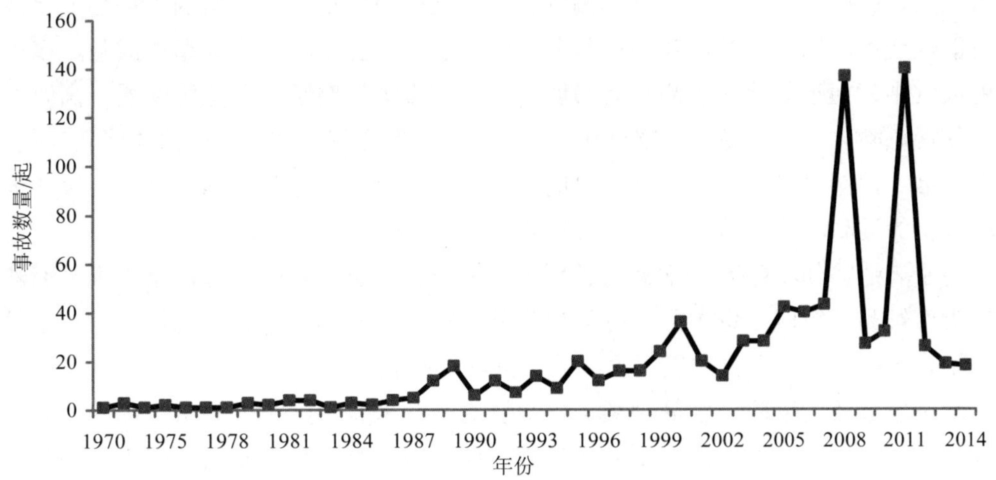

图 2-1　环境污染事故年份分析

我国 20 世纪七八十年代时的经济发展还相对落后，物质生活条件还不富裕，对环境污染的关注度尚不够重视，并且我国的电子网络信息技术的覆盖面还不够广泛，媒体对环境污染事故的关注度不够，相关的报道也相应地较少，使得 2000 年之前事故量相对较少。2001 年我国加入世界贸易组织后，经济得到了快速发展，进出口贸易更加频繁，危险化学品的生产量、运输量、使用及储存量等也逐渐增大，这些因素使得事故发生概率也逐渐增大。并且随着人们生活水平的提高，对环境污染也越来越受到重视，相关污染事故报道也逐渐地增多。

2.2.2 危险化学品事故发生季节分析

根据季节的划分（3—5 月为春季，6—8 月为夏季，9—11 月为秋季，12—2 月为冬季）将所统计的 854 起事故按发生季节进行统计如图 2-2 所示。

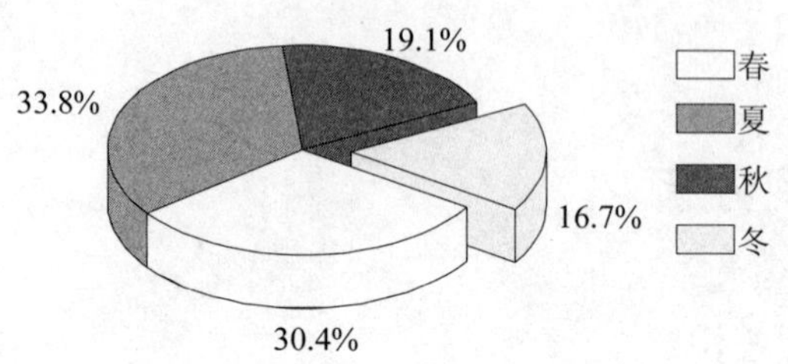

图 2-2 环境污染事故季节分析

夏季和春季是危险化学品环境污染事故多发的季节，冬季事故发生量较少，只占到夏季事故量的一半。其主要原因可能为夏季和春季是我国危险化学品生产和销售的旺季，危险化学品生产和流通的强度大，事故发生的可能性也因此而增大。另外高强度的生产使得工人常超时加班，并且违章运输等违法违规行为也增多，这些因素都会使事故发生的可能性变大。除此之外，我国大部分地区在夏季和春季时处于高温、闷热、多雨、潮湿的天气中，由于危险化学品具有易燃、易爆、毒害、腐蚀、氧化等性质，高温潮湿的天气使得危险化学品极易发生物理化学反应，如容器内气体或液体受热膨胀引起的泄漏，自燃物品和遇湿易燃物品的自燃导致的火灾爆炸。此外，在炎热的天气下，设备运转过程中产生的过高温度不易散去，从而容易引发设备故障而导致事故的发生。

为了表达简便将危险化学品的类别定义为第一类压缩液化气体，第二类易燃液体，第三类腐蚀品，第四类毒害品和感染性物品，第五类易燃固体、自燃物品和遇湿易燃物品，第六类氧化剂和有机过氧化物，第七类爆炸品。

从引发事故的危险化学品种类与事故发生季节来看，除第七类爆炸品外，其余六类危险化学品在春、夏季事故发生率均较高。而春、夏季事故多发的原因主要还是与天气炎热多雨，企业生产、销售和运输量大等有关。此外，危险化学品本身理化性质也是春、夏季事故多发的又一重要因素。从图 2-3 中可看出，第一类压缩液化气体，第二类易燃液体，第五类易燃固体、自燃物品和遇湿易燃物品，第六类氧化剂有机过氧化物四类危险化学品在夏季发生事故量均比其他季节多。这主要与危险化学品本身的理化性质有关，这四类危险化学品性质都较为活泼，易燃或易发生反应，而夏季温度较高、空气湿度大，进一步加大了四类危险化学品环境污染事故发生的可能性。

第七类爆炸品事故发生的季节性变换明显区别于其他类别，其发生事故最多的季节为冬季。这可能是因为春节期间爆竹需求量大，使得爆炸品的生产量、运输量和使用量相较其他季节均大幅增加，从而增大了事故发生的可能性。在危险化学品七类中，环境污染事故的发生受季节变化影响最小的危险化学品种类为第四类毒害品和感染性物品，其事故量随季节变化较为平稳。该类危险化学品的主要特点为致毒性强，化学稳定性相对较好，受季节变化的影响较小。

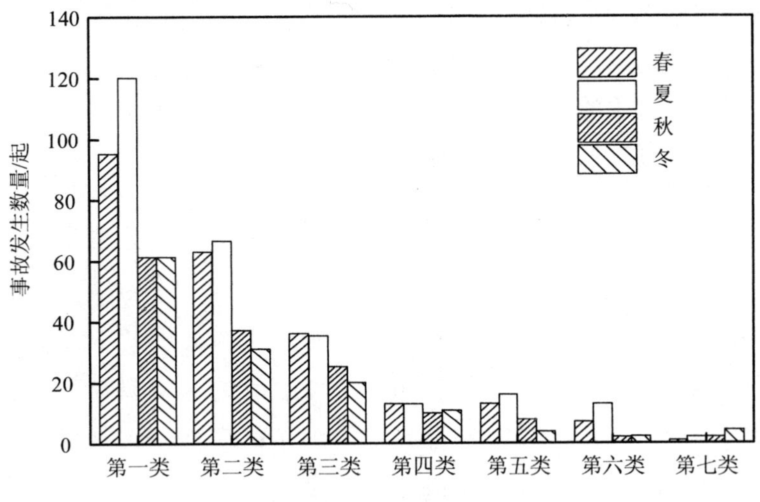

图 2-3　不同危险化学品环境污染事故季节分析

2.2.3　事故发生时间点分析

从图 2-4 中可以看出，早上 6 时到下午 18 时时间段里发生的事故较多，其中中午 11 时到 12 时有所下降，下午 13 时事故数量开始呈波动上升。可以看出，危险化学品突发环境污染事故的发生量主要集中在工作时间段内，同时也说明现场有无作业人员活动对危险化学品突发环境污染事故的发生有着密切联系。

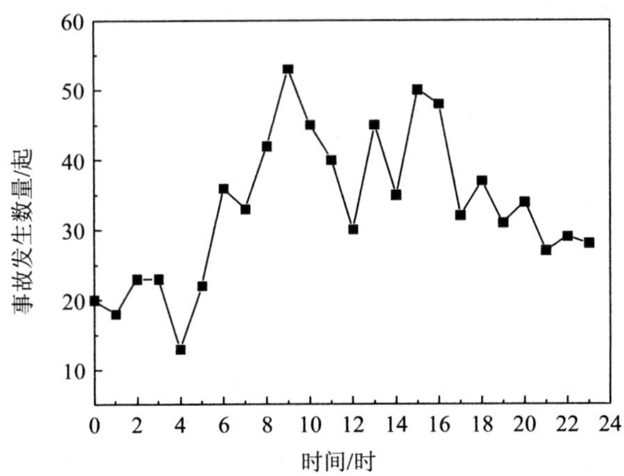

图 2-4　环境污染事故时间点分析

6～11 时和 13～18 时为企业或工厂生产经营最为活跃的阶段。虽然许多化工企业为 24 小时连续作业，但相对夜间来说，白天工作强度明显加强，并且许多作业（如搬运原料、设备维修、货物装卸载等）一般会选择在白天进行，夜间通常只是保持不间断生产或运输，因而事故发生量相对较少。11～13 时多为企业或工厂午休时间，生产经营活动减缓，作业人员也相对减少，因而事故发生量减少。可见作业人员的活动，增大了危险化学品环境污染事故发生的风险。因此严控作业人员的作业和操作，对减少危险化学品环境污染事故的发生有着重要意义。

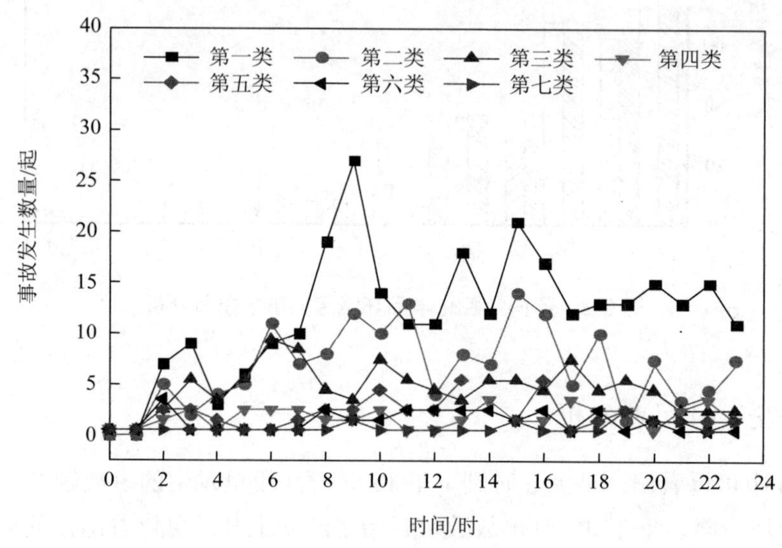

图 2-5 不同危险化学品环境污染事故时间点分析

从图 2-5 可以看出，不同种类的危险化学品在 0～24 时发生事故量的趋势基本相同，且除爆炸品外都与图 2-4 趋势类似，即工作时间段事故量相较其他时间段事故量要高，事故发生时间并未随危险化学品种类的不同而不同，可见导致危险化学品环境污染事故发生的主要因素为作业人员的活动。爆炸品突发环境污染事故的发生时间有很强的聚集性，主要集中在晚上 19～23 时，正如前面的讨论一样，春节期间会燃放大量烟花爆竹，而且燃放时间通常在晚上，因而加强夜间爆炸品使用监管对防范其事故的发生能起到显著效果。

2.3 事故发生地点分析

中国内陆按照地域分类可分为六类，即华北地区（北京市、天津市、河北省、山西省、内蒙古自治区），华东地区（上海市、江苏省、浙江省、安徽省、福建省、江西省、山东省），东北地区（辽宁省、吉林省、黑龙江省），中南地区（河南省、湖北省、湖南省、广东省、广西壮族自治区、海南省），西南地区（重庆市、四川省、贵州省、云南省、西藏自治区）和西北地区（陕西省、甘肃省、青海省、宁夏回族自治区、新疆维吾尔自治区）。

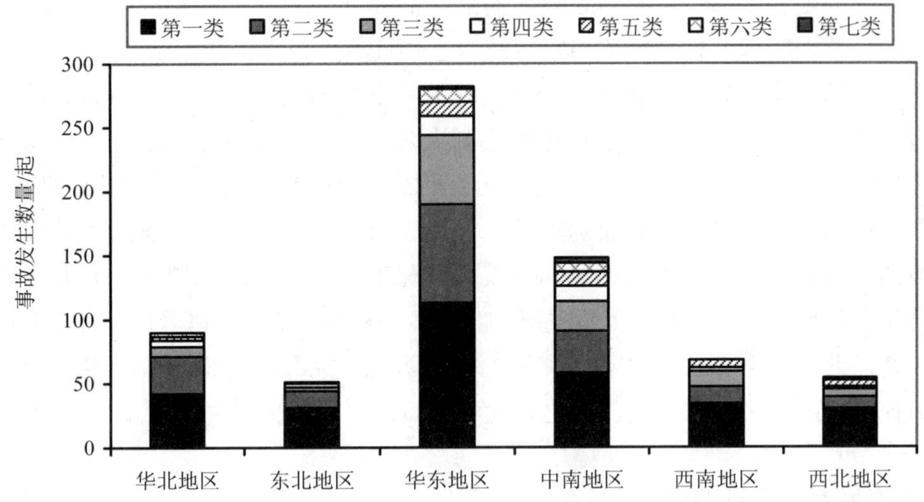

图 2-6　危险化学品环境污染事故区域分析

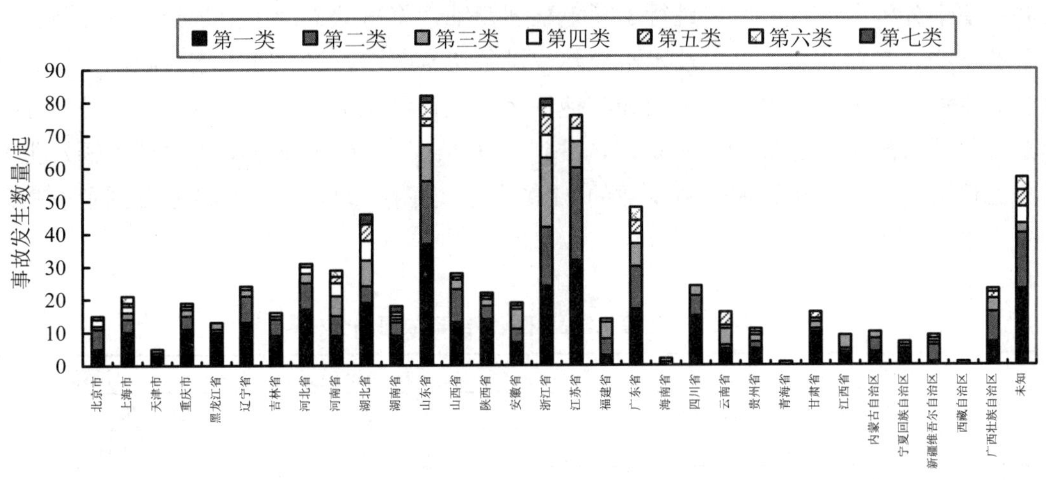

图 2-7　不同类别危险化学品污染事故省份分析

从图 2-6 可以看出，危险化学品突发环境污染事故主要发生在华东地区和中南地区。图 2-7 显示发生事故数量较多的省份为：浙江省、山东省、江苏省、广东省和湖北省。我国沿海城市主要坐落在华东和中南地区，化工企业数量多是导致危险化学品环境污染事故多发的主要原因。且坐落在华东地区的江苏和浙江两省，以及位于中南地区的广东省，都是我国的化工生产销售大省，其省内分别有 22 555 家、15 980 家、10 241 家经营企业，分别占到全国的第一、第三、第五位，其中危险化学品的生产经营企业为 4 056 家、1 552 家、1 549 家，分别占到全国的第一、第三、第四位。三省的位置优越，交通便利，且部分城市为沿江或沿海城市，我国众多的仓储企业和大型的石化港口码头多分布在沿江或沿海城市内，危险化学品大量频繁地输入输出，不可避免地将增大事故发生的概率。

浙江、江苏、广东三省的经济均较为发达，并且其周边省份（山东、上海、福建等）的化工等行业同样也很发达，各省的经济商业的频繁交易使得危险化学品的流通量大大增大，过境的运载车辆和海上船舶运输频率都大量增加，这有可能是这些省份危险化学品突发环境污染事故频发的原因。湖北省位于我国中南地区，虽然为非临海省份，但化工产业作为湖北省的传统产业和优势产业，并受中央在金融危机时提出的“沿海产业转移”政策的影响，湖北省的经济得到飞速发展，化工产品的生产和销售量大大增加，这也是危险化学品环境污染事故高发的重要原因。另外从图 2-7 中可以看出，相对于其他省份，发生在湖北省的第四类、第五类和第七类危险化学品环境污染事故较多，因此在安全生产和使用方面应格外注意这三类危险化学品，加强监管力度。

2.4 事故发生原因分析

引发危险化学品环境污染事故的诱因有很多，而且形式多样。为找出事故的主要原因并且便于分析，对事故原因进行了简单整理归纳，将事故原因主要划分为：违章操作或管理不严、专业知识缺乏、技术不成熟、设备违章改造、设备或工艺有缺陷、设备老化、机器设备故障、发生交通事故和其他原因，统计结果如表 2-1 所示。在各种原因中违章操作或管理不严造成的事故最多，占到 29.6%；其次是运载危险化学品车辆发生交通事故造成的环境污染，占事故总数的 21.0%，由这两种原因导致的事故占到了事故总量的一半。

表 2-1　危险化学品环境污染事故原因分析

事故原因	发生起数	百分比/%
违章操作或管理不严	235	29.6
发生交通事故	167	21.0
专业知识缺乏	82	10.3
机器设备故障	81	10.2
其他原因	76	9.6
设备或工艺有缺陷	56	7.1
技术不成熟	52	6.5
设备老化	32	4.0
设备违章改造	13	1.6

危险化学品在生产、经营、运输、使用、储存等各个环节都涉及工人的操作及管理问题，但是一些工人轻视作业的安全问题，违反安全规章制度，不按安全操作规章进行操作。另外，由于企业对危险化学品的生产、经营、使用、储存等环节的管理制度不够健全、完善，或者企业安全管理远滞后于生产经营建设的发展需求，甚至一些企业没有制定相应的安全管理制度，这些都导致事故频频发生。危险化学品的使用量逐年增加，其交通运输量也越来越大，企业在运输过程中，出于降低运输成本考虑，超载运输、疲劳驾驶现象时有发生，缺乏应有的安全意识且安全防护措施严重缺位，加之我国交通线路运力紧张、道路拥挤、违反交通规则以及车辆老化程度高等特点，直接导致企业在运输危险化学品过程中交通事故频发，并对环境造成污染。我国危险化学品企业员工素质普遍不高，企业再教育培训力度不够，导致员工专业知识十分欠缺，对危险化学品的危险性、基本应急知识以及安全防护措施的了解与认识严重缺乏，也是导致事故频发的重要原因。另外，企业对设备定期检查力度不够，缺乏更新设备的经济动因造成的设备老化和设备故障，也是引起危险化学品事故发生的重要因素。此外，企业引进机器设备时存在的固有设计缺陷，不成熟的操作技能甚至违章对设备改造都极易引发环境污染事故。

2.5 事故发生类型分析

根据危险化学品引发的环境污染事故的类型进行分类，可将其分为爆炸事故、火灾事故和泄漏事故。其中爆炸事故是指危险化学品意外发生了突发性的大能量释放对环境造成污染的事故；火灾事故是指时间或空间上失去控制的燃烧并对环境造成污染的事故；泄漏事故是指危险化学品在生产、储存、运输、使用和废弃物处置等过程中发生泄漏，并对环境造成污染。对于危险化学品发生泄漏后又发生爆炸、火灾或中毒的事故，归为泄漏事故。危险化学品环境污染事故的类型统计结果如图 2-8 所示。其中引发环境污染事故起数最多的是危险化学品的泄漏事故，所占比例高达 62.1%。其次是爆炸事故，占总事故的 29.2%，火灾事故发生频率相对较低，占总事故的 8.7%。这种现象在一定程度上说明了泄漏是造成我国危险化学品环境污染事故频发的首要因素，应重点加强对泄漏事故的监控和防范工作。

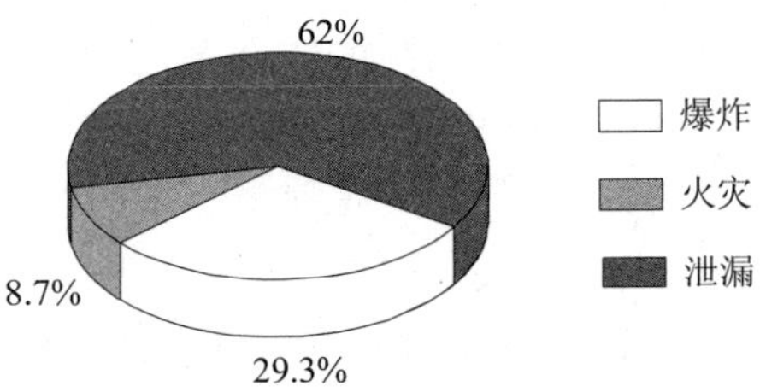

图 2-8　环境污染事故类型分析

2.5.1 泄漏事故分析

不同种类的危险化学品引发泄漏事故起数所占比例如图 2-9 所示，可以看出第一类压缩液化气体、第二类易燃液体和第三类腐蚀品是引发泄漏事故频次较高的危险化学品，这三类化学品引发的泄漏事故占到总泄漏事故的88.2%。从危险化学品存储状态来看，压缩液化气体通常是以气态或气液混合态储存；易燃液体均以液态储存，部分挥发性易燃液体以气液混合态存储；腐蚀品常温下多为液体，少数为固体。可见这三类危险化学品的存储状态主要为液态和气态，而相对其他几类危险化学品如第五类易燃固体、自燃物品和遇湿易燃物品，第六类氧化剂有机过氧化物和第七类爆炸品则主要存在形态为固态，其泄漏事故在总泄漏事故中只占到3.8%。因此，以气液态形式存储的危险化学品较固体形态危险化学品更易发生泄漏事故。

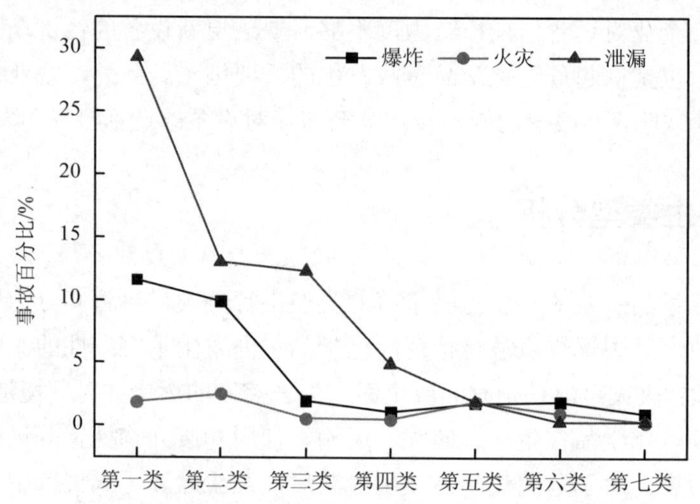

图 2-9 不同类别危险化学品环境污染事故类型分析

无论是泄漏事故还是火灾爆炸事故，压缩液化气体所占比例均较高，其中泄漏事故中由压缩液化气体所造成的事故几乎占到总泄漏事故的一半。压缩液化气体储存时常要进行加压液化或低温冷冻，若存储容器或工艺设备存在细微裂纹、法兰垫薄厚不均、设备震动致使螺丝或螺丝扣松动、垫圈或密封圈腐蚀或磨坏、管路焊接不良引起撕裂或其他隐患，容器或设备内外形成的巨大压差则成为其引发泄漏事故的助推剂。此外，压缩液化气体的存储容器或工艺设备必须达到一定质量（如耐压、耐温性能）要求，而我国现阶段一些企业或机构为节省成本，最大限度地赚取利润，使得危险化学品存储容器或设备的设计常不达标或存在缺陷，超载或超负荷使用。加之压缩液化气体极易受外界环境的影响，恶劣天气、碰撞冲击或工作人员专业知识的缺乏、不规范的操作等外界因素都增加了压缩液化气体发生泄漏事故的可能性。

表 2-2　泄漏事故涉及的危险化学品及其所属类型

涉及的危险化学品	所属危险化学品种类	百分比/%
液氯	压缩液化气体	8.5
甲烷	压缩液化气体	8.1
硫化氢	压缩液化气体	7.5
液氨	压缩液化气体	7.5
盐酸	腐蚀品	4.9
硫酸	腐蚀品	4.1
苯	易燃液体	3.5
一氧化碳	压缩液化气体	3.5
二硫化碳	易燃液体	2.8
甲醇	易燃液体	2.2

表 2-2 给出了发生泄漏事故频次较高的危险化学品，从表中可以看出这十种危险化学品发生的泄漏事故的频率相对较高，占到总泄漏事故的一半。因此，在生产、运输及储存过程中应优先考虑和严加防范的危险化学品物质依次是：液氯、甲烷、硫化氢、液氨、盐酸、硫酸、苯、一氧化碳、二硫化碳、甲醇。不难看出这十种物质有五种为压缩液化气体，三种为易燃液体，两种为腐蚀品，这与图 2-10 的统计结果相符合。

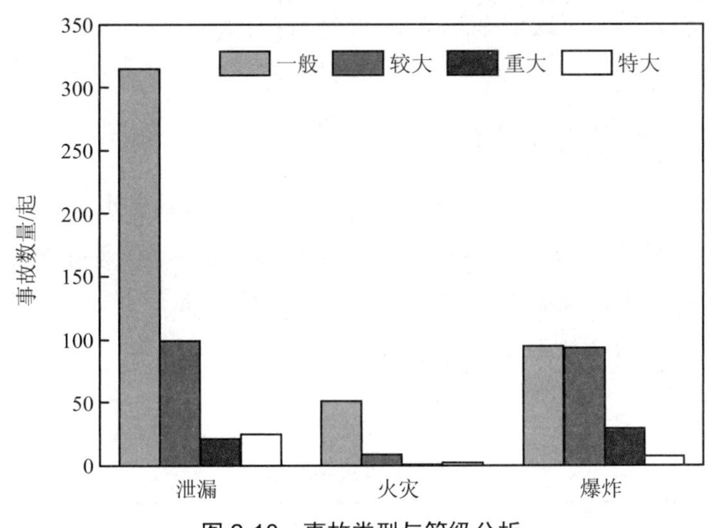

图 2-10　事故类型与等级分析

2.5.2　爆炸事故分析

由图 2-9 可以看出，发生爆炸事故最频繁的危险化学品种类为第一类压缩液化气体和第二类易燃液体，二者占到总爆炸事故的一半多，高达 73.4%。分析每类危险化学品的性质不难发现，压缩液化气体因其高压、液化、腐蚀等特点，使得其对外界条件要求较高。正如前面所讨论，易燃液体的闪点大多在 45℃以下，且燃点较低（通常高于闪点 1～

5℃），在常温下极易着火燃烧。并且部分易燃液体具有较强挥发性，易燃蒸气与空气混合达到爆炸极限，若遇明火（摩擦火或静电火等）则可立即引发爆炸。此外，易燃液体分子多数为非极性，黏度较小，不仅本身极易流动，而且由于渗透、浸润及毛细现象的作用，当容器壁即使只有细微裂缝时，易燃液体也能渗出，加之其较强的挥发性，气体易扩散至整个车间、厂区等，造成空气污染。同时，诸如苯、甲醇等大多数易燃液体及其蒸气均有强毒性，当载有这些物品的车辆发生翻车或侧漏时，极易引起水体、土壤或空气污染。

2.5.3 火灾事故分析

如图 2-9 所示，发生火灾事故较多的危险化学品种类主要为第二类易燃液体，第一类压缩液化气体和第五类易燃固体、自燃物品和遇湿易燃物品，分别占总火灾事故的 29.1%、21.7%、21.7%。如前所述第一类和第二类均为发生火灾爆炸事故较为频繁的危险化学品种类，其在火灾爆炸事故中均占到了较高的比例。第五类危险化学品的形态多以固体形式存在，故其爆炸事故相对火灾事故明显减少。

整体来看，易引发事故的物质多为具有易燃易爆性物质，并且主要集中在第一类、第二类和第五类危险化学品中。对于火灾爆炸事故来说，控制其事故点火源相对困难，而从引致物质方面入手，采取安全防范措施，则可有效减少危险化学品火灾爆炸事故的发生。

2.5.4 事故类型与事故等级分析

《国家突发环境事件应急预案》中对突发环境事件进行了等级划分，但由于部分事故对当地经济、社会活动产生较大影响，引起一般群体性影响等，对事故进行等级划分时，为了确保客观性，事故等级划分主要依据《安全生产事故报告和调查处理条例》（国务院第 493 号令）第三条规定中对事故等级的划分，其划分等级为一般事故、较大事故、重大事故和特别重大事故，具体标准如表 2-3 所示。

表 2-3 事故等级划分

事故等级	划分依据
特大事故	30 人≤死或 100 人≤重伤或 1 亿元≤直接经济损失
重大事故	10 人≤死＜30 人或 50 人≤重伤＜100 人或 5 000 万元≤直接经济损失＜1 亿元
较大事故	3 人≤死＜10 人或 10 人≤重伤＜50 人或 1 000 万元≤直接经济损失＜5 000 万元
一般事故	死＜3 人或重伤＜10 人或直接经济损失＜1 000 万元

由图 2-10 可知，特大事故的主要发生形式为泄漏事故（25 起），其次为爆炸事故（7 起），火灾事故中只有 1 起事故为特大事故。重大事故的发生形式类似，主要为爆炸事故（29 起）和泄漏事故（21 起）。可见相对火灾爆炸事故而言，泄漏事故更易于发生特大或

重大型事故。造成这一现象的原因有很多，而根据下文污染介质与事故等级的关系中可以看出，特大和重大型事故往往是空气污染和水体污染事故。图 2-11 中显示，泄漏、火灾和爆炸事故对环境所造成的污染主要是空气污染，并且泄漏事故对土壤和水体的污染远高于爆炸和火灾事故。对于空气污染，火灾和爆炸事故主要为燃烧的烟气等，而泄漏事故主要为具有毒性或腐蚀性等危险性的危险化学品，加之空气的易扩散性往往会扩大污染范围，这些气体非常容易造成人员的中毒受伤甚至死亡。如 2005 年 3 月在京沪高速公路淮安段，一辆载有约 35 吨液氯的槽罐车与一货车相撞，导致槽罐车液氯大面积泄漏。事故造成数个村庄被毒气笼罩，公路旁三个乡镇的村民不同程度的中毒，27 人死亡，周边树木和农作物都枯萎变黄。因此由泄漏事故引起的空气污染对人类和环境的伤害要更为严重。

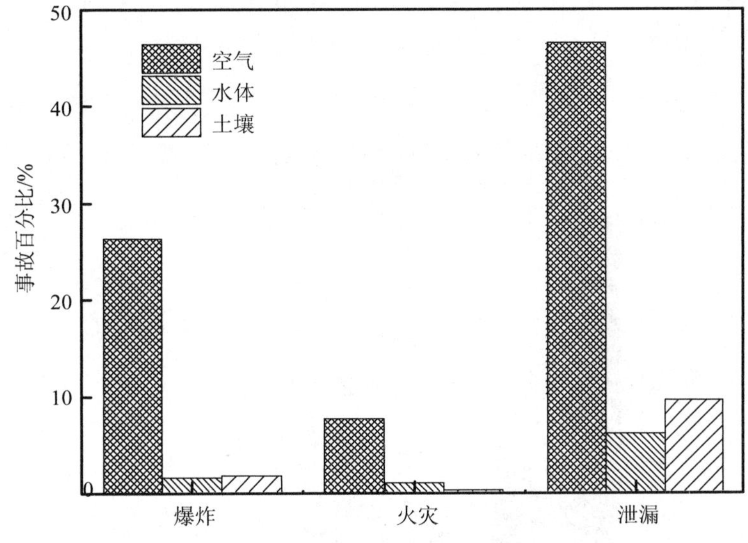

图 2-11　事故类型与污染介质分析

2.6 事故污染状况分析

按事故所污染的介质进行统计如图 2-12 所示。其中，空气污染事故最多，占到总事故的 80.5%，其次为土壤污染和水体污染，分别占总事故的 11.2%和 8.3%。

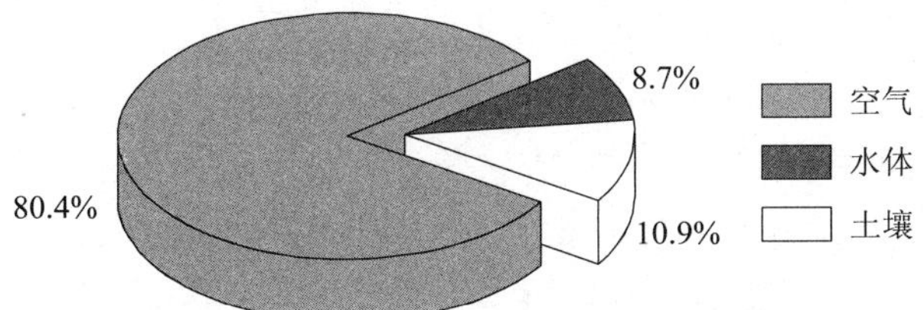

图 2-12　环境污染事故污染介质分析

首先，鉴于危险化学品多为气体或挥发性较强的液态物质，这类物质即使在日常安全保存过程中，也会由于其自身的物理特性和化学特性，引起空气的轻度污染。一旦该类危险化学品得不到有效的安全保管与使用，其造成的空气污染后果更为严重。其次，由于空气的流动性，更会将污染区域向周围无限扩散，并且空气一旦被污染，其应急处理难度较大且危害性强。再次，土壤和水体污染具有次生性，危险化学品通过土壤和水体介质的传递作用，会将其次生污染传递至空气，这就在某种程度上加剧了空气污染的发生。最后，由于土壤和水体污染具有很直接的外在显性，而空气污染不易察觉，因此对容易造成水体和土壤污染的危险化学品的监管更为严格，这也在某种程度上降低了土壤和水体污染事故的发生。相对于危险化学品突发环境污染事故造成的空气污染和土壤污染事故而言，水体污染事故更易引起人们的关注，其事故影响往往较大，常造成人们的恐慌。

2.6.1 空气污染分析

由图 2-13 可以看出，引发空气污染的危险化学品主要为第一类压缩液化气体，其占到总空气污染事故的一半，高达 51.8%。其次为第二类易燃液体，占到 19.7%。

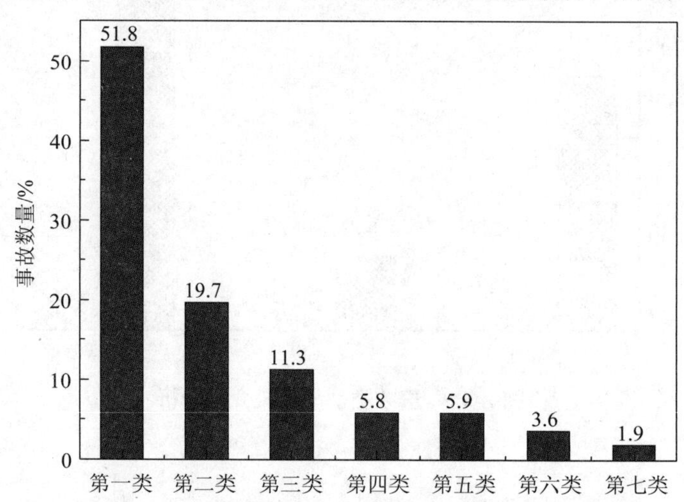

图 2-13 空气污染与危险化学品种类关系分析

压缩液化气体因其极度压缩液化的特点，使得无论是发生火灾爆炸还是泄漏事故，压缩液化气体都会迅速地向空气中扩散，对空气造成污染。许多易燃液体都具有很强的挥发性，故其事故发生后易燃蒸气极易污染空气。

我国现阶段对空气污染的应急处理技术的研究相对较少，其应急处理技术多数为通风、泡沫覆盖或采用水枪或消防水带向有害物蒸汽云喷射雾状水，加速气体向高空扩散，同时可溶解部分污染物。而喷水雾所产生的大量被污染水常因疏忽忘记关闭雨水阀或未封堵明沟而造成二次污染，如 2007 年 9 月 14 日发生在南宁市的甲醛储罐泄漏污染事件，由于储存甲醛罐体的地基下陷，导致罐体倒下后阀门破裂，甲醛泄漏。应急处理人员在没有对事故现场设置围堰的情况下，擅自用水冲洗稀释现场，将含甲醛废水排到南宁市内河心圩江上游，引发城市内河水体二次污染。

2.6.2 水体污染分析

如图 2-14 所示，常造成水体污染的危险化学品主要为第二类易燃液体、第三类腐蚀品和第四类毒害品和感染性物品。其中易燃液体中造成事故最多的物质主要有苯、甲醇、苯乙烯、二甲苯、丙烯腈；腐蚀品引发事故较多的物质主要有硫酸、氨水、甲醛、氢氧化钠、硝酸；毒害品和感染性物品类危险化学品引发事故较多的物质有氰化钠、苯酚、硫酸二甲酯。

表 2-4　水体污染事故所涉及的物质

危险化学品种类	水体污染事故所涉及的物质
第二类	苯、甲醇、苯乙烯、二甲苯、丙烯腈
第三类	硫酸、氨水、甲醛、氢氧化钠、硝酸
第四类	氰化钠、苯酚、硫酸二甲酯

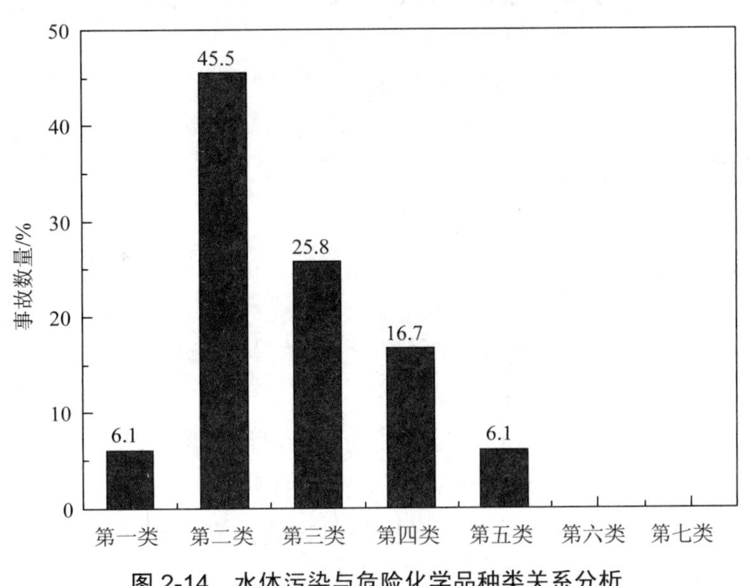

图 2-14　水体污染与危险化学品种类关系分析

2.6.3　土壤污染分析

如图 2-15 所示，常造成土壤污染的危险化学品主要为第二类易燃液体、第三类腐蚀品。如表 2-5 所示易燃液体中造成事故最多的物质主要有苯、甲醇、二硫化碳、丙烯腈、乙醇；腐蚀品引发事故较多的物质主要有盐酸、硫酸、硝酸、四氯化钛、氨水。

表 2-5 土壤污染事故所涉及的物质

危险化学品种类	土壤污染事故所涉及的物质
第二类	苯、甲醇、二硫化碳、丙烯腈、乙醇
第三类	盐酸、硫酸、硝酸、四氯化钛、氨水

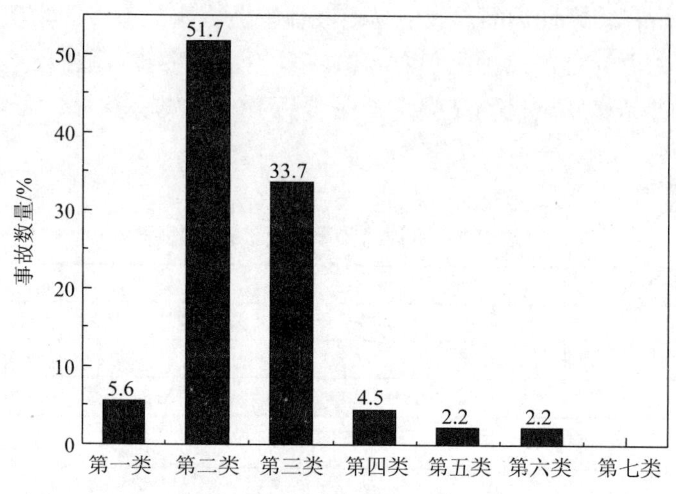

图 2-15 土壤污染与危险化学品种类关系分析

2.7 事故危害状况分析

2.7.1 事故类型与伤亡损失分析

由图 2-16 可见，泄漏事故造成的平均中毒人数最多，爆炸事故造成的平均受伤人数和死亡人数较多，并且平均财产损失最大。

造成这一现象的原因很多，其中最主要的原因可能有以下两点。① 泄漏事故常常会对空气造成污染，火灾和爆炸事故对空气的污染主要为燃烧烟气污染，而泄漏事故引发的空气污染主要为具有毒性或腐蚀性等危险性气体的污染。如图 2-16 所示，引发泄漏事故的危险化学品主要为第一类压缩液化气体。《危险化学品名录》（2002 版）中，在 164 种压缩液化气体中有毒气体为 51 种，易燃气体为 60 种，不燃气体为 53 种，并且甲烷、一氧化碳等部分易燃气体也具有一定毒性，这些危险化学品引发的空气污染，很容易导致急性中毒。② 爆炸事故由于其发生具有偶然性，事故难以预测，爆炸在瞬间即可发生，没有足够的时间进行人员疏散，破坏力较大。在爆炸事故中，爆炸抛射物是造成人身伤亡、财产损失的重要因素。如 2009 年 7 月 15 日河南省洛阳市偃师市顾县镇洛染股份有限公司的工厂里发生爆炸事故，该厂的主要产品是 2,4-硝基甲苯，当时罐区还储存有 130 t 的硝酸和一个 500 t 的氯苯罐。这次事故共造成 8 人死亡 8 人重伤，周边 108 名居民被爆

炸震碎的玻璃不同程度划伤，直接经济损失 1 800 多万元。

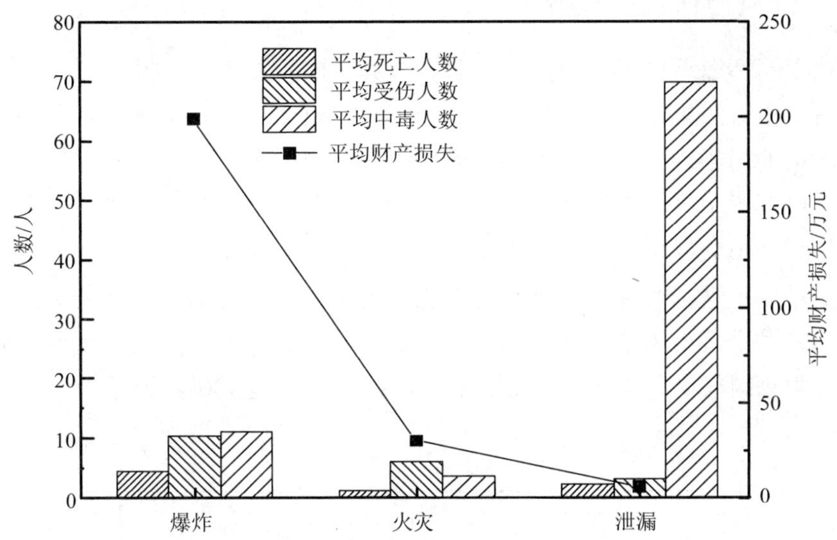

图 2-16　事故类型与事故伤亡损失分析

我国对事故财产损失的估算主要包括事故造成的厂房、设备、原料、产品或因事故造成的停产损失等方面财产损失。爆炸事故的财产损失远高于火灾泄漏事故，主要是因为爆炸事故具有极强的破坏力，使其对厂房、设备、原料、产品等方面造成了严重损坏。值得一提的是，泄漏事故的平均财产损失虽然相对较小，但其对水体、土壤和空气所造成的环境损害，或因环境污染而对人体健康、水生生物和工农业生产所带来的影响等，这些都是难以用定量的金额来衡量事故损失的，表 2-6 为部分泄漏事故对环境的影响。

表 2-6　部分泄漏事故对环境的影响

事故地点	事故概况	环境危害
上饶县沙溪镇	交通事故导致 2.4 t 一甲胺泄漏	23 万 m^2 土地受到污染
浙江巨化集团公司电化厂	屏蔽泵故障液氯外泄	200 亩水田，500 亩橘树受损
阜新蒙古族自治县嘉忆铜厂	污水泄漏	污染井水致使多人中毒
湖北宜昌市鄢家河的漫水桥	载有黄磷的火车翻车，4.7 t 黄磷倾入河中	鄢家河和长江受污染
福建龙岩市上杭县	载有 10.7 t 33%氰化钠的槽车倾覆山涧，泄漏 8 t 氰化钠，通过溪水进入水源中	对河流造成污染
长江口外东海	载苯乙烯运输船泄漏事故导致 703 t 苯乙烯泄漏	污染地为上海近海海岸水产资源保护区，鳗苗、鱼类集结的水域
长江川江小庙基岸嘴处	船舶触礁，导致苯泄漏	149.4 t 纯苯泄漏入长江
浙江义乌甬金高速岩坑尖 2 号隧道	两车追尾，氨水泄漏	地下水受到污染

2.7.2 事故介质与伤亡损失分析

危险化学品环境污染事故的污染介质与事故伤亡损失情况如图 2-17 所示。从人员伤亡情况来看，空气污染事故所造成的平均中毒人数最高，其次为水体污染事故。如前所述，空气污染的污染物往往具有毒性或腐蚀性等特点，加之空气的易扩散性往往会扩大污染范围，以至于空气污染往往造成人员的中毒；从财产损失情况来看，水体污染事故造成的平均财产损失远高于空气和土壤污染事故。相较于空气和土壤污染，突发性水体污染事故更难以治理，其应急监测、污染物的处理处置都更为艰巨和复杂，难度更大。并且重大的突发水污染事故对环境和生态的影响具有长期性，需要长期治理和修复。据有关资料表明我国每年因水污染而造成的经济损失就高达 400 多亿元。

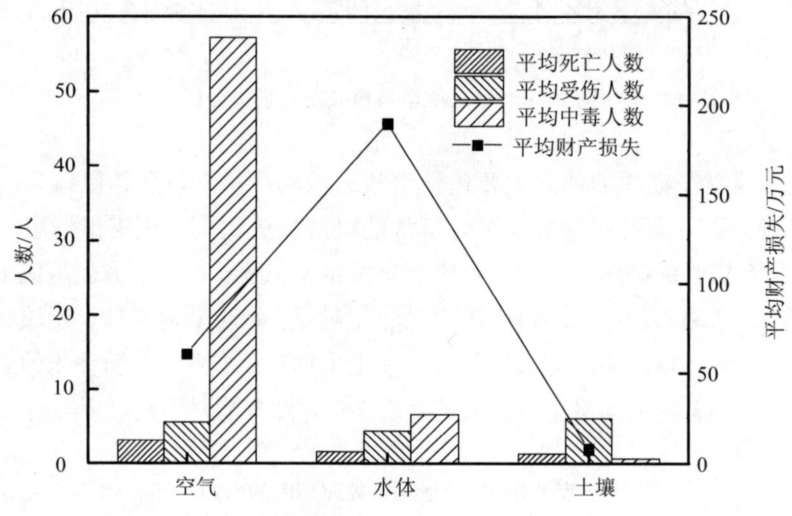

图 2-17 事故介质与事故伤亡损失分析

2.7.3 危险化学品种类与事故伤亡损失分析

从图 2-18 中可以看出，造成平均中毒人数较多的危险化学品种类为第一类压缩液化气体，平均伤亡人数最多的为第七类爆炸品。从财产损失情况来看，爆炸品事故造成的财产损失最大。

造成这一现象的原因很多，其中最主要的原因可能与危险化学品本身理化性质有关。第一类压缩液化气体事故主要以污染空气为主。爆炸品发生事故的形式主要以爆炸事故为主，因此爆炸品事故造成的财产损失与图 2-18 中爆炸事故的财产损失趋势相符。

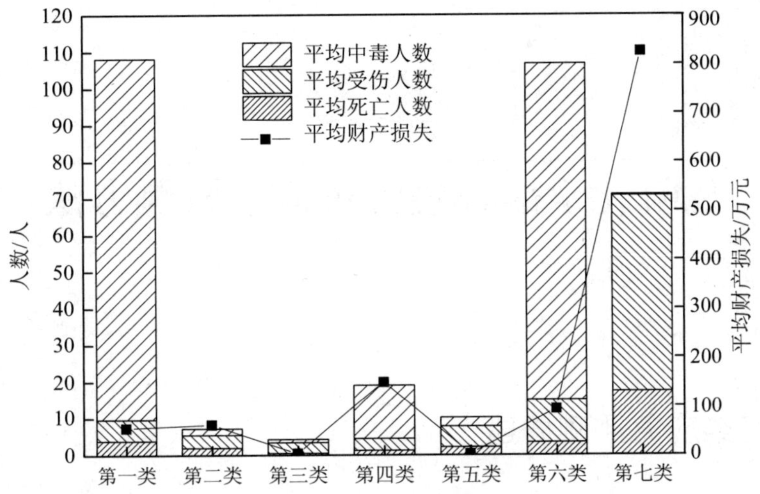

图 2-18 危险化学品种类与事故伤亡损失分析

第3章 危险化学品环境污染应急监测方法

3.1 环境污染应急监测概述

环境污染事故应急监测是事故处理处置过程的重要组成部分。快速测定出污染物的种类、浓度、范围、扩散速度及危害程度等数据，能为处理过程中的正确决策提供科学依据，有效掌握污染范围、缩短事故持续时间，使事故造成的损失降到最低。

在突发性化学品污染事件中，应急监测是环境突发事件应急处理的重要环节，提高监测技术，完善应急监测装备，做出准确的应急监测分析，可以为突发性环境事件的应急决策与指挥提供依据，起到技术支持作用。为了应对突发性环境污染事故，应急监测技术应以迅速进行监测分析，准确判断污染物的来源、种类、性质、浓度、污染程度、污染范围、发展趋势和可能产生的环境危害为核心，提供事故污染排放源位置、排放规模、污染物清理和处理效果等有关信息。

应急监测的基本概念包括：① 突发环境事件：指由于违反环境保护法规的经济、社会活动与行为，以及意外因素或不可抗拒的自然灾害等原因在瞬时或短时间内排放有毒、有害污染物质，致使地表水、地下水、大气和土壤环境受到严重的污染和破坏，对社会经济与人民生命财产造成损失的恶性事件。② 应急监测：指突发环境事件发生后，对污染物、污染浓度和污染范围进行的监测。③ 瞬时样品：指从地表水、地下水、大气和土壤中不连续的随机采集的单一样品，一般在一定的时间和地点随机采取。④ 采样断面（点）：指突发环境事件发生后，对地表水、地下水、大气和土壤样品进行采集的整个剖面（点）。⑤ 对照断面（点）：指具体评价某一突发环境事件区域环境污染程度时，位于该污染事故区域外，能够提供这一区域环境本底值断面（点）。⑥ 控制断面（点）：指突发环境事件发生后，为了解地表水、地下水、大气和土壤环境受污染程度及其变化情况而设置的断面（点）。⑦ 削减断面：指突发环境事件发生后，污染物在水体内流经一定距离而达到的最大程度混合，因稀释、扩散和降解作用，其主要污染物浓度有明显降低的断面。⑧ 跟踪监测：为掌握污染程度、范围及变化趋势，在突然环境事件发生后所进行的连续监测，直至地表水、地下水、大气和土壤环境恢复正常。⑨ 流动污染源：指在运输过程中由于突发环境事件，在瞬时或短时间内排放有毒、有害污染物，造成对环境污染的源头。⑩ 固定污染源：指固定场所如工业企业或其他单位由于突发环境事件，在瞬时或短时间内排放有毒、有害污染物，造成对环境污染的源头。

3.2 环境污染应急监测体系

3.2.1 应急监测体系概述

一旦发生环境污染事故，事故现场最关键的环节是应急监测。应急监测工作需要确定应急监测体系，明确各部门之间的组织分工和职责，落实组织、人员、设备、资金、技术、后勤等项具体措施，形成运行有效的应急监测体系。

各级环保部门建立的环境应急监测的体系，应该具有两方面能力：一是事前的预警监测能力；二是事发后的现场监测分析能力。为了保证应急监测能力，必须加强组织、装备和技术三个子系统的建设。应急监测组织建设包括机构、制度、人员的建设，存在环境安全隐患的危险重点污染源资料的电子档案建设；应急装备建设是在完善重点污染源排污状况实时监控信息系统基础上，加强自动监控系统建设，完善相应的快速常规监测系统，完善当地必须检测的污染项目和有毒有害物质监测系统的建设，必要时可配备全能应急监测车，满足连续监测和快速监测的技术手段；应急监测技术建设应定期对环境应急监测人员进行应急监测的培训和演练，确保能够快速识别、及时处置地区内发生的一般突发环境事件的快速监测能力，事前对本辖区重点污染企业的污染概况有所了解，事发后对监测数据具有一定的分析和判断能力，可能的话还应聘请相关科研单位和管理部门的有关专家组成应急技术顾问组。一个体系完整、工作有效的环境应急监测体系，可以保证在最短的时间内，查明事故污染程度、污染类型、扩散范围等基本情况。

环境突发事件往往具有突然性、不可预见性、危害的严重性、形式和种类的多样性、处理处置和恢复的艰巨性等特点，因此突发环境事件应急监测的准备，应充分考虑突发性环境污染事故的基本特征。事前监测为预警和防范提供分析数据，事后监测为事故应急响应、事故处理和环境恢复提供科学的决策依据。

3.2.2 应急监测体系的构成

3.2.2.1 组织机构

各级应急监测的组织领导机构是各级政府的环境保护行政主管部门，同时根据现场监测的需要，与其他部门建立联合、协调机制。

3.2.2.2 应急监测网络

全国环境应急监测网络分为三级：国家级（中国环境监测总站）、省级（省级环境监测中心站）和地市级（地市环境监测站）。各级环境监测站应有专人（可兼职）负责应急监测工作。针对环境突发事件的特点，应重点加强三级站建设。中国环境监测总站与各省级环境监测中心站作为应急监测的组织，指导，技术支持和特大、重大环境突发事件的应急监测支援系统。

3.2.2.3 应急监测职责

《国家突发环境事件应急预案》规定：环境保护部环境应急监测分队负责组织协调突发环境事件地区环境应急监测工作，并负责指导海洋环境监测机构、地方环境监测机构进行应急监测工作。

中国环境监测总站负责全国环境应急监测的管理办法和实施方案；负责全国应急监测工作的技术指导（包括科研、编制应急监测方法和技术规范、研制应急监测设备）；组织全国应急监测技术培训和推广快速应急监测技术方法；参与跨省、跨地区突发环境事件的应急监测的技术仲裁；参与特大和重大环境突发事件的应急监测、调查和事故处理处置的评估。

各省级环境监测站负责对全省环境应急监测工作进行指导；省内应急监测技术与方法的培训和技术推广；受省（自治区、直辖市）环境行政主管部门的委托参与重大环境突发事件的应急监测、调查和事故处理处置的评估；负责接收环境突发事件的相关信息与快速上报。

地市级环境监测站负责辖区内环境突发事件应急监测的实施；上报突发事件的有关信息和应急监测结果（数据与分析）；开展应急监测技术方法研究、应急监测技术培训、应急监测演练。

3.2.2.4 应急监测机构的工作目标

（1）制定环境突发事件的应急监测管理办法、实施方案、响应程序；落实组织机构，明确部门分工和职责，组织开发应急监测管理信息系统。

（2）调查和确定辖区内具有危险源及危险隐患的排污单位的数据库，对其实施事前的有效监测，了解它们可能发生突发事件的类型、应急监测需要的仪器装备和技术方法。

（3）根据辖区内危险源及危险隐患的应急需要，落实应急监测仪器设备和装备，完善应急监测能力建设，逐步提升应急监测装备的支持能力。

（4）制定应急监测技术规范，重点加强辖区内多发和危害严重的突发事件的应急监测手段和相应测试、分析技术方法的研究与准备，逐步完善相关的应急监测技术支持系统。

（5）建立精干、高效的应急监测机构和队伍，通过培训和演练，提高各级环境监测应急人员的业务素质，提升应急监测组织协调效能和应急监测队伍的整体应急能力。

3.2.2.5 应急监测的任务

（1）根据突发环境事件污染物的扩散速度和事件发生地的气象和地域特点，确定污染物扩散范围。

（2）根据监测结果，综合分析突发环境事件污染变化趋势，并通过专家咨询和讨论的方式，预测并报告突发环境事件的发展情况和污染物的变化情况，作为突发环境事件应急决策的依据。

3.2.3 环境应急监测的作用

环境突发事件发生后，应急监测人员应快速赶到现场，根据事故现场的具体情况进行布点采样，采用快速监测手段判断污染物的类型，给出定性的、半定量的和定量的监测分析结果，确认环境突发事件的危害程度和污染范围，分析污染趋势。环境应急监测在环境应急响应中应发挥以下几方面作用：

3.2.3.1 对突发环境事件做出初步分析

通过采样、监测、监测分析，快速提供突发环境事件的初步分析结果，如污染物的类型、浓度和释放量，向环境扩散的速率，污染的区域、范围和发展趋势，污染特征（毒性、挥发性、残留性、降解的速率）。

3.2.3.2 为环境应急指挥和决策提供必要的信息

通过连续跟踪监测和分析，不断地为环保部门和环境应急指挥部门提供污染数据和分析结果，为环境应急指挥部门提供充分信息，确保决策部门能对环境突发事件做出有效的应急决策和反应，并根据事态的发展，不断修订应急对策。应急监测提供的监测数据的高度准确和可靠，对鉴定和判断污染事故的严重程度至关重要。

3.2.3.3 为实验室的监测分析提供第一手资料

由于现场的应急监测设备和手段有限，只能进行初步监测和分析，但根据现场的测试可以为实验室的进一步监测分析提供许多有用的信息，如最恰当的采样点、采样范围、采样方法、采样数量及分析方法。

3.2.3.4 通过现场检测为事故的处理提供必要的监测数据

由于应急监测是在现场，可以配合环境监察进行取证工作，提供现场的测试数据，在现场协助确定环境突发事件发生的原因、责任、危害等。

3.2.3.5 为事故的评估提供必要的资料

由于环境应急监测一直在突发事件的现场进行，对现场情况比较了解，对各类数据之间的关联，对整个突发事件的评估有较大的发言权，如事故发生的原因、发展态势、应急措施对突发事件的控制作用、有效性，突发事件对环境的影响及危害等。

快速、准确的环境应急监测工作可以为各级政府和环境行政主管部门提供快速、及时、准确的技术支持，确定污染程度、发展趋势，从而尽快确定控制和消除污染的有效措施和整体环境应急决策。

3.2.4 环境应急监测预案

为了有效实施应急监测，各级环境监测部门应根据环保部门的整体环境突发事件应急预案编制相应的环境监测应急预案。对突发事件的事前、事发、事中、事后的应急监测工作做出统筹安排，突出应急监测中的预警、现场监测、应急终止、损害评估、环境恢复等几个环节。建立应急环境监测预案需要做好以下几项准备工作：

（1）对本辖区可能产生污染事故的一切污染源进行调查，确定易发生重大污染的重要污染源，确定应急监测管理的对象。

（2）对本辖区内各类易燃、易爆、腐蚀、有毒化学品等各类仓库、贮罐（槽）进行调查，建立相关生产工艺、主要危险品、可能发生事故的污染类型等资料的电子档案。

（3）对辖区内以及交通干线上下游从事危险品运输、生产、储存的单位、企业、人员进行调查登记。

（4）各类污染源按危险程度分级、按性质分类、按地域分区。

（5）搜集各方面资料，建立各方面的数据库。

环境应急监测预案编制的主要内容包括：

3.2.4.1 总则

包括编制目的、编制依据（法律法规、制度、环境应急预案）、指导思想、工作原则、事故分级等内容。

3.2.4.2 应急监测的组织机构与职责

包括应急监测领导机构、应急监测技术机构、应急监测专家咨询机构、应急监测联络和后勤保障机构。

3.2.4.3 应急监测响应

环境突发事件发生后，应启动应急监测响应程序。应急监测的响应包括接受应急监测任务，启动应急程序，启动应急监测信息管理系统，派人到现场了解情况，根据污染类型和趋势确定应急监测方案，准备现场防护装备、监测设备和药剂，实施现场应急监测（同时做好实验室监测的相应准备），进行快速监测报告，通过实验室的进一步监测分析作出深入分析报告。参与事故的现场调查取证，提供相应的监测报告。

3.2.4.4 应急监测的终止

突发事件应急指挥部通知应急工作终止后，往往环境监测和环境应急工作还会延续一段时间，因为事故应急的终止并不意味环境污染已经终止。在清理现场和处置废物时还可能产生污染，进入水体、大气、土壤的污染还未消除，其他部门的应急工作可能结束了，但环境应急可能还远没有结束，环境应急要环保部门的应急领导机构宣布应急终止后才能终止。

3.2.4.5 跟踪监测

为了监测突发事件对环境的后续影响或评估造成的污染损失，环境监测部门还应进行一定时间的跟踪监测，为环境突发事件的评估工作提供数据和监测分析报告，为事故后的环境恢复方案提供相应监测资料。

3.2.4.6 应急监测的评估

一次应急工作后，必须及时总结本次应急工作的经验及失误，以利于今后的应急监测工作。评级内容包括应急监测方案是否合理，监测方法和监测分析是否正确，环境监测预案是否需要调整，应急监测的设备和装备是否能够满足应急监测工作需要，应急防护措施是否得当。

3.2.4.7 应急监测保障

应急监测保障包括组织保障（制度、机构、队伍等）、装备保障（检测仪器、防护装备、交通及通信器材等）、技术保障（相关技术信息系统、数据库的建设、专家组等）、应急能力保障（指挥协调能力、应急反应能力、培训、演练）。

3.2.4.8 附则

包括名词术语解释、预案的管理和调整、奖励与责任追究、制定语解释部门、应急监测预案的实施时间等。

3.2.4.9 预案附件

（1）各有关机构、协作机构、应急监测人员、咨询专家的联系电话一览表；

（2）应急监测机构的管理体系框图；

（3）应急相应工作程序框图；

（4）应急监测的任务书格式；

（5）应急监测的报告书格式（初报、总结报告）；

（6）辖区内重点应急管理单位的主要危险源和主要危险化学品名录。

3.2.5 应急监测组织实施与准备

3.2.5.1 应急监测组织指挥体系

应急监测组织指挥体系包括：应急监测领导小组、应急监测技术小组、应急监测专家咨询小组、应急监测联络及后勤保障小组等。明确应急监测小组间的组织结构、岗位职责、配合流程等信息。

应急监测领导小组负责制定应急监测预案、协调应急监测各相关小组工作、负责应急监测人员培训、负责落实应急监测装备、负责组织应急监测演练、组织编写应急监测报告。

应急监测咨询小组应由应急监测和相关方面技术专家组成，对突发事件的污染范围、发展趋势作出预测，参与事故等级、危害范围、污染程度的确认，对监测方案、监测数据分析、监测响应终止的重大决策发表意见，直到应急监测方案的制订和实施。

应急监测联络及后勤保障小组负责转达指挥领导小组的命令、指示、信息等，负责各类监测人员的联络，负责信息联络和后勤供应，联络和调动其他相应监测力量，报告应急工作进展情况。

3.2.5.2 应急装备和应急能力

应急装备包括：

（1）应急监测仪器装备：对必要的现场应急监测项目配备设备，如便携式水质检测仪、便携式有害气体检测仪、便携式红外光谱仪、便携式气象色谱仪、便携式色谱-质谱联用仪、气体检测管、水质检测管、便携式应急监测箱、检测试纸等，应定期检查，定期维护，保证监测设备完好，并应配套检查实验室内设备，保证完好，试剂定期配制更换。

（2）配备应急取证设备：如照相机、录像机、录音机等。

（3）应急监测人员防护装备：如防毒面具、防护手套、过滤呼吸器、防化服、护目镜等。

（4）应急监测急救装备：如应急药品、简易医疗仪器等。

（5）应急监测通信装备：如对讲机、GPS 定位仪、笔记本电脑等。

（6）可以调用的应急力量：对一些特殊的监测分析仪器，由于财力有限，也可不用购置，如果确定本辖区内某单位具有检测仪器和能力，可作为应急的备用检测，需要时调用，但应事先确认，并明确联系方式。

如有条件还可以装备应急监测车。

3.2.5.3 应急监测数据库

（1）平时编制辖区内的危险源动态档案数据库，包括从事有毒有害物质生产、加工、储运、处理的单位名录，这些单位存在的危险源种类、规模、位置等基本情况；危险源的危险等级、毒性分类、潜在危害、事故预防措施等企业应急信息；如有条件还可以建立辖区内的危险源地理信息系统，便于突发事件发生后评估对周围的影响。

（2）建立应急监测技术咨询数据库，包含常见化学品和污染物的标识、理化性质、毒性、防护措施、应急消解措施等；有关应急监测仪器的操作步骤和使用信息；各类应急监测仪器和后勤器材的维护和管理信息；应急监测分析方法信息；应急处置（泄漏处理、消防措施、现场急救等）措施。

（3）建立环境应急法律法规、标准、制度的决策数据库，包含国家对危险化学品、危险废物、化工生产的一系列法律、法规、条例、办法、管理制度，各类相关标准（控制标准、排放标准、安全防护标准、安全生产规范、环境监测方法标准等），以便需要时调用。

（4）建立典型污染事故案例数据库，通过对以往发生的典型污染事故案例分析和评估，为今后可能发生的突发事件提供借鉴资料。

3.2.5.4 应急监测预警系统

利用环境监测部门以及排污单位的各类自动监测系统（污水自动监测信息系统、废气自动监测信息系统、地表水自动监测系统等），做到污染事故及时发现、及时报告、及时应急监测。还应加强应急监测预警技术、方法和综合分析报警管理系统的研究，使环境预警工作从事发报警提前到事前预警。

3.2.5.5 应急监测报告

应急监测报告应分初报、分析报告和总结报告。初报是第一次监测数据形成的初步分析报告；分析报告是以各阶段监测数据为基础，将数据上报给应急监测小组进行综合分析后产生；总结报告是在应急监测工作结束之后，对事件的监测工作总结。为了规范监测报告，应对各类监测报告的格式及内容的结构有一定的规定，最好有电子版的模板格式，以减少书写报告的工作量和报告的存档。

3.2.5.6　环境应急监测演习

环境应急监测预案确定后，还应定期进行实战演练，通过演习完善制度和组织机构，锻炼队伍，发现问题，提高监测技术水平。

针对危险大、突发事故可能性大的突发事件，依据预案要求进行演练，一方面可以通过演练发现预案中存在的问题；另一方面可以考察应急监测机构的指挥、协调能力，考核监测技术人员对应急监测的技术能力；同时还可以检查仪器、装备是否能满足应急监测的基本需求。环境应急监测演习的一般程序如图 3-1 所示。

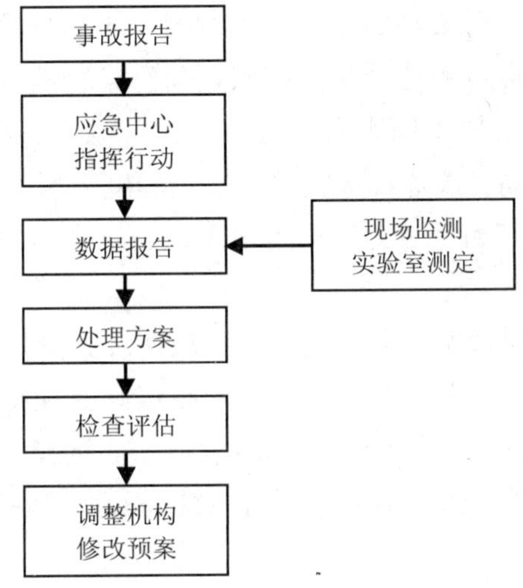

图 3-1　环境应急监测演习程序

3.3　环境污染应急监测技术方案

由于突发环境事件的事故类型、污染物、发生原因、危害程度千差万别，很难制定一套固定的环境应急技术方案，只能确定环境应急监测的技术规范。事发后，根据环境应急监测的技术规范和具体事故的现场情况，再确定一个突发事件的环境监测应急监测方案。任何一个环境应急监测方案都必须考虑布点、采样，监测频次与跟踪监测方案，污染物监测项目与分析方法，数据处理，监测报告与上报程序等。

3.3.1　环境应急监测技术方案

制定应急监测方案的基本原则：现场应急监测与实验室分析相结合；应急监测技术的先进性和现实可行性相结合；定性与定量、快速与准确相结合；环境要素的优先顺序为空气、地表水、地下水、土壤。

应急监测可能遇到以下四种情况：

（1）已知污染源及污染物，调查受污染的范围与程度的布点，可直接测定该污染源或排放口所排污染物在空气、水环境中的浓度。

（2）已知污染源，未知污染物，调查受污染的范围及其可能造成的危害的布点，可以从了解原材料入手，列出可能产生的污染物，进行监测分析。

（3）已知污染物，未知污染源，调查污染来源和污染范围。

（4）未知污染源和污染物，调查污染来源、种类、范围及可能造成的危害。

针对后两种情况，最快捷的方法是根据受污染空气、河流的地理环境，周围、沿岸社会环境，工矿企业布局全面布设点位进行排查和监测。

由于污染事故发生时，污染物的分布极不均匀，时空变化大，对各环境要素的污染程度各不相同，因此采样点位的选择对于准确判断污染物的浓度分布、污染范围与程度等极为重要。点位确定应考虑以下因素：

（1）事故的类型（泄漏、爆炸、火灾等）严重程度与影响范围；

（2）事故发生的地点（如是否为饮用水水源地、水产养殖区等敏感水域）与人口分布情况（是否在市区等）；

（3）事故发生时的天气情况，尤其是风向、风速及其变化情况。

环境应急监测技术方案主要包括监测点位的布点原则、采样方法、样品的分类保存；确定监测频次；检测项目的筛选；确定应急监测方法；选择应急监测仪器和器材；应急监测数据的统计处理（原始记录、监测数据有效性检验，应急监测报告）；应急监测的质量保证。

3.3.2 应急布点要求

3.3.2.1 布点原则

采样断面（点）的设置，以掌握污染发生地点状况、反映事故发生区域环境的污染程度和污染范围为目的。一般以突发环境事件发生地及其附近区域为主，同时必须注重人群和生活环境，重点关注对饮用水水源地、人群活动区域的空气、农田土壤等区域的影响，并合理设置监测断面（点），以掌握污染发生地状况，反映事故发生区域环境的污染程度和范围。

对被事故所污染的地表水、地下水、大气和土壤均应设置对照断面（点）和控制断面（点），对地表水和地下水还应设置削减断面，尽可能以最少的断面（点）获取足够的有代表性的所需信息，同时需考虑采样的可行性。

3.3.2.2 布点方法

应急监测应根据污染现场的具体情况和污染区域的特性进行布点。

对于固定污染源和流动污染源的监测布点，应根据现场的具体情况，在产生污染物的不同工况（部位）下或不同容器内分别布设采样点。

对江、河的监测应在事故发生地的下游布设若干点位，同时在上游一定距离布设对照断面（点）。如江、河水流的流速很小或基本处于静止状态，可根据污染物的特性在不同水层采样；在事故影响区域内饮用水和农灌区取水口必须设置采样断面（点）。根据污染物的特性，必要时对水体应同时布设沉积物采样断面（点）。当采样断面水宽度小于 10 m 时，在主流中心采样；当断面水宽度大于 10 m 时，在左、中、右三点采样。

对湖（库）的监测应以事故发生地为中心，按水流方向，在一定间隔以扇形或圆形布点，并根据污染物的特性在不同水层采样，多点样品可混合成一个样品。同时根据水流流向，在其上游适当距离布设对照断面（点），必要时在湖（库）出水口和饮用水取水口处设置采样断面（点）。

根据污染物在水中溶解度、密度等特性，对易沉积于水底的污染物，必要时布设底质采样断面（点）。

对地下水的监测应以事故发生地为中心，根据本地区地下水流向采用网格法或辐射法在周围一定范围内布设监测井采样，根据地下水主要的补给来源，在垂直于地下水流的上方向，设置对照监测井采样；在以地下水为饮用水水源的取水处必须设置采样点。采样应避开井壁，采样瓶以均匀的速度沉入水中，使整个垂直断面的各层水样进入采样瓶。若用泵或直接从取水管采集水样时，应先排尽管内的积水后再采集水样。同时要在事故发生地的上游采集对照样品。

对大气环境的应急监测以事故地点为中心，在下风向按一定间隔以扇形或圆形布点，并根据污染物的性质在不同高度采样，同时在事故点的上风向适当位置布设对照点；在可能受污染影响的居民区或人群活动区等敏感点必须设置采样点，采样过程中应注意风向变化，及时调整采样点位置，同时应记录气温、气压、风向和风速等。

对土壤的应急监测应以事故地点为中心，在事故发生地及其周围一定区域内按一定间隔圆形布点采样，并根据污染物的特性在不同深度采样，同时采集未受污染区域的样品作为对照样品。必要时，还应采集在事故地附近的作物样品。需要注意的是，现场无法测定的项目应尽快将样品送至实验室检测。样品必须保存至应急结束后才可废弃。

3.3.3　应急监测的样品采集与管理

3.3.3.1　应急监测的现场监测要求

现场监测仪器的确定应具备以下要求：能快速鉴定、鉴别污染物，并能给出定性、半定量或定量的检测结果；可以直接读数，使用方便；便于携带、对样品的前处理要求低。各地环保应急部门应根据本地实际和全国环境监测站建设标准要求，配备常用的现场监测仪器设备，如检测试纸、快速检测管和便携式监测仪器等。需要时，配置便携式气相色谱仪、便携式红外光谱仪、便携式气相色谱/质谱分析仪等应急监测仪器。

在进行突发环境事件应急处置时，凡是具备现场监测条件的监测项目，应尽量进行现场监测。在使用快速检测仪器设备（如检测试纸、快速检测试管和便携式监测仪器等）进行现场检测时，按照使用说明操作，使用过程中应注意避免其他物质的干扰，至少应连续平行测定两次，以确认现场测定结果；必要时应另采集样品送实验室用不同方法分析测定，对现场监测结果加以确认。

进入突发环境事件现场的应急监测人员，必须注意自身的安全防护，对事故现场不熟悉、不能确认现场安全或不按规定佩戴必需的防护设备（如防护服、防毒呼吸器等）的人员，未经现场指挥或警戒人员的许可，不应进入事故现场进行采样监测。应急监测应至少两人同行；进入易燃易爆事故现场的应急监测车辆应有防火防爆安全装置，并使用防爆的现场应急监测仪器设备（包括附件如电源），或在确认安全的情况下使用现场应急监测仪器设备进行现场监测。进入水体或登高采样，应穿戴救生衣或佩戴防护安全带（绳）。

现场监测人员常用的安全防护设备有：

（1）测爆仪，一氧化碳、硫化氢、氯化氢、氯气、氨气现场测定仪；

（2）防护服、防护手套、胶靴等防酸碱、防有机物渗透的各类防护用品；

（3）各类防毒面具、防毒呼吸器（带氧气呼吸器）及常用解毒药品；

（4）防爆应急灯、醒目安全帽、带明显标志的小背心（色彩鲜艳且有荧光反射物）救生衣、防护安全带（绳）、呼救器等。

3.3.3.2 应急监测的样品采集

应根据突发环境事件应急监测预案初步制定采样计划，包括布点原则、监测频次、采样方法、监测项目、采样人员及分工、采样器材、安全防护设备、必要的简易快速检测器材等，必要时根据事故现场具体情况制定更详细的采样计划。

采样器材主要是指采样器和样品容器，常见的器材材质及洗涤要求可参照相应的水、大气和土壤监测技术规范，有条件的应专门配备一套用于应急监测的采样设备。此外还可以利用当地的水质或大气自动在线监测设备进行采样。

应急监测通常采集瞬时样品，采样人员到达污染事故现场后，应根据事故发生地的具体情况，迅速划定采样、控制区域，确定采样断面（点），按照布点方法进行布点。应首先采集污染源样品，注意采样的代表性，采样量根据分析项目及分析方法确定，采样量还应满足留样要求。

具体采样方法及采样量可参考如下规范：《地表水和污水监测技术规范》（HJ/T 91—2002）、《地下水环境监测技术规范》（HJ/T 164—2004）、《环境空气质量手工监测技术规范》（HJ/T 194—2005）、《环境空气质量自动监测技术规范》（HJ/T 193—2005）、《大气污染物无组织排放监测技术导则》（HJ/T 55—2000）、《土壤环境监测技术规范》（HJ/T 166 —2004）等。

采样应注意以下事项：根据污染物特性（有机物、无机物、密度、挥发性、溶解性等）决定是否进行分层采样，选用不同材质的容器存放样品；采水样时不可搅动水底沉积物，如有需要可同时采集事故发生地的底质样品；采大气样品时不可超过所有吸附管或吸收液的吸收限度；采集样品后，应将盛样品的容器盖紧、密封，贴好标签，并校对采样计划、采样记录与样品，如有错误或遗漏，应立即重采或补采样品。

事故应急处理完成后，泄漏的污染物在周围环境中仍会持续存在，因此应对事故影响区域进行连续的跟踪监测，直至环境恢复正常或达标。对于固定源污染事故责任不清的情况，可以采用逆向跟踪监测和确定特定污染物的方法，追查确定污染来源或事故责任者。

3.3.3.3　应急监测的样品管理

对于无法进行现场监测的项目，在采集样品后应采用合理的保存方法，从速送往实验室进行分析测定，整个过程中应注意加强对样品的管理工作。样品管理的目的是保证样品的采集、保存、运输、接收、分析、处置工作有序进行，确保样品在传递过程中始终处于受控状态。

现场采集的样品应以一定的方法进行分类，如可按环境要素或其他方法进行分类，并在样品标签和现场采样记录单上记录相应的唯一性标志。样品标志至少应包含样品编号、采样地点、监测项目（如可能）、采样时间、采样人等信息。对有毒有害、易燃易爆样品，特别是污染源样品应用特别标志（如图案、文字）加以注明。

除现场测定项目外，对需送实验室进行分析的样品，应选择合适的存放容器和样品保存方法进行存放和保存。根据不同样品的性状和监测项目，选择合适的容器存放样品。选择合适的样品保存剂和保存条件，尽量避免样品在保存和运输过程中发生变化。对易燃易爆及有毒有害的样品，必须分类存放，确保安全。对易挥发性的化合物或高温不稳定的化合物，注意降温保存运输，在条件允许情况下可用车载冰箱或机制冰块降温保存，还可采用食用冰或大量深井水（湖水）、冰凉泉水等临时降温措施。

样品运输前应将样品容器内、外盖（塞）盖（塞）紧。装箱时应用泡沫塑料等分隔，以防样品破损和倒翻。每个样品箱内应有相应的样品采样记录单或送样清单，应由专门人员运送样品，如非采样人员运送样品，则采样人员和运送样品人员之间应有样品交接记录。样品交实验室时，双方应有交接手续，双方核对样品编号、样品名称、样品性状、样品数量、保存剂加入情况、采样日期、送样日期等，信息确认无误后在送样单或接样单上签字。对有毒有害、易燃易爆或性状不明的应急监测样品，特别是污染源样品，送样人员在送实验室时应告知接样人员或实验室人员样品的危险性，接样人员同时向实验室人员说明样品的危险性，实验室分析人员在分析时应注意安全。

对应急监测样品，即便实验室分析完成，也应保留一定量样品，直至事故处理完毕，以便对监测结果进行核查。事故处理完毕后，对含有剧毒或大量有毒、有害化合物的样品，特别是污染源样品，不应随意处置，应作无害化处理或送有资质的处理单位进行无害化处理。

3.3.4　应急监测频次要求

采样频次主要根据现场污染状况确定。事故刚发生时应适当增加采样频次，待摸清污染物变化规律后，可减少采样频次。依据不同的环境区域功能和事故发生地的污染实际情况，力求最低的采样频次，取得最有代表性的样品，既满足反映环境污染程度、范围的要求，又切实可行。不同污染情形下应急监测频次的确定原则如表 3-1、表 3-2、表 3-3、表 3-4 所示。

表 3-1 大气污染应急监测频次确定原则

监测点位	应急监测频次	跟踪监测频次
事发地	初始加密（数次/d），随污染物浓度下降逐渐降低频次	连续两次监测浓度均低于空气质量标准值或已接近可忽略水平为止
事发地周围敏感区域	初始加密（数次/d），随污染物浓度下降逐渐降低频次	连续两次监测浓度均低于空气质量标准值或已接近可忽略水平为止
事发地下风向	3～4 次/d 或与事故发生地同频次（应急期间）	3～4 次/d 连续 2～3 d
事发地上风向对照点	2～3 次/d（应急期间）	

表 3-2 地表水污染应急监测频次确定原则

监测点位	应急监测频次	跟踪监测频次
江河事发地及其下游	初始加密（数次/d），随污染物浓度下降逐渐降低频次	连续两次监测浓度均低于地表水质量标准值或已接近可忽略水平为止
湖库事发地及受影响的出水口	2～4 次/d（应急期间）	连续两次监测浓度均低于地表水质量标准值或已接近可忽略水平为止
江河事发地上游对照点	1 次/d（应急期间），以平行双样数据为准	
近海海域监测点	2～4 次/d，随污染物浓度下降逐渐降低频次	连续两次监测浓度均低于海水质量标准值或已接近可忽略水平为止

表 3-3 地下水污染应急监测频次确定原则

监测点位	应急监测频次	跟踪监测频次
事发地中心周围 2 km 内的水井	初始 1～2 次/d，第 3 天后，1 次/周直至应急结束	连续两次监测浓度均低于地下水质量标准值或已接近可忽略水平为止
地下水流经区域沿线水井	初始 1～2 次/d，第 3 天后，1 次/周直至应急结束	连续两次监测浓度均低于地下水质量标准值或已接近可忽略水平为止
事发地对照点	1 次/d（应急期间），以平行双样数据为准	

表 3-4　地下水污染应急监测频次确定原则

监测点位	应急监测频次	跟踪监测频次
事发地污染区域	初始 1～2 次/d（应急期间），视处置进展情况逐渐降低频次	应急结束后，1 次
对照点	1 次/d（应急期间），以平行双样数据为准	

3.3.5　监测项目的选择

突发环境事件由于其发生的突然性、形式的多样性、成分复杂性决定了应急监测项目往往一时难以确定，此时应通过多种途径尽快确定主要污染物和监测项目。

对于已知污染物的突发环境事件应急监测，应根据已知污染物确定主要监测项目。同时应考虑该污染物在环境中可能产生的反应，衍生成其他有毒有害物质。

对固定源引发的突发环境事件，通过对引发突发环境事件固定源单位的有关人员（如管理、技术人员和使用人员等）的调查询问，以及对引发突发环境污染事件的位置、所用设备、原辅材料、生产产品等的调查，同时采集有代表性的污染源样品，确认主要污染物和监测项目。

对流动源引发的突发环境事件，通过对有关人员（如货主、驾驶员、押运员等）的询问以及运送危险化学品或危险废物的外包装、准运证、押运证、上岗证、驾驶证、车号（或船号）等信息，调查运输危险化学品的名称、数量、来源、生产或使用单位，同时采集有代表性的污染源样品，鉴定和确认主要污染物和监测项目。

未知污染物的突发环境事件监测项目可以通过污染事故现场的一些特征，如气味、挥发性、遇水的反应特性、颜色及对周围环境、作物的影响等进行确定。表 3-5 与表 3-6 分别提供了利用颜色与气味初步确定污染物的定性方法，用来初步确定主要污染物和监测项目。如发生人员或动物中毒事故，可根据中毒反应的特殊症状，初步确定主要污染物和监测项目。

表 3-5　利用颜色初步确定污染物的定性方法

特征	根据表象特征估计污染物质
黄色	可能是硝基化合物；也可能是亚硝基化合物（固态多为淡黄或无色，液态多为无色）；偶氮类化合物（也有红色、橙色、棕色或紫色）；氧化氮类化合物（也有橙黄色的）；醌（有淡黄色、棕色、红色）；醌亚胺类；邻二酮类；芳香族多羟酮类等
红色	可能是某些偶氮化合物（多为黄色、橙色，也有棕色或紫色）；某些醌；在空气中放置久了的苯酚
棕色	可能是某些偶氮化合物（多为黄色、橙色，也有棕色或紫色）；苯胺（新蒸馏出来的为淡黄色）
紫色	可能是某些偶氮化合物（多为黄色、橙色，也有棕色或紫色）
绿色或蓝色	可能是液体

表 3-6 利用气味初步确定污染物的定性方法

特征	根据表象特征估计污染物质
醚香	典型的化合物有乙酸乙酯、乙酸戊醇、乙醇、丙酮等
苦杏仁香	典型的化合物有硝基苯、苯甲醛、苯甲腈等
樟脑香	典型的化合物有樟脑、百里香酚、黄樟素、丁（子）香酚、香芹酚等
柠檬香	典型的化合物有柠檬醛、乙酸沉香酯等
花香	典型的化合物有典型的化合物有邻氨基苯甲酸甲酯、香茅醇、萜品醇等
百合香	典型的化合物有胡椒醛、肉桂醇等
香草香	典型的化合物有香草醛、对甲氧基苯甲醛等
麝香味	典型的化合物有三硝基异丁基甲苯、麝香精、麝香酮等
蒜臭味	典型的化合物有二硫醚等
二甲胂臭	典型的化合物有四甲二胂、三甲胺等
焦臭味	典型的化合物有异丁醇、苯胺、枯胺、苯、甲酚、愈创木酚等
腐臭味	典型的化合物有戊酸、己酸、甲基庚基甲酮、甲基壬基甲酮等
麻醉味	典型的化合物有吡啶、胡薄荷酮等
粪臭味	典型的化合物有粪臭素（3-甲基吲哚）、吲哚等

此外，还可通过利用空气自动监测站、水质自动监测站和污染源在线监测系统等现有的仪器设备的监测，或对事故现场周围可能产生污染的排放源的生产、环保、安全记录进行调查，初步确定主要污染物和监测项目。通过以上方法仍不能确定监测项目的，可通过采集有代表性的污染源样品，利用试纸、快速检测管和便携式监测仪器等现场快速分析手段进行现场采样分析或送实验室分析后，确定主要污染物和监测项目。

3.3.6 应急监测方法的选择

为迅速查明突发环境事件污染物的种类（或名称）、污染程度和范围以及污染发展趋势，应在已有调查资料的基础上，充分利用现场快速监测方法和实验室现有的分析方法进行鉴别、确认。监测方法的选择有以下几点基本要求。

（1）操作简易：要求分析方法的操作步骤要简便，具有易实施性和可操作性，无须特殊的专门知识，一般人不经训练或稍经训练就能掌握（在任何时间、任何地点、任何人均能使用）。

（2）分析快速：要求分析方法的耗时短、结果直观、易判断。

（3）仪器轻便：要求检测器材便于携带，体积小、质量轻，满足现场监测要求。

（4）方法准确：要求分析方法的灵敏度、准确度和再现性要好，检测范围宽。

（5）干扰少：要求方法抗干扰性强，不会受到或较少受到其他物质干扰，稳定性强。

为快速监测突发环境事件的污染物，应尽量采用快速检测方法进行监测，表 3-7、表 3-8、表 3-9、表 3-10 分别列出了一些常见污染物适用的快速监测方法。

为确定应急监测的监测项目，通常可通过检测试纸、快速检测管和便携式监测仪器等进行快速检测，同时也可通过现有的空气自动监测站、水质自动监测站和污染源在线监测系统等在用的监测方法进行确定；如以上方法仍无法确定监测项目的，应采集样品从速送往实验室，进行快速分析，以确定监测项目。

实验室应优先采用满足国家环境保护标准或行业标准的分析方法。当上述分析方法不能满足要求时，可根据各地具体情况和仪器设备条件，选用国外环保机构或标准化组织规定、推荐的其他适宜的方法（如 ISO、美国 EPA、日本 JIS 等组织推荐的分析方法）。

表 3-7　大气污染物的应急监测方法

污染物种类	可供选择的监测方法
氯气	可采用检测试纸法、便携式分光光度法、气体检测管法、便携式电化学传感器法
氯化氢	可采用检测试纸法、便携式分光光度法、气体检测管法、便携式电化学传感器法
氨	可采用检测试纸法、气体检测管法、便携式光学式检测器法
硫化氢	可采用检测试纸法、便携光学式检测器法、便携式分光光度法、便携式离子色谱法、气体检测管法、便携式电化学传感器法
二氧化硫	可采用检测试纸法、便携光学式检测器法、气体检测管法、便携式电化学传感器法
氟化物	可采用检测试纸法、气体检测管法、化学测试组件法（茜素磺酸锆指示液）
光气	可采用检测试纸法（二甲苯胺指示剂）、便携式分光光度法、气体检测管法、便携式仪器法
氰化物	可采用检测试纸法、便携式分光光度法、气体检测管法、便携式电化学传感器法
沥青烟	气体检测管法、便携式 VOC 检测仪法、便携式气相色谱法
酸雾	可采用检测试纸法（pH 试纸）、气体检测管法、便携式仪器法（酸度计）
pH	可采用检测试纸法（pH 试纸）、气体检测管法、便携式气相色谱法、便携式电化学传感器法
AsH_3	可采用检测试纸法（氯化汞指示剂）、气体检测管法、便携式电化学传感器法
总烃	可采用气体检测管法、目视比色法、便携式 VOC 检测仪法
铅雾	可采用气体检测管法、便携式离子计法、便携式比色计/光度计法
一氧化碳	可采用检测试纸法、气体检测管法、便携式电化学传感器法、便携光学式（非分散红外吸收）检测器法
氮氧化物	可采用检测试纸法、气体检测管法、便携式电化学传感器法、便携光学式检测器法

表 3-8 按事故污染类型划分应急监测方法

事故种类	可供选择的监测方法
大气污染事故	优先考虑选用气体检测管、便携式气体检测仪、便携式气相色谱法、便携式红外光谱法和便携式气相色谱-质谱联用仪器法等，还可以从企业在线自动监测系统和环境自动监测站的连续监测数据得到相关信息
水或土壤污染事故	优先考虑选用检测试纸法、水质检测管法、化学比色法、便携式分光光度计法、便携式综合水质检测仪器法、便携式电化学检测仪器法、便携式气相色谱法、便携式红外光谱法和便携式气相色谱-质谱联用仪器法等，还可以从企业在线自动监测系统和环境自动监测站的连续监测数据得到相关信息
无机物污染事故	优先考虑选用检测试纸法、气体或水质检测管法、便携式检测仪、化学比色法、便携式分光光度计法、便携式综合检测仪器法、便携式离子选择电极法以及便携式离子色谱法等
有机物污染事故	优先考虑选用气体或水质检测管法、便携式气相色谱法、便携式红外光谱法、便携式质谱仪和便携式色谱-质谱联用仪器法等
不确定污染事故	对于现场无法分析的污染物，尽快采集样品，迅速送到实验室进行分析，必要时，可采用生物监测法对样品毒性进行综合测试

表 3-9 可能污染多种介质的污染物应急监测方法（1）

污染物种类	可供选择的监测方法
二硫化碳	可采用现场吹脱捕集-检测管法、化学测试组件法（醋酸铜指示剂）、便携式气相色谱法
甲醛	可采用检测试纸法、气体检测管法、水质检测管法、化学测试组件法、便携式检测仪法
醇类	可采用气体检测管法、便携式气相色谱法、便携式气相色谱-质谱联用仪器法、实验室快速气相色谱法、便携式红外分光光度计法
苯系物（芳烃）	可采用气体检测管法、现场吹脱捕集-检测管法、便携式 VOC 检测仪法、便携式气相色谱法、便携式气相色谱-质谱联用仪器法、实验室快速气相色谱法、便携式红外分光光度法
酚类物质 及衍生物	可采用气体检测管法、水质检测管法、化学测试组件法、便携式比色计/光度计法、便携式分光光度计法、便携式气相色谱法、便携式气相色谱-质谱联用仪器法、实验室快速气相色谱法、便携式红外分光光度法
醛酮类	可采用气体检测管法、便携式气相色谱法、实验室快速气相色谱法、便携式气相色谱-质谱联用仪器法、实验室快速液相色谱法、便携式红外分光光度法
氯苯类 硝基苯类 醚酯类	可采用气体检测管法、便携式气相色谱法、实验室快速气相色谱法、便携式气相色谱-质谱联用仪器法、便携式红外分光光度法

表 3-10　可能污染多种介质的污染物应急监测方法（2）

污染物种类	可供选择的监测方法
苯胺类	可采用气体检测管法、便携式气相色谱法、实验室快速气相色谱法、便携式气相色谱-质谱联用仪器法、便携式红外分光光度法
石油类	可采用气体检测管法、水质检测管法、便携式 VOC 检测仪法、便携式气相色谱法、便携式红外分光光度计法
烯炔烃类	可采用气体检测管法、便携式 VOC 检测仪法、便携式气相色谱法、便携式红外分光光度法
有机磷农药	可采用残留农药测试组件法（>1.6ppb 西玛津除草剂）、便携式气相色谱法、便携式气相色谱-质谱联用仪器法、实验室快速气相色谱法、便携式红外分光光度法
铅、铬、钡、镉、锌、锰、锡	可采用检测试纸法、水质检测管法、化学测试组件法、便携式比色计/光度计法、便携式分光光度计法、便携式 X 射线荧光光谱仪法
汞	可采用气体检测管法、水质检测管法、便携式分光光度计法
铍	可采用化学测试组件法、便携式分光光度计法、便携式 X 射线荧光光谱仪法
砷	可采用检测试纸法、砷检测管法、便携式分光光度计法、便携式 X 射线荧光光谱仪法
氰化物、氟化物、碘化物、氯化物、硝酸盐、磷酸盐	可采用检测试纸法、水质检测管法、化学测试组件法、便携式比色计/光度计法、便携式分光光度计法、便携式离子计法、便携式离子色谱法
总氮	可采用水质检测管法、便携式比色计/光度计法、便携式分光光度计法
总磷	可采用水质检测管法、化学测试组件法、便携式分光光度计法
硫氰酸盐	可采用便携式比色计/光度计法、便携式分光光度计法、便携式离子色谱法
α、β放射性	可采用液体闪烁谱仪、α、β测量仪、X 剂量率应急检测仪、α、β表面污染测量仪
γ放射性	可采用γ辐射应急检测仪、便携式巡测γ谱仪

3.3.7　应急监测记录及结果表示

突发环境事件实验室分析的原始记录，是报告应急监测结果的依据，可按常规例行监测格式规范记录，保证信息完整。实验室原始记录要真实及时，不应追记，记录要清晰完整，字迹要清楚。如实验室原始记录上数据有误，应采用“杠改法”修改，并在其上方写上正确的数字，并在其下方签名或盖章。实验室原始记录要有统一编号，应随监测报告及时、按期归档。

突发环境事件应急的监测结果可用定性、半定量或定量的监测结果来表示。定性监测结果可用“检出”或“未检出”来表示，并尽可能注明监测项目的检出限；半定量监测结果可给出所测污染物的测定结果或测定结果范围；定量监测结果应给出所测污染物的测定结果。

3.3.8　应急监测的质量保证和质量控制

样品采集时，采样人员必须经过培训持证上岗，能切实掌握环境污染事故采样布点技术，熟知采样器具的使用和样品采集（富集）、固定、保存、运输条件。采样仪器应在校准周期内使用，进行日常的维护、保养，确保仪器设备始终保持良好的技术状态，仪器离开实验室前应进行必要的检查。

现场监测时，用于应急监测的便携式监测仪器，应定期进行检定、校准或核查，并进行日常维护、保养，确保仪器设备始终保持良好的技术状态，仪器使用前需进行检查。检测试纸、快速检测管等应按规定的保存要求进行保管，并保证在有效期内使用。应定期用标准物质对检测试纸、快速检测管等进行使用性能检查，如有效期为一年，至少半年应进行一次。

实验室监测分析时，分析人员应熟悉和掌握相关仪器设备和分析方法，持证上岗。用于监测的各种计量器具要按有关规定定期检定，并在检定周期内进行期间核查，定期检查和维护保养，保证仪器设备的正常运转。实验用水要符合分析方法要求，试剂和实验辅助材料要检验合格后投入使用。实验室采购服务应选择合格的供应商。实验室环境条件应满足分析方法要求，需控制温湿度的实验室要配备相应设备，监控并记录环境条件。

3.3.9 应急监测的数据处理与监测报告

突发环境事件应急监测的数据处理参照相应的监测技术规范执行。数据修约规则按照《数值修约规则与极限数值的表示和判定》（GB/T 8170—2008）的相关规定执行。在核对监测数据时，对一组或几组监测数据中的极值，除进行分析外，还应进行同一样本总体的统计检验，剔除异常值以确保监测数据的准确性。监测过程中应记录仪器、方法和环境条件、监测数据的有效数字位数、浓度单位等，以保证数据的可比性。应根据数据统计的有效性规定，检验各污染物监测数据的有效性，是否符合取值的要求。

由于突发环境事件的特殊性，要求应急监测应当尽快公布监测结果，突发环境事件应急监测结果应以电话、传真、监测快报等形式立即上报，跟踪监测结果以监测简报形式在监测次日报送，事故处理完毕后，应出具应急监测报告，应急监测报告以及时、快速报送为原则。应急监测结果及监测报告应当按当地突发性环境污染事件（故）应急预案要求进行报送。一般突发环境事件监测报告上报当地环境保护行政主管部门及任务下达单位；重大和特大突发环境事件除上报当地环境保护行政主管部门及任务下达单位外，还应报上一级环境监测部门。

突发环境事件应急监测报告应包括的内容有：① 标题名称。② 监测单位名称和地址，进行测试的地点（当测试地点不在本站时，应注明测试地点）。③ 监测报告的唯一性编号和每一页与总页数的标志。④ 事故发生的时间、地点，监测断面（点位）示意图，发生原因，污染来源，主要污染物质，污染范围，必要的水文气象参数等。⑤ 所用方法的标志（名称和编号）。⑥ 样品的描述、状态和明确的标志。⑦ 样品采样日期、接收日期、检测日期。⑧ 检测结果和结果评价（必要时）。⑨ 审核人、授权签字人签字（已通过计量认证/实验室认可的监测项目）等。⑩ 计量认证/实验室认可标志（已通过计量认证/实验室认可的监测项目）。

在以多种形式上报的应急监测结果报告中，应以最终上报的正式应急监测报告为准。

对已通过计量认证/实验室认可的监测项目，监测报告应符合计量认证/实验室认可的相关要求；对未通过计量认证/实验室认可的监测项目，可按当地环境保护行政主管部门或任务下达单位的要求进行报送。

如有可能，应对突发环境事件区域的环境污染程度进行评价，评价突发环境事件对区域的环境污染程度，执行《地表水环境质量标准》（GB 3838—2002）、《地下水质量标准》（GB/T 14848—93）、《环境空气质量标准》（GB 3095—2012）、《土壤环境质量标准》（GB 15618 —1995）等相应的环境质量标准。对发生突发环境事件单位所造成的污染程度进行评价，执行相应的污染物排放标准。

3.4　环境污染应急监测技术简介

3.4.1　各类突发环境事件的监测特点

3.4.1.1　有毒气体应急监测特点和方法

有毒有害气体（氯气、氰化氢、硫化氢、二硫化碳、氟化氢、光气、一氧化碳、砷化氢等）污染特点如下：污染范围广，能随风扩散一定距离，尤其是事故源下风向污染浓度较高；受气候和地形影响较大，如风力、风向、山地、森林都会对污染浓度分布有较大影响。

有毒气体可以使用便携式气体监测仪器、常用快速化学分析方法进行应急监测。

3.4.1.2　有毒化学品应急监测特点和方法

有毒化学品种类繁多，性质区别较大，现场应急监测有以下特点：能对浓度分布非常不均匀的各类样品进行有选择的分析；可以进行快速、便捷和连续的监测；从定性和定量分析都能做到快速实现。

现场应急监测的设备往往不够，为了做出准确的分析判断，还需要根据现场监测结果，合理确定用于实验室分析的采样地点、采样方法及分析方法，最终确定污染事件的各项特征，如化学品的理化性质、毒性、挥发性、残留性、泄漏量、向环境的扩散速度、水和大气中主要污染物的浓度、污染的区域、降解的速率等指标。

目前这类监测技术主要有：试纸法、水质速测管法-显色反应型、气体速测管法-填充管型、化学测试组件法、便携式分析仪器测试法。

3.4.1.3　易燃易爆性物质应急监测特点和方法

易燃易爆危险物质包括：易爆性物质（包括易爆固体和凝结性液体，如过氧化物、硝铵等）；混合型易爆物质；可燃性气体或挥发蒸气（如石油气、天然气、乙烯、乙炔、乙醚、苯、酒精等）；易燃液体（酒精、汽油、柴油等）；可燃性粉尘（铝粉、镁粉、硫黄粉等)；水解易燃性物质（吸收水分时，产生易燃易爆性物质)。

燃烧和爆炸的条件：有可燃性物质存在；有助燃物质存在；有导致燃烧的能源（如明火、高温表面、过热、电火花、撞击、摩擦、绝热压缩等)。

在燃烧爆炸现场应使用快速监测仪器，快速测定燃爆产生物质的成分和浓度，确定是否有对人体有毒有害的物质，以便采取防护措施；确定是否对环境有明显危害，以便采取控制污染和消除污染的措施。监测方法有气相色谱仪、气体检测管技术、基于自发生氢气火焰离子化检测技术的便携式气相色谱仪、基于光离子化检测技术的便携式气相色谱仪、电化学传感器检测技术等。

3.4.1.4 农药污染事件的应急监测特点和方法

农药生产、储运过程中，原料和产品、废水废渣排放，会造成突发性环境污染事件。农药的污染物类型复杂，应先进行现场调查，初步估计污染类型，再确定相应的测试技术。常见的农药检测技术包括：比色法、紫外光谱法、气相色谱法、高效液相色谱法、气相色谱-质谱联用技术等。

3.4.2 快速应急监测技术

3.4.2.1 试纸法

使用对污染物有选择性反应的分析试剂制成的专用分析试纸，对污染物进行测试，通过试纸颜色的变化可对污染物进行定性分析。将变色后的试纸与标准色阶比较可以得到定量化的测试结果。商品试纸本身已配有色阶，有的还会配备标准比色板。常用化学试纸类型见表 3-11。

表 3-11 常用化学试纸类型

试纸类型	用途	色阶标准
pH 试纸	用于测试酸碱度	一般色阶分为 1～14，常用的有石蕊试纸、酚酞试纸、硝嗪黄试纸等，不同的试纸有不同色阶颜色标准
砷试纸	用于测试砷和 AsH_3	白色变为棕黑
铬试纸	用于测试六价铬	存在六价铬时，白色试纸呈紫色斑点
氟化物试纸	用于测氟化物和 HF	当存在氟化物时，粉红色试纸变为黄白
氰化物试纸	用于测氰化物和 HCN	当存在氰化物时，淡绿色试纸变为蓝色或白色试纸变为红紫色。试纸对碱性氰化物溶液不反应，对酸性氰化物溶液反应灵敏
KI 淀粉试纸	用于测余氯、余碘、余溴	当存在以上物质时，浅黄色试纸变为蓝色或白色试纸变为红紫色
氨或铵离子试纸	用于测氨或铵离子	当存在氨或铵离子时，白色试纸变为棕黄色或黄色试纸变为橙色
锌离子试纸	用于测锌离子	当存在锌离子时，橘黄色试纸变为红色

3.4.2.2　检测管法

检测管法对有毒气体或挥发性污染物的现场检测十分方便。检测管法的原理是：被测气体通过检测管时造成管内填充物颜色变化，依据颜色变化程度来测定污染物及其含量，检测管一般附有标准色阶，如图 3-2、图 3-3 所示为气体检测管操作图示。

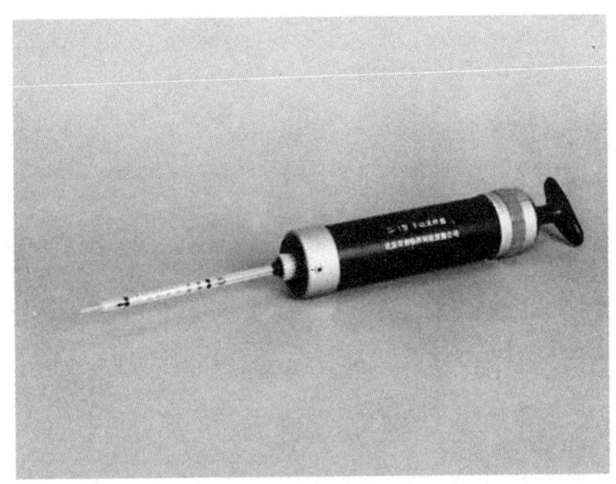

图 3-2　气体检测管

图 3-3　技术人员正在进行气体检测

（1）大气污染检测管法。大气检测管又分为短时检测管、长时检测管和气体快速检测箱。

短时检测管多为填充显色型，用于短时间测试，目前已有 160 多种短时检测管，将几种短时检测管组合成组件，可同时测试几种污染物。

长时检测管用于长时间（8 h）连续监测，长时检测管可用于测定一段时间（1～8 h）内污染物的平均浓度。

气体快速检测箱是将多种气体检测管组装在一种特制的检测箱内，便于携带和现场进行多项目的监测。

（2）水污染检测管法。

水污染检测管法又分直接检测试管法、色柱检测法、气提-气体检测管法、水污染检测箱。

直接检测试管法是将显色试剂封入塑料试管里，测定时将检测管刺一小孔吸入待测水样，将变化的颜色与标准色阶比色，确定污染物的浓度。

色柱检测法是将一定量水样通过检测管内，水样中的待测离子与管内填装显色试剂反应，产生一定颜色的色柱，色柱长度与被测离子浓度成比例。

气提-气体检测管法是利用液体提取装置与各类气体检测管进行组合，可以简单、快捷测定水样中易挥发性污染物（如氯代烃、氨、石油类、苯系物等）。

水污染检测箱是将多种水质检测管组合在一起形成整套检测设备，可以对水污染现场的多种污染物进行快速检测。

3.4.2.3 紫外-可见分光光度法

紫外-可见分光光度法是利用污染物质本身的分子吸收特性，与特定的显色试剂在一定条件下的显色反应来进行比色分析的一种方法。便携式分光光度计是常用的分光光度法仪器，其质量轻、携带方便，一台仪器可进行多项目测试，可以迅速读出浓度值。根据光度计的构造，可以分为单参数比色计、滤光分光比色计、分光光度计三种。

3.4.2.4 化学测试组件法

为了同时进行多项目污染物质的测试，可以采用化学测试组件法，化学测试组件法多采用比色方法或滴定法，是将粉尘（可以放在塑料、铝箔、试剂管内）中的特定分析试剂加入一定量的样品中，通过颜色的变化，与标准色阶进行比较可以估计待测污染物的浓度。

利用化学试剂测试组件进行现场测试时，可以采用不同的分析方法，如比色立体柱、比色盘、比色卡、滴定法、计数滴定器、数字式滴定器，前三种是比色法，后三种是滴定法。

3.4.2.5 便携式色谱与质谱分析技术

对于一般性污染物的快速检测，检测管法可以发挥较好作用，但对于未知污染物或种类繁多的有机物的应急监测，检测管法已经不能满足现场的定性或定量的监测分析。便携式气相色谱仪和便携式色谱-质谱联用仪在有机污染物的现场监测中可以发挥重要作用。现场使用的气相色谱仪有便携式和车载式，分析的样品可以是气态或液态，全部操作程序化，可以做复杂的污染物定性或定量化检测分析。便携式色谱-质谱联用仪可以分析有毒有害大气污染物，可用于化学品的泄漏与有害废物的检测，具有采样、读数、扫描定性、定量与记录功能，现场可以给出大气、水体、土壤中未知的挥发物或半挥发物的检测结果。便携式色谱-质谱联用仪能够在现场进行灾情判断、确认、评估和启动标准处理程序。便携式离子色谱仪主要用于检测和分析碱金属离子、碱土金属离子和多种阴离子。

3.4.2.6 便携式光学分析仪器

光学分析仪器是采用光谱分析技术对多种环境污染物（尤其是有机污染物）进行分析，根据光谱范围目前使用的有便携式红外光谱仪、便携式X荧光光谱仪、专用光谱/广度分析仪、便携式荧光光度计、便携式浊度分析仪、便携式反光光度计等。另外光学分析仪器也有便携式和车载式之分。

3.4.2.7 便携式电化学分析仪器

电化学传感器是利用有毒有害气体同电解液反应产生电压来识别有毒有害污染物的一种监测仪器，可以检测硫化氢、氮氧化物、氯气、二氧化硫、氢氰酸、氨气、一氧化碳等有害气体。各类电化学传感器既可以单独使用，也可以根据需要组合成多参数的电化学气体分析仪器。常见的电化学分析仪器主要是各类便携式选择离子分析仪（如离子计、pH 计、pH 测试笔、手提式溶解氧分析仪、手提式电导率分析仪、手提式多参数分析仪、多参数水质分析仪等）。

3.4.2.8 有毒有害气体检测器

对于一般已知污染物类型的检测，检测管法可以发挥较大作用，对于污染物种类较多或未知污染物种类，尤其是有机污染，检测管法已不能满足现场定性和定量的检测分析要求，高性能便携式气体检测器可以满足这方面检测分析的需要。

有毒有害气体检测器主要有易燃易爆气体检测器、光离子化检测器、金属氧化物半导体传感器、火焰离子化检测器、电化学传感器等。

第4章 危险化学品环境污染事故应急处理处置技术

通过查阅大量文献、书籍、期刊以及网络搜寻和有关部门走访，调研以往环境污染事故所应用到的处理处置技术，对收集到的处理处置技术按照事故处理处置的不同阶段细分为污染源控制技术、污染物防扩散技术、污染物消除技术和应急废物处置技术。

当危险化学品环境污染事故发生后，在人员组织、疏散及抢救的同时，应该查清事故源，对污染源进行有效控制。当事故源被控制后，要及时对现场泄漏物进行覆盖、收容、稀释和处理，使泄漏物得到安全可靠的处置，防止二次污染事故的发生。

对陆地上泄漏物处置主要有以下方法：

（1）如果化学品为液体，泄漏到地面上时会四处蔓延扩散，难以收集处理，需要筑堤堵截或者引流到安全地点。对于储罐区发生液体泄漏时，要及时关闭雨水阀，防止物料沿明沟外流。

（2）对于液体泄漏，为降低物料向大气中的蒸发速度，可用泡沫或其他覆盖物品来覆盖外泄的物料，在其表面形成覆盖层，抑制其蒸发。或者采用低温冷却来降低泄漏物的蒸发量。

（3）为减少大气污染，通常是采用水枪或消防水带向有害物蒸汽云喷射雾状水，加速气体向高空扩散，使其在安全地带扩散。在使用这一技术时，将产生大量的被污染水，应对此部分污水进行收集和后续处理。对于可燃物，也可以在现场施放大量水蒸气或氮气，破坏燃烧条件。

（4）对于液体类污染物泄漏，可选择用隔膜泵将泄漏出的物料抽入容器内或槽车内；当泄漏量小时，可用沙子、吸附材料、中和材料等吸收中和，或者用固化法处理泄漏物。

实际上危险化学品环境污染事故应急处理处置过程中，污染源控制技术、污染物防扩散技术和污染物消除技术在实施过程中往往是相辅相成、环环相扣的，而应急废物处置技术的实施通常是在应急结束后，对应急过程所产生的废物进行综合处置，以防止产生二次环境污染。

4.1 污染源控制技术

污染源控制技术是指在危险化学品污染事故发生后，针对危险化学品的溢出源或泄漏源所采取的防止危险化学品持续溢出或泄漏的措施。污染源控制技术是应急处理过程中的关键步骤，只有成功地控制住了污染源，才能够有效地控制污染事故发生的程度。特别是在气体泄漏事故中，应急人员唯一能够做的就是控制住泄漏源和人员的疏散。

如果泄漏事故发生在工艺设备或管线上，可根据生产情况及事故情况采取停车、局部循环、改走副线、降压堵漏等措施控制泄漏源。如果泄漏发生在储存容器或运输途中，可根据事故情况及影响范围采取外加包装、倒罐、堵漏等措施控制泄漏源。

4.1.1 外加包装

（1）适用范围：外加包装是处理外置容器泄漏事故最常用的方法，特别是运输途中发生的容器泄漏。

（2）材料准备：通常是在运输危险化学品容器的车上配备大号的外包装容器。

（3）工程实施：最常见的外加包装是把小容器装入大容量的容器中。通常当容器损坏较严重，既无法转移又无法修补时，可将容器套装入事先准备的大容器中或就地将物料转移到安全容器。

（4）注意事项：当容器发生泄漏时，应尽可能将泄漏部位调整向上，并移至安全区域，再转移物料或采取适当方法修补。

4.1.2 工艺措施

（1）适用范围：有效处置化工、石油化工企业泄漏事故的技术手段。

（2）材料准备：通常是在工艺设计与制订应急预案时予以考虑。

（3）工程实施：包括关阀断料、火炬放空和紧急停车。

① 关阀断料是指通过关闭输送物料管道阀门，断绝物料源、制止泄漏的措施，是处置工艺设备与管道泄漏最常用的方法。

② 火炬放空是指通过相连的火炬放空总管将部分或全部物料燃烧掉，防止燃烧、爆炸发生的方法。

③ 紧急停车是指当泄漏危及整个装置，视具体情况可以采取紧急停车措施，如停止反应，把物料退出装置区，送至罐区或火炬。

（4）注意事项：用工艺措施方法处理泄漏事故时必须由技术人员和熟练的操作人员具体实施。

4.1.3 堵漏

（1）适用范围：当管道、阀门或容器壁发生泄漏事故时，无法通过工艺措施控制泄漏源时，可以根据泄漏部位和泄漏情况采取适当的堵漏方法封堵泄漏口，以达到控制危险化学品泄漏的目的。

（2）材料准备：堵漏作业，首先要求能有效、可靠地保障作业者人身安全。作业者在堵漏中有中毒、窒息、腐蚀、灼烫、爆炸，甚至触电、坠落等危险。这对他们人身的安全防护用具的设计、制作、材料、质量性能等各个方面提出了很高的要求，同时也要求作业者本人能正确无误地穿戴和熟练地使用防护用具。其次，是作业方式和作业工具必须安全、可靠与快速。如果采取动火焊补，作业之前必须对工作区域进行安全隔绝、置换清洗等一系列的前期准备，无火花条件下的堵漏操作相对较安全、快速，但对使用的工具以及其周围环境需要严格的防火防爆要求。

（3）工程实施：从工作对象的压力等级可将堵漏区分为常压堵漏和带压堵漏。比较而言“带压”堵漏比“常压”堵漏难度大得多。依据泄漏介质的性质，堵漏又分为：一般堵漏，指对人体危害较小的水、空气、蒸汽泄漏；特殊堵漏则是指对易燃易爆、高温高压、有毒有害介质的堵漏。实际选取堵漏方法时，应根据泄漏发生的部位（如阀门、法兰、管道、设备等）、泄漏孔的大小及形状、泄漏点处实际或潜在的压力、泄漏物质的性质和现有装备，选择最安全、最有效的方法。

1）调整堵漏法。

采用调整操作、调节密封件的预紧力或调整零件间相对位置，无须封堵的一种消除泄漏的方法。

2）机械堵漏法。

① 支撑法：在管道外边设置支架，借助工具和密封垫堵住泄漏处的方法，称为支撑法。这种方法适用于较大管道的堵漏，是因无法在本体上固定而采用的一种方法。

② 顶压法：在管道上固定一螺杆直接或间接堵住设备和管道上的泄漏处的方法。这种方法适用于中低压管道上的砂眼、小洞等漏点的堵漏。

③ 卡箍法：用卡箍（卡子）将密封垫卡死在泄漏处而达到治漏的方法。

④ 压盖法：用螺栓将密封垫和压盖紧压在孔洞内面或外面达到治漏的一种方法。这种方法适用于低压、便于操作管道的堵漏。

⑤ 打包法：用金属密闭腔包住泄漏处，内填充密封填料或在连接处垫有密封垫的方法。

⑥ 上罩法：用金属罩子盖住泄漏而达到堵漏的方法。

⑦ 胀紧法：堵漏工具随流体进入管道内，在内漏部位自动胀大堵住泄漏的方法。这种方法较复杂，并配有自动控制装置，用于地下管道或一些难以从外面堵漏的场合。液压操纵胀紧器夹持泄漏处，使其产生变形而致密，或使密封垫紧贴泄漏处而达到治漏的一种方法，称为胀紧法。这种方法适用于螺纹连接处、管接头和管道其他部位的堵漏。

3）塞孔堵漏法。

采用挤瘪、堵塞的简单方法直接固定在泄漏孔洞内，从而达到止漏的一种方法。这种方法实际上是一种简单的机械堵漏法，它特别适用于砂眼和小孔等缺陷的堵漏。

① 捻缝法：采取挤压泄漏点周围金属本体而堵住泄漏的方法。这种方法适用于合金钢、碳素钢及碳素钢焊缝；不适合于铸铁、合金钢焊缝等硬脆材料以及腐蚀严重而壁薄的本体。

② 塞楔法：用韧性大的金属、木头、塑料等材料制成的圆锥体楔或扁楔敲入泄漏的孔洞里而止漏的方法。这种方法适用于压力不高的泄漏部位的堵漏。

③ 螺塞法：在泄漏的孔洞里钻孔攻丝，然后上紧螺塞和密封垫治漏的方法。这种方法适用于体积厚而孔洞较大的部位的堵漏。

4）焊补堵漏法。

焊补方法是直接或间接地把泄漏处堵住的一种方法。这种方法适用于焊接性能好，介质温度较高的管道。它不适用于易燃易爆的场合。

① 直焊法：用焊条直接填焊在泄漏处而治漏的方法。这种方法主要适用于低压管道的堵漏。

② 间焊法：焊缝不直接参与堵漏，而只起着固定压盖和密封件作用的一种方法。间焊法适用于压力较大、泄漏面广、腐蚀性强、壁薄刚性小等部位的堵漏。

③ 焊包法：把泄漏处包焊在金属腔内而达到治漏的一种方法。这种方法主要适用于法兰、螺纹处，以及阀门和管道部位的堵漏。

④ 焊罩法：用罩体金属盖在泄漏部位上，采用焊接固定后得以治漏的方法。适用于较大缺陷的堵漏部位。如有必要，可在罩上设置引流装置。

⑤ 逆焊法：利用焊缝收缩的原理，将泄漏裂缝分段逆向逐一焊补，使其裂缝收缩不漏有利焊道形成的堵漏方法，逆焊法也叫作分段逆向焊法，这种方法适用于低中压管道的堵漏。

5）粘补堵漏法。

利用胶黏剂直接或间接堵住管道上泄漏处的方法。这种方法适用于不宜动火以及其他方法难以堵漏的部位。胶黏剂堵漏的温度和压力与它的性能、填料及固定形式等因素有关，一般耐温性能较差。

① 粘堵法：是指用胶黏剂直接填补泄漏处或涂敷在螺纹处进行粘接堵漏的方法。这种方法适用于压力不高或真空管道上的堵漏。

② 粘贴法：是指用胶黏剂涂敷的膜、带和簿软板压贴在泄漏部位而治漏的方法。这种方法适用于真空管道和压力很低部位的堵漏。

③ 粘压法：是指用顶、压等方法把零件、板料、钉类、楔塞与胶黏剂结合堵住泄漏处，或让胶黏剂固化后拆卸顶压工具的堵漏方法。这种方法适用于各种粘堵部位，其应用范围受到温度和固化时间的限制。

④ 缠绕法：是指用胶黏剂涂敷在泄漏部位和缠绕带上而堵住泄漏的方法。此方法可用钢带、铁丝加强。它适用于管道的堵漏，特别是腐蚀严重的部位。

6）胶堵密封法。

使用密封胶堵在泄漏处而形成一层新的密封层的方法。这种方法适用面较广，可用于管道的内外堵漏，也适用于高压高温、易燃易爆部位。

① 渗透法：用稀释的密封胶液混入介质中或涂敷表面，借用介质压力或外加压力将其渗透到泄漏部位，达到阻漏效果的方法。这种方法适用于砂眼、松散组织、夹碴、裂缝等部位的内处堵漏。

② 内涂法：将密封装置放入管内移动，能自动地向漏处射出密封剂，这称为内涂法。内涂法方法复杂，适用于地下、水下管道等难以从外面堵漏的部位。因为是内涂，所以效果较好，无须夹具。

③ 外涂法：用厌氧密封胶、液体密封胶外涂在缝隙、螺纹、孔洞处密封而止漏的方法。也可用螺帽、玻璃纤维布等物固定，适用于在压力不高的场合或真空管道的堵漏。

④ 强注法：在泄漏处预制密封腔或泄漏处本身具备密封腔，将密封胶料强力注入密封腔内，并迅速固化成新的填料而堵住泄漏部位的方法，称为强注法。此方法适用于难以堵漏的高压高温、易燃易爆等部位。

7）改换密封法。

在管道或设备上用接管机带压接出一段新管线代替泄漏的、腐蚀严重的、堵塞的旧管线，此法多用于低压管道。

8）其他堵漏法。

① 磁压法：利用磁钢的磁力将置于泄漏处的密封胶、胶黏剂、垫片压紧而堵漏的方法。这种方法适用于表面平坦、压力不大的砂眼、夹碴、松散组织等部位的堵漏。

② 冷冻法：在泄漏处适当降低温度，致使泄漏处内外的介质冻结成固体而堵住泄漏的方法，称为冷冻法。这种方法适用于低压状态下的水溶液以及油介质。

③ 凝固法：利用压入管道中某些物质或利用介质本身，从泄漏处漏出后，遇到空气或某些物质即能凝固而堵住泄漏的一种方法。某些热介质泄漏后析出晶体或成固体能起到堵漏的作用，同属凝固法的范畴。这种方法适用于低压介质的泄漏。如适当制作收集泄漏介质的密封腔，效果会更好。

9）综合治漏法。

综合以上各种方法，根据工况条件、加工能力、现场情况、合理地组合上述两种或多种堵漏方法，称作综合性治漏法。如：先塞楔子，后粘接，最后由机械固定；先焊固定架，后用密封胶，最后机械顶压等。

（4）注意事项：堵漏操作技术性强、危险性高，常常在带压状态下进行。在实施前要对现场环境、泄漏物质、泄漏部位进行勘测，由专家、技术人员和有经验的工人根据勘测情况共同研究制定堵漏方案，并由技术人员和熟练的操作工人严格按照堵漏方案实施。实施堵漏操作时，要以泄漏点为中心，在四周设置水幕、喷雾水枪或利用现场蒸汽管的蒸汽等对泄漏扩散的气体进行稀释或驱散，保护抢险人员。

4.1.4　倒罐

（1）适用范围：在无法实施堵漏的情况下，如果不及时采取措施随时可能有爆炸、燃烧或人员中毒危险的情况下，或虽采取了简单堵漏措施但事故设备无法移离事故现场时，实施倒罐可以消除泄漏源。

（2）材料准备：倒罐过程中所用的泵、管线、接头以及盛装容器应与危险化学品相匹配。

（3）工程实施：通过人工、泵或加压的方法从泄漏或损坏的容器中转移出液体、气体或固体的过程。

（4）注意事项：在倒罐过程中有发生火灾或爆炸危险时，要注意电气设备的可靠性。

4.1.5　转移

（1）适用范围：当液化气体、液体槽车等罐装危险品发生泄漏时，堵漏方法不奏效又不能倒罐时，可将其转移到安全地点处置。

（2）材料准备：车辆与安全防护设施。

（3）工程实施：设定合理的转移路线与地点。

（4）注意事项：转移过程中注意安全防护。

4.1.6　点燃

（1）适用范围：点燃是针对高蒸气压液体或液化气体采取的一种安全处置方法。

（2）材料准备：当泄漏无法有效控制，泄漏物的扩散将会引起更严重的灾害后果时，可采取点燃措施使泄漏出的易燃气体或蒸气在外来引火物的作用下形成稳定燃烧，控制、降低或消除泄漏毒气的毒害程度和范围。避免易燃和有毒气体扩散后达到爆炸极限而引发燃烧爆炸事故。

（3）工程实施：常用的点燃方法有铺设导火索点燃、使用长杆点燃、抛射火种点燃、使用电打火器点燃等。

（4）注意事项：注意实施周围环境的安全防护。

4.2　污染物防扩散技术

污染物防扩散技术是指在危险化学品污染事故发生后，通过控制泄漏到空气、水体或土壤等介质中的危险化学品量及其可能扩散区域，消除其进一步扩散的措施。对污染物扩散进行控制的主要目的是避免泄漏的危险化学品引起火灾、爆炸以及对环境造成污染，带来次生灾害。污染物防扩散技术应与污染源控制技术同时进行。

污染物防扩散技术可分为陆地污染物围堵技术、水体污染物围堵技术、蒸气/尘云抑制技术。

4.2.1 陆地污染物围堵技术

泄漏到陆地上的污染物，相比较而言液体和气体类的污染物较难处理，而陆地上固体泄漏物的控制要容易得多，只要根据物质的特性采取适当方法收集起来即可，陆地污染物围堵技术更多的是针对液体污染物。另外气体类的污染物当采取一定的措施控制后，最终产生的废弃物往往需要采取陆地污染物围堵技术或水体污染物围堵技术，将其控制在一定范围内集中处理。

4.2.1.1 修筑围堤

（1）适用范围：通常根据泄漏物流动情况修筑围堤拦截泄漏物，利用围堤以及所处地形来改变泄漏物的流动方向，将其导流到安全区域再处置。

（2）材料准备：修筑围堤通常使用混凝土、泥土和其他障碍物，临时或永久建成。

（3）工程实施：常用的围堤有环形、直线形、V 形等。利用围堤拦截泄漏物的关键除了泄漏物本身的特性外，就是确定修筑围堤的地点，它既要离泄漏点足够远，保证有足够的时间在泄漏物到达前修好围堤，又要避免离泄漏点太远，使污染区域扩大，带来更大的损失。

（4）注意事项：如果是在储罐区，一般都建有围堰，当发生泄漏事故时，要及时关闭雨水排口，防止泄漏物沿雨水系统外流。如果泄漏物排入雨水、污水排放系统，应及时采取封堵措施，导入应急池，防止泄漏物排出厂外，对地表水造成污染。

4.2.1.2 挖掘沟槽/人工导流

（1）适用范围：固体或液体污染物，泄漏到陆地。

（2）材料准备：适当工具与防护。

（3）工程实施：通常根据泄漏物流动情况挖掘沟槽收容泄漏物，如果泄漏物沿一个方向流动，则在其流动的下方挖掘沟槽；如果泄漏物是四散而流，则围绕着泄漏区域挖掘环形沟槽。挖掘沟槽收容泄漏物的关键和修筑围堤一样，除了泄漏物本身的特性外，确定沟槽的地点也极其重要，它既要离泄漏点足够远，保证有足够的时间在泄漏物到达前挖好沟槽，又要避免离泄漏点太远，使污染区域扩大，带来更大的损失。

（4）注意事项：沟槽可以改变泄漏物的流动方向，可以将其导流到安全区域后进行处置。

4.2.1.3 使用土壤密封剂

（1）适用范围：针对液体类泄漏物在陆地上的污染事故，可以避免液体泄漏物渗入土壤中，污染土壤和地下水。

（2）材料准备：直接用在地面上的土壤密封剂分为三类：反应性的密封剂、不反应性的密封剂和表面活性的密封剂。常用的反应性密封剂有环氧树脂、脲/甲醛和脲烷，这类密封剂要求在现场临时制成，能较容易地在恶劣的气候下成膜，但有一个温度使用范围。常用的不反应性密封剂有沥青、橡胶、聚苯乙烯和聚氯乙烯，温度同样是影响这类密封剂使用的一个重要因素。表面活性密封剂通常是防护剂，如硅和氟碱化合物系列，已研制出的有织品类、纸类、皮革类及砖石围砌类，最常用的是聚丙烯酸酯的氟衍生物。

（3）工程实施：一般泄漏发生后，迅速在泄漏物可能经过的地方使用土壤密封剂，防止泄漏物渗入土壤中。土壤密封剂既可单独使用，也可以和围堤或沟槽配合使用，既可直接撒在地面上，也可带压注入地面下。

土壤密封剂带压注入地面下的过程称作灌浆。灌浆料由天然材料或化学物质组成。常用的天然材料有沙子、灰、膨润土及淤泥等，常用的化学物质有丙烯酰胺、尿素塑料/甲醛树脂、木素、硅酸盐类物质等。通常天然材料适用于粗质泥土，化学物质适用于较细质的泥土。所有类型的土壤密封剂都受气温及降雨等自然条件的影响。土壤表层及底层的泥土组分将决定密封剂能否有效地发挥作用。

（4）注意事项：操作必须由受过培训的专业技术人员完成，使用的土壤密封剂必须与泄漏物相容。

4.2.2　水体污染物围堵技术

水体污染物围堵技术针对的是进入水体中的液体、固体及留存于水体中的气体类化学品，为防止其进一步扩大污染范围所采取的技术措施。

4.2.2.1　修筑水坝

（1）适用范围：修筑水坝是控制小河流水体泄漏物最常用的拦截方法。

（2）材料准备：通常在泄漏点下游的某一点横穿河床修筑水坝拦截泄漏物，拦截点的水深通常不能超过 10 m。

（3）工程实施：筑坝材料可以使用袋装活性炭等物质，坝的高度因泄漏物性质的不同而不同。对于溶于水的泄漏物，修筑的水坝必须能收容整个水体；对于在水中下沉而又不溶于水的泄漏物，只要能把泄漏物限制在坝根就可以，未被污染水则从坝顶溢流通过；对于不溶于水的漂浮性泄漏物，以一边河床为基点修筑大半截坝，坝上横穿河床放置管子将出液端提升至与进液端相当的高度，这样泄漏物被拦截，未被污染水则从河床底部流过。

（4）注意事项：修筑水坝受许多因素的影响，如河流宽度、水深、水的流速等，特别是客观地理条件，有时限制了水坝的使用。

4.2.2.2　挖掘沟槽

（1）适用范围：挖掘沟槽是控制泄漏到水体的不溶性沉淀物最常用的方法，通常只能在水深不大于 15 m 的区域挖掘沟槽。风、波浪和水流都对挖掘作业存在影响，有时甚至使挖掘作业无法进行，从而限制了此法的使用。

（2）材料准备：在水体中挖掘沟槽必须使用挖土机械，如陆用挖土机、掘土机及水力式挖土机和抽力式挖土机。

（3）工程实施：挖掘什么样的沟槽，则取决于泄漏物的流动方向。如果泄漏物沿一个方向流动，则在其下游挖掘沟槽；如果泄漏物是四散而流，则最好挖掘环形沟槽。

（4）注意事项：挖掘沟槽主要受客观地理条件影响，但也要注意河流的流速等水文变化情况。

4.2.2.3 设置表面水栅

（1）适用范围：设置表面水栅可用来收容水体中的不溶性漂浮物。

（2）材料准备：可使用专业的水栅材料，也可使用作物秸秆等制作。

（3）工程实施：通常布满吸附材料的表面水栅设置在水体的下游或下风向处，当泄漏物流至或被风吹至时将其捕获。当泄漏区域比较大时，可以用小船拖曳多个首尾相接的水栅或用钩子钩在一起组成一个大栅栏拦截泄漏物。为了提高收容效率，一般设置多层水栅。

（4）注意事项：使用表面水栅收容泄漏物的效率取决于污染团流速、波浪高度等。假如流速大于 0.5 m/s、浪高大于 1 m，使用表面水栅无效。使用表面水栅时要注意栅栏材质必须与泄漏物相容。

4.2.2.4 设置密封水栅

（1）适用范围：设置密封水栅可用来收容水体中可溶性、沉降性泄漏物，也可以用来控制因挖掘作业而引起的浑浊。

（2）材料准备：可使用专业的水栅材料，也可使用作物秸秆等制作。

（3）工程实施：密封水栅结构与表面水栅相同，但能将整个水体限制在栅栏区域。

（4）注意事项：密封水栅只适用于底部为平面，流速不大于 1.0 m/s，水深不超过 8 m 的场合。另外栅栏的材质必须与泄漏物相容。

4.2.3 大气污染物抑制技术

大气污染物抑制技术主要是对气体类化学品、部分具有挥发性液体和固体粉尘等物质进入空气后，进行抑制、疏导等操作，以控制污染物的量及流动方向的技术。

4.2.3.1 覆盖

覆盖是临时控制泄漏物蒸气和粉尘危害最常用的方法，即用合适的材料覆盖泄漏物，暂时减少蒸气或粉尘带来的大气危害。常用的覆盖材料有合成膜、泡沫、水等。

（1）合成膜覆盖

① 适用范围：合成膜覆盖适用于所有固体和液体的陆地泄漏，也适用于水中的不溶性沉淀物。

② 材料准备：常用的合成膜材料有聚氯乙烯、聚丙烯、氯化聚乙烯、异丁烯橡胶等。

③ 工程实施：可用作泄漏物收容池、处理池的衬里；可用来盖住固体泄漏物，避免其微粒再次扩散；可用来覆盖围堤或沟槽内的易挥发性液体泄漏物，减少其蒸气危害；可放置在水体泄漏物的上方，避免其流动或扩散。合成膜覆盖在陆地泄漏中使用时，只

适用于小规模泄漏，前提是应急人员能安全到达现场。对于大面积的泄漏区域，应急人员无法直接靠近，很难使用合成膜覆盖。在水体中应用时，只适用于不通航的区域或浅水区。

④ 注意事项：所使用的合成膜材料必须与泄漏物相容。

（2）泡沫覆盖

① 适用范围：使用泡沫覆盖阻止泄漏物的挥发，降低泄漏物对大气的危害和泄漏物的燃烧性。通常泡沫覆盖只适用于陆地泄漏物。

② 材料准备：实际应用时，要根据泄漏物的特性选择合适的泡沫材料。

③ 工程实施：常用的普通泡沫只适用于无极性和基本上呈中性的物质；对于低沸点，与水发生反应，具有强腐蚀性、放射性或爆炸性的物质，只能使用专用泡沫；对于极性物质，只能使用属于硅酸盐类的抗醇泡沫；用纯柠檬果胶配制的果胶泡沫对许多有极性和无极性的化合物均有效。对于所有类型的泡沫，使用时建议每隔 30～60 min 再覆盖一次，以便有效地抑制泄漏物的挥发。如果需要，这个过程可能一直持续到泄漏物处理完毕。

④ 注意事项：泡沫覆盖必须和其他的收容措施（如围堤、沟槽等）配合使用，选用的泡沫必须与泄漏物相容。

（3）水覆盖

① 适用范围：对于密度比水大或溶于水但不与水反应的物质，水覆盖能有效地抑制泄漏物的挥发，还可以将泄漏物导流至适宜的地方进行处理。但水覆盖仅限用在小泄漏场合，而且现场已备有围堤或沟槽收容变稀了的泄漏物。

② 材料准备：水源，喷水器材。

③ 工程实施：喷雾状水稀释、溶解气体或蒸气，可有效地降低大气中的水溶性有害气体和蒸气的浓度，是控制有害气体和蒸气最有效的方法。对于不溶于水的有害气体和蒸气，也可以喷水雾驱赶，保护泄漏区内人员和泄漏区域四周的居民免受有害蒸气的致命伤害。喷水雾还可用于冷却破裂的容器和冲洗泄漏污染区内的泄漏物。

④ 注意事项：使用此法时，将产生大量的被污染水。为了避免污染水流入四周的河流、下水道，喷水雾的同时必须修筑围堤或挖掘沟槽收容污水，并予以处理或作适当处置。

对于碱金属或其他能与水反应的物质，严禁用水覆盖，以免发生爆炸或产生可燃气体。

4.2.3.2 低温冷却

（1）适用范围：低温冷却是将冷冻剂散布于整个泄漏物的表面，减少有害泄漏物的挥发。在许多情况下，冷冻剂不仅能降低有害泄漏物的蒸气压，而且能通过冷冻将泄漏物固定住。

（2）材料准备：常用的冷冻剂有二氧化碳、液氮和冰。选用何种冷冻剂取决于冷冻剂对泄漏物的冷却效果和环境因素。

影响低温冷却效果的因素有：冷冻剂的供给量、泄漏物的物理特性及环境因素。冷冻剂的供给量将直接影响冷却效果；喷撒出的冷冻剂会向周围扩散，并且速度很快，其整体挥发速率与其冷却效果成正比；环境因素如雨、风、洪水等将干扰、破坏形成的惰性气体膜，影响冷却效果。

（3）工程实施：

① 二氧化碳。二氧化碳冷冻剂有液态和固态两种形式。液态二氧化碳通常装于钢瓶中或装于带冷冻系统的大槽罐中，冷冻系统用来将槽罐内蒸发的二氧化碳再液化。固态二氧化碳又称干冰，是块状固体，因为不能储存于密闭容器中，所以在运输中损耗很大。液态二氧化碳应用时，先使用膨胀喷嘴将其转化为固态二氧化碳，再用雪片鼓风机将固态二氧化碳播撒至泄漏物表面。干冰应用时，先进行破碎，然后用雪片播撒器将破碎好的干冰播撒至泄漏物表面。播撒设备必须选用能耐低温的非凡材质。

液态二氧化碳与液氮相比，有三大优点。

- 二氧化碳槽罐装备了气体循环冷冻系统，是无损耗储存。
- 二氧化碳罐是单层壁罐，液氮罐是中间带真空绝缘夹套的双层壁罐，这使得二氧化碳罐的制造成本低，在运输中抗外力性能更优。
- 二氧化碳更易播撒。二氧化碳虽然无毒，但是大量使用，可使大气中缺氧，从而对人产生危害，随着二氧化碳浓度的增大，危害就逐步加大。二氧化碳溶于水后，水中 pH 降低，会对水中生物产生危害。

② 液氮。液氮温度比干冰低得多，几乎所有的易挥发性有害物（氢除外）在液氮温度下皆能被冷冻，且能将蒸气压降至无害水平。液氮也不像二氧化碳那样，对水生环境产生危害。若用喷嘴喷射，则液氮一离开喷嘴就全部挥发为气态；若将液氮直接倾倒在泄漏物表面上，则局部会形成冰面，冰面上的液氮立即沸腾挥发，冷冻力的损耗很大，因此液氮的冷冻效果大大低于二氧化碳，尤其是固态二氧化碳。液氮在使用过程中产生的沸腾挥发，有导致爆炸的潜在危害。

③ 湿冰。在某些有害物的泄漏处理中，湿冰也可用作冷冻剂。湿冰的主要优点是成本低、易于制备、易播撒。主要缺点是，湿冰不是挥发而是溶化成水，从而增加了需要处理的污染物的量。

（4）注意事项：应用低温冷却时必须考虑冷冻剂对随后采取的处理措施的影响。

4.3 污染物消除技术

污染物消除技术是指在危险化学品污染事故发生后，针对泄漏到空气、水体或土壤等介质中的危险化学品所采取的技术措施，以消除其对自然环境的影响。

4.3.1　陆地污染物消除技术

陆地污染物消除技术针对的是污染到土壤的固体、液体或液化气体等化学品的处理处置技术。

4.3.1.1　挥发

（1）适用范围：当泄漏发生在不能到达的区域，泄漏量比较小，其他的处理措施又不能使用时，可考虑使用就地挥发。

（2）材料准备：就地挥发使用能源是太阳能。

（3）工程实施：对于能产生易燃或有毒气体的泄漏物，必须进行连续监测报警，以确定处理过程中有害气体的浓度。环境参数如大气温度、风速、风向等会影响蒸发速率，对于水体泄漏物影响因素还有水温等。

（4）注意事项：使用就地挥发时，要注意防止有害气体扩散至居民区。

4.3.1.2　喷水雾

（1）适用范围：喷水雾可有效地降低大气中的水溶性有害气体和蒸气的浓度，是控制有害气体和蒸气最有效的方法。

（2）材料准备：水源、喷水器材。

（3）工程实施：对于不溶于水的有害气体和蒸气，也可以喷水雾驱赶，保护泄漏区内人员和泄漏区域四周的居民免受有害蒸气的致命伤害。喷水雾还可用于冷却破裂的容器和冲洗泄漏污染区内的泄漏物。

（4）注意事项：使用此法时，将产生大量的被污染水。为了避免污染水流入四周的河流、下水道，喷水雾的同时必须修筑围堤或挖掘沟槽收容产生的大量污水。污水必须予以处理或作适当处置。

4.3.1.3　覆盖/吸收

（1）适用范围：覆盖/吸收是处理陆地上的小量液体泄漏物最常用的方法。

（2）材料准备：常用的覆盖与吸收材料有沙土、蛭石、灰粉、珍珠岩、粒状黏土、破碎的石灰石等。

（3）工程实施：往往在小量泄漏时使用，例如乙酸泄漏时，用沙土、干燥石灰或苏打灰与之混合，收集后统一处置。

（4）注意事项：应注意被吸收的液体可能在机械或热的作用下重新释放出来。当吸收材料被污染后，它们将表现出吸收液体的危险性，必须按危险废物处置。

4.3.1.4　吸附

（1）适用范围：吸附法是利用多孔性固体吸附剂处理水体的方法，吸附剂有很强的吸附能力，可以把污水中的可溶性有机物或无机物吸附到它的表面而除去，对污染水体中的细菌、病毒等微生物也有一定的去除作用。吸附是被吸附物与固体吸附剂表面相互作用的过程。所有的陆地泄漏和某些有机物的水中泄漏都可用吸附法处理。

（2）材料准备：常用的吸附剂有炭材料、天然有机吸附剂、天然无机吸附剂、合成吸附剂。

① 炭材料：炭材料具有比表面积大、孔结构发达等优点，还具有耐热性、耐腐蚀性、耐辐射性、无毒害、不会造成二次污染、可再生重复使用等优异性质。炭材料不仅可以从水中除去不溶性漂浮物（有机物、某些无机物），还对水中溶解的有机物（如苯类化合物、酚类化合物、石油及石油产品等）具有较强吸附能力，而且对于色度、异臭异味、表面活性物质、除草剂、农药、合成洗涤剂、合成染料、胺类化合物以及许多人工合成的有机化合物都有较好地去除效果。目前应用的炭材料主要有活性炭、膨胀石墨、碳分子筛、碳纳米纤维、碳纳米管等。

活性炭是最常用的是吸附材料，是从水中除去不溶性漂浮物最有效的吸附剂。活性炭是由各种含碳物质如木材、煤、渣油、石油焦等炭化后，再经活化制得的，有颗粒状和粉状两种外形。清除水中泄漏物用的是颗粒状活性炭，被吸附的泄漏物可以通过解吸再生回收利用，解吸后的活性炭可以重复利用。影响吸附效率的主要因素是被吸附物分子的大小和极性，吸附速率随着温度的上升与污染物浓度的下降而降低，所以必须通过试验来确定吸附某一物质所需的碳量，而试验中应模拟泄漏发生时的条件进行。活性炭是无毒物质，除非大量使用，一般不会对人或水中生物产生危害，另外活性炭易得而且实用，所以它是目前处理水中低浓度泄漏物最常用的吸附剂。

② 天然有机吸附剂：天然有机吸附剂由木纤维、玉米秆、稻草、木屑、树皮、花生皮等材料制成，可以从水中除去油类和与油相似的有机物。天然有机吸附剂具有价廉、无毒、易得等优点，主要缺陷是再生困难。如果是颗粒状天然有机吸附剂，在使用中会受环境条件如刮风、降雨、降雪、水流流速、波浪等因素的影响，另外其只能用来处理陆上泄漏和相对无干扰的水中不溶性漂浮物。

③ 天然无机吸附剂：天然无机吸附剂是由天然无机材料制成的，主要有黏土、珍珠岩、蛭石、膨胀页岩和天然沸石。根据制作材料分为矿物吸附剂（如珍珠岩）和黏土类吸附剂（如沸石）。矿物吸附剂可用来吸附各种类型的烃、酸及其衍生物、醇、醛、酮、酯和硝基化合物；黏土类吸附剂能吸附分子或离子，并且能有选择性地吸附不同大小的分子或不同极性的离子。

黏土类吸附剂适用于陆地泄漏物的吸附，对于水体中的酚类泄漏物具有一定效果。天然无机吸附剂主要是粒状的，其使用受刮风、降雨、降雪等自然条件的影响。

④ 合成吸附剂：合成吸附剂最大的优点是可再生性，常用于处理有机液体污染物，能有效地清除陆地泄漏物和水体中的不溶性漂浮物。对于有极性且在水中能溶解或能与水互溶的物质，不能使用合成吸附剂去除。另外，常用的合成吸附剂有聚氨酯、聚丙烯和大孔型树脂。

聚氨酯有外表面敞开式多孔状、外表面封闭式多孔状及非多孔状等几种形式。所有形式的聚氨酯都能从水溶液中吸附泄漏物，但外表面敞开式多孔状聚氨酯能像海绵体一样吸附液体。吸附状况取决于吸附剂气孔结构的敞开度、连通性和被吸附物的黏度、湿润力。但聚氨酯不能用来吸附处理大泄漏或高毒性的泄漏物。

聚丙烯是线性烃类聚合物，能吸附无机性液体或溶液。分子量及结晶度较高的聚丙烯具有更好的溶解性和化学阻抗，但其生产难度和成本费用更高。不能用来吸附处理大泄漏或高毒性的泄漏物。

最常用的两种大孔型树脂是聚苯乙烯和聚甲基丙烯酸甲酯。这些树脂能与离子类化合物发生反应，不仅具有吸附特性，还表现出离子交换特性。

（3）工程实施：吸附法处理泄漏物的关键是选择合适的吸附剂。吸附是一个复杂的表面现象，主要影响因素有吸附剂的性质、污水中的污染物性质和吸附过程的操作条件。

（4）注意事项：要根据污染物类别及污染地区当时的地理气候条件等因素选择吸附剂及其使用方法。

4.3.1.5　固化/稳定化

（1）适用范围：通过加入能与泄漏物发生化学反应的固化剂或稳定剂使泄漏物转化成稳定形式，以便于处理、运输和处置。

（2）材料准备：常用的固化剂有水泥、凝胶和石灰。

（3）工程实施：有的泄漏物变成稳定形式后，由原来的有害物变成了无害物，可原地堆放不需进一步处理；有的泄漏物变成稳定形式后仍然有害，必须运至废物处理场所进一步处理或在专用废弃场所掩埋。

① 水泥固化：通常使用普通硅酸盐水泥固化泄漏物，将泄漏物、水泥、添加剂一起搅拌混合，形成坚固的水泥固化体。对于含高浓度重金属的场合，使用水泥固化非常有效。许多化合物会干扰固化过程，如锰、锡、铜和铅等的可溶性盐类会延长凝固时间，并大大降低其物理强度，特别是高浓度硫酸盐对水泥有不利的影响，有高浓度硫酸盐存在的场合一般不能使用硅酸盐水泥，因为其中含有的铝酸三钙及水化后产生的氢氧化钙均会被硫酸盐侵蚀，所以需要使用抗硫酸盐硅酸盐水泥等低铝水泥。

酸性泄漏物固化前应先中和，避免浪费更多的水泥。相对不溶的金属氢氧化物，固化前必须防止可溶性金属从固体产物中析出。另外高浓度（1%～5%）可溶性或不溶性有机物可能对固化过程产生不利影响，固化前应加入黏土（如膨润土）吸收有机物。

水泥固化的优点是：有的泄漏物变成稳定形式后，由原来的有害物变成了无害物，可原地堆放不需进一步处理。

水泥固化的缺点是：大多数固化过程需要大量水泥，必须有进入现场的通道，有的泄漏物变成稳定形式后仍然有害，必须运至废物处理场所进一步处理或在专用废弃场所掩埋。

② 凝胶固化：凝胶是由亲液溶胶和某些憎液溶胶通过胶凝作用而形成的冻状物，无流动性，可以使泄漏物形成固体凝胶体，形成的凝胶体仍是有害物，需进一步处置。选择凝胶时，最重要的问题是凝胶必须与泄漏物相容。

使用凝胶的缺点是：

- 风、沉淀和温度变化将影响其应用并影响胶凝时间。
- 凝胶的材料是有害物，必须作适当处置或回收使用。
- 使用时应加倍小心，防止接触皮肤和吸入。

③ 石灰固化：使用石灰作固化剂时，加入石灰的同时需加入适量的细粒硬凝性材料，如粉煤灰、研碎了的高炉炉渣或水泥窑灰等。

石灰作固化剂的优点是：添加剂本身就是待处理废物，可实现废物再利用，且来源广、价格低。

石灰作固化剂的缺点是：形成的大块产物需转移，石灰本身对皮肤和呼吸系统有腐蚀性，且固化的泄漏物不稳定，需要进一步处理。

（4）注意事项：稳定化剂使用时应注意人员的安全防护，受污染地区的地理气候条件等因素影响。

4.3.1.6 中和

（1）适用范围：污水中含有一定量的酸性物质或碱性物质，浓度在4%以下的含酸污水和浓度在2%以下的含碱污水在没有有效的回收利用方法时，均应进行中和处理，将pH调整到标准值（6～9），发生反应的产物是水和盐，有时产生二氧化碳气体。

（2）材料准备：常用的强碱中和试剂有碳酸氢钠水溶液、碳酸钠水溶液、氢氧化钠水溶液，这些物质也可用来中和泄漏的氯。有时也用石灰、固体碳酸钠、苏打灰中和酸性泄漏物。常用的弱碱中和试剂有碳酸氢钠、碳酸钠和碳酸钙。碳酸氢钠是缓冲盐，即使过量，反应后的pH只是8.3。碳酸钠溶于水后，碱性和氢氧化钠一样强，若过量，pH可达 11.4。碳酸钙与酸的反应速度虽然比钠盐慢，但因其不向环境加入任何有毒物质，反应后的最终pH总是低于9.4而被广泛采用。常用的弱酸中和试剂有醋酸、磷酸二氢钠，有时可用气态二氧化碳。磷酸二氢钠几乎能用于所有碱的泄漏，当氨泄入水中时，可以用气态二氧化碳处理。

（3）工程实施：对于泄入水体的酸、碱或泄入水体后能生成酸、碱的物质，也可考虑用中和法处理。对于陆地泄漏物，假如反应能控制，经常用强酸、强碱中和，这样比较经济；对于水体泄漏物，建议使用弱酸、弱碱中和。

对于水体泄漏物，假如中和过程中可能产生金属离子，必须用沉淀剂清除。中和反应经常是剧烈的，由于放热和生成气体产生沸腾和飞溅，所以应急人员必须穿防酸碱工作服，戴防烟雾呼吸器。可以通过降低反应温度和稀释反应物来控制飞溅。假如非常弱的酸和非常弱的碱泄入水体，pH能维持在6～9，建议不使用中和法处理。

（4）注意事项：现场应用中和法要求最终pH控制在6～9，反应期间必须监测pH变化。只有酸性有害物和碱性有害物才能用中和法处理。现场使用中和法处理泄漏物受下列因素限制：泄漏物的量、中和反应的剧烈程度、反应生成潜在有毒气体的可能性、溶液的最终pH能否控制在要求范围内。

4.3.1.7 生物处理

（1）适用范围：生物处理是通过微生物体内的生物化学作用氧化分解污水中的有机物和某些无机毒物（如氰化物、硫化物），使之转化为稳定无毒物质。适用于陆地有机物泄漏、水体表面的有机物泄漏和某些无机毒物。

（2）材料准备：用于生物处理的微生物可以分为植物型与动物型两类，植物型微生物又可分为菌类（细菌、真菌等）与藻类；动物型微生物可分为原生动物与后生动物。

（3）工程实施：生物处理受泄漏物固有特性和环境因素的影响，只有满足下列条件的泄漏物才可以考虑用生物降解法处理：泄漏物是不含重金属的有机化合物；泄漏物既不是气体也不是高毒物，不需要立即清除；泄漏物可以生物降解。具有复杂化学结构的化合物（如芳香族化合物和卤代脂肪族化合物）会阻碍生物降解，高浓度、高分子量和低溶解性的有机物也会阻碍生物降解。

生物处理方法可以分为好氧生物处理法与厌氧生物处理法。

① 好氧生物处理法：利用好氧细菌处理污水中的有机物，被吸收的有机物在酶的作用下进行生化反应，将有机物中的 C、N、P、S 等元素转化或氧化为 CO_2、NH_3、亚硝酸盐或硝酸盐、磷酸盐、硫酸盐等，同时部分有机物合成为新的原生质，为细菌生长、繁殖提供营养物质。

自然条件下好氧生物处理法可以分为水体自净（适合于天然水体、氧化塘等）与土壤净化（适合于污水灌溉等）。人工条件下可以分为悬浮生物法（包括活性污泥法、氧化塘、氧化沟等）和固着生物法（包括生物滤池、生物转盘、接触氧化等）。

好氧生物处理法不产生带臭味的物质，所需时间短，大多数有机物均能处理。在污水中有机物浓度不高，供氧速率能满足生物氧化的需要时，常采用好氧生物处理法。

② 厌氧生物处理法：是利用厌氧细菌来处理污水中的有机物，使之降解和稳定的一种无害化处理。这一过程可分为两个阶段，首先复杂的高分子有机化合物在产酸细菌作用下降解成低分子的中间产物，如有机酸（甲酸、醋酸、丁酸、氨基酸）和醇类及氨、硫化物、二氧化碳等无机物并放出能量，这一个阶段称为产酸过程。第二阶段为碱性分解或产气阶段，甲烷细菌利用产酸菌产生的有机酸、醇等为营养源，产生甲烷、二氧化碳、氨、氢等气体，其中甲烷占 50%以上。

厌氧生物处理法不需供氧，运转费用低，并能回收一定量甲烷，但厌氧生化反应速度慢，反应时间长。通常高浓度的有机污水可采用厌氧生物处理法。

（4）注意事项：使用生物处理法的最佳环境条件是好氧生物处理中首先要求氮和磷的营养水平通常要满足以下条件：BOD_5∶N∶P=100∶5∶1，pH 适宜范围 6.5～8.0，水温维持在 20～35℃，溶解氧维持在 2.0～4.0 mg/L；厌氧生物处理首先保持隔绝空气，pH 适宜范围 6.5～8.0，反应温度有两种，中温为 33～38℃，高温为 52～57℃。

4.3.1.8 抽取法

（1）适用范围：抽取法适用于清除陆地上限制住的液体污染物、水中的固体和液体污染物。如果泵能快速布置好，则任何溶性、不溶性漂浮物都可用抽取法清除。对于水中的不溶性漂浮物，抽取是最常用的方法。

（2）材料准备：抽取使用的设备是专业泵、管线等材料。

（3）工程实施：当使用真空泵时，要清除的有害物液位垂直高度（即压头）最好不超过 10 m，如果容器里面含有易燃易爆的液体，可以在真空泵与容器之间配置一个真空箱，首先用真空泵把真空箱抽到极限真空下，然后关闭泵与真空箱的阀门，再打开容器与真空箱之间的阀门把容器里面的液体及空气一起吸入到真空箱里面。多级离心泵或变容泵在任何液位下都能用。

（4）注意事项：注意根据有害物质选取合适的抽取设备。

4.3.1.9 转移

（1）适用范围：当陆地上固体或液体污染物经过覆盖、吸附等技术处理后，需要转移出污染区域，转移到安全地点集中处理。

（2）材料准备：车辆，安全防护设施。

（3）工程实施：设定合理的转移路线与地点。

（4）注意事项：转移过程中注意安全防护。

4.3.2 水体污染物消除技术

水体污染物消除技术针对的是会污染水体的液体、固体及进入水体中的气体等化学品处理处置技术。

4.3.2.1 沉淀

（1）适用范围：沉淀是一个物理化学过程，通过加入沉淀剂使溶液中的物质变成固体不溶物而析出。

（2）材料准备：常用的沉淀剂有氢氧化物和硫化物。常用氢氧化物有氢氧化钠、氢氧化钙和石灰；常用硫化物是硫化钠。

（3）工程实施：处理过程中产生的泥浆（沉淀物）必须作适当处置。如果生成的沉淀物能从水流中移走，也可以处理水体泄漏物。对于重金属化合物的泄漏，硫化钠是一种有效的沉淀剂。一般是硫化钠和氢氧化钠配合使用，每升含 18 g 氢氧化钠和 85 g 硫化钠的混合水溶液在室温下能长期储存，可用来沉淀泄漏物。

（4）注意事项：防止二次污染的发生。

4.3.2.2 撇取法

（1）适用范围：撇取法用于清除水面上的液体漂浮物。

（2）材料准备：撇取设备按功能可划分为四类：平面移动式撇取器、皮带式撇取器、堰式撇取器和吸入式撇取器。堰式和吸入式撇取器将水和泄漏物一块清除，大多数撇取器是专为油类液体而设计的。

（3）工程实施：由专业人员进行仪器的操作，如果可能对污染进行围堵后再操作。

（4）注意事项：当用撇取器清除易燃泄漏物时，撇取器所用马达及其他电器设备必须是防爆型的。

4.3.2.3 清淤

（1）适用范围：清淤是清除水底的淤泥，是除去水底不溶性沉淀物所使用的方法。

（2）材料准备：选用何种设备和清理方法要根据具体情况，如要清除的沉淀物的类型及量的大小，清淤现场的自然和水文特征。大型工程性机械如大型挖泥船、水陆两用挖掘机、船夹式清淤机、工程挖掘机等，适用于江河清淤、水下垒坝、拦湖围池、河道疏通等大型清淤；另外新型鱼池清淤泵、水力挖泥机组、小型挖泥船、两栖式清淤机等这些都属于带水作业机械，要求塘埂宽大，装稀泥的场地条件好，管道输送距离要长，通常适用于中、小型池塘清淤。

（3）工程实施：大多数清淤设备受波浪和水流的影响。清淤要求水域最大波高不能超过 0.3～1 m，最大水流流速不能超过 1.5～2.6 m/s。清淤设备必须由专业人员操作。

（4）注意事项：清淤前，必须准确确定要清淤的区域及深度，将泄漏物对水栖生物和底栖生物的危害控制到最小。有时为确定和标记出污染区，需要进行潜水作业。

4.3.2.4 氧化技术

（1）适用范围：受污染水体经过氧化剂处理将水中有害物质转化为不溶解的或无毒的新物质，以达到无害化的目的。

（2）材料准备：需要根据不同的污染物选取不同的氧化剂与方法。

① 高锰酸钾：固态的高锰酸钾是紫色粒状或针状晶体，有蓝色金属光泽，无臭味，不易溶解。高锰酸钾的水溶液为紫色，有甜涩味，容易因光照分解，在二氧化锰和其他杂质条件的催化作用下分解，产生棕色的二氧化锰沉淀。

高锰酸钾在酸性条件下是强氧化剂，能氧化水中的大部分有机质，在中性和碱性条件下能分解成二氧化锰并放出活性氧。高锰酸钾固体大量储存时有燃烧的危险，溶液和干态物质在与有机物或易氧化物质接触时可能爆炸。

高锰酸钾用于水体污染优缺点并存。

优点：

- 高锰酸钾可以用来氧化吸附由氧和引起臭味的有机物，可以与许多水中的杂质如二价铁、锰、硫、氰、酚等反应，由于有机物被氧化，因此会减少处理水中三卤甲烷，氯酚和其他氧化消素副产物的产生，使水的致突变活性大大降低。
- 采用高锰酸钾消毒的水不会产生臭味儿和有毒的消毒副产物。
- 能够杀灭很多门类的藻类和微生物，甚至部分原生物和蠕虫。
- 投加和检测比较方便。
- 反应产物为水合的二氧化锰，它有一定的吸附和助凝作用。

缺点：

- 接触时间长，只适合长距离输送的预氧化。

- 投加过量会引起出厂水色度升高。长期过量投加，反应产物水含二氧化锰易使滤料板结。

高锰酸钾作为水净化剂一般要求尽早投入待处理水体中，很多水厂将投加点设在取水头部，这样能使氧化过程充分进行，最大限度地去除臭味、藻类等，并发挥二氧化锰的凝核作用，提高絮凝和沉淀效果。如果不能在取水口处投加高锰酸钾，至少要保证在快速混合前投加。不要将高锰酸钾和絮凝剂同时投入水中，否则两者发生反应，反而降低了处理效果。采用高锰酸钾做预氧化剂能降低消毒副产物的生成。

② 高锰酸盐复合药剂：高锰酸盐复合药剂（PPC）是以高锰酸盐为主剂，与多种辅剂组合制成的除污染药剂，它充分发挥了主剂与辅剂的协同促进作用，使除污染效果大大提高。高锰酸盐复合药剂使用的主剂和辅剂，全部都是无机盐类，都是在饮用水处理中允许使用的药剂，对人体无任何毒副作用。高锰酸盐复合药剂清除污染工艺是在常规净水工艺的混凝剂投加前后，向水中投加高锰酸盐复合药剂，高锰酸盐复合药剂可与混凝剂同时投加，也可在混凝剂前或后投加，但投加后应保证与水充分混合。该工艺只需向水中投加 1～2 mg/L 的高锰酸盐复合药剂，无须改变常规水处理流程，无须增设大型净水构筑物。

③ 臭氧：臭氧是一种强氧化剂，广泛应用于含酚、含氰、含铁、含锰等污染水的处理，也可用于污染水体的脱色、除臭。

臭氧能使水中的有机物电荷密度降至最低，发挥氧化助凝作用。臭氧氧化对水体有着复杂的影响作用，但这方面的报道也是各持己见。Singer 等认为臭氧在 $m(O_3):m(TOC)=0.4\sim0.8$ 时，起助凝的作用，可以提高浊度去除率，且对有机物去除也有促进作用；Reckhow 等认为，臭氧预氧化能使有机物 UV_{254}、TOC 等得到明显去除，但 TOC 的去除率较 UV_{254} 略低；但另外一些报道指出，臭氧的作用使得有机物平均相对分子质量降低，导致可由混凝去除的有机物分子数目降低，从而影响有机物总体去除率。

如果臭氧氧化后出水不做进一步处理，会产生副产物，主要为有机和无机副产物。有机副产物主要是由水中的一些腐殖酸类有机物引起；无机副产物主要是由原水中存在的 Br^-所引起的，过量的 BrO_3^-会严重影响出水水质。

④ 高铁酸盐：高铁酸盐在整个 pH 范围内具有强氧化性，其标准氧化还原电位在酸性条件下为 2.2 V，在碱性条件下为 0.7 V。由于高铁酸盐的特殊化学性质，它在水处理过程中将发挥氧化、絮凝、吸附、共沉、除藻、消毒等多功能协同作用，且在水处理过程中不产生任何有毒、有害副产物。对高铁酸盐的预氧化除藻、减少混凝剂投加量、强化低温低浊度水的混凝、强化生物活性炭（BAC）的除氨氮的作用，研究者已经进行了研究。

⑤ Fenton 试剂：Fenton 试剂是由 H_2O_2 和 Fe^{2+}组成的一种强氧化剂，主要利用高活性的·OH 氧化降解水中的有机物，在短时间内实现对有机物的完全降解，且不受水质的限制，其作用机理一般认为 H_2O_2 在 Fe^{2+}的催化作用下发生均裂，产生·OH，·OH 进攻有

机物 RH，引起有机物自由基 R・的链引发、链传递以及链中止，从而使有机物结构发生碳链断裂，最终被氧化为 CO_2 和 H_2O 等无机质。

⑥ 二氧化氯：二氧化氯最重要的特性，是它能降低水中总卤甲烷的浓度，一般天然水中加入量为 2.0 mg/L，作用 1 min 可杀灭水中 f 2 噬菌体，作用 3 min 使大肠杆菌数达到饮水标准。20 世纪 80 年代初美国已有 100 多个饮水处理厂使用稳定性二氧化氯消毒杀菌，除去水中的色、臭味儿；加拿大也有 10 多个类似的水厂，在欧洲这种水处理系统使用量一直上升。我国已研制出二氧化氯用于饮水消毒，并取得了良好的效果。

工业废水中常含有许多有害物质，如氰化物、硫化物、酚类和胺类等，必须进行处理才能排放。在 pH 5～9 范围内，平均 5.2 份质量的二氧化氯可把一份质量的硫化物离子迅速氧化成硫酸根离子。在不同 pH 下，二氧化氯可以把 CN^- 氧化成氰酸盐或二氧化碳和氮气，如平均 2.5 份质量的二氧化氯可将 1 份质量的简单氰化物氧化成氰酸盐。pH10 以上，则平均 5.5 份质量的二氧化氯可将 1 份质量的氰化物氧化成二氧化碳和氮气。一般 1.5 份质量的二氧化氯可把 1 份质量的苯酚氧化成苯醌，在 pH 为 10 时，平均 3.3 份质量的二氧化氯可把 1 份质量的苯酚氧化成低分子量的非芳香羧酸盐类混合物。二氧化氯也可除去由有机胺类及有机硫化物等所产生的臭味儿。

⑦ 光催化氧化法：光催化氧化法分为非均相光催化氧化法与均相光催化氧化法，利用半导体材料光催化氧化法处理有毒污染物，很多有机物能被无机化，或者转化为毒性较小的化合物。由于这种反应只需光、催化剂和空气，处理成本相对较低，已成为一种较有前途的废水处理新方法。半导体粒子光催化机制被认为是，光照射使半导体粒子价带上的电子激发到导带，形成导带上的自由电子，具有强还原性，在价带留有空穴，具有强氧化性。光致电子和空穴与催化剂表面吸附的化合物发生氧化还原反应。光解液组分及反应气氛等因素的变化都有可能影响光反应过程。也有研究者提出表面双空穴自由基机制，即当在催化剂表面主要吸附物为氢氧根或者水分子时，它们俘获空穴产生羟基自由基，该自由基氧化有机物，这是间接氧化途径。当催化剂表面主要吸附物为有机物时，空穴与有机物的直接氧化反应为主要途径。

⑧ 超临界氧化法：超临界水氧化技术以水为介质，利用在超临界条件（T＞374 e，P＞22.1 mPa）下不存在气液界面传质阻力来提高反应速率并实现完全氧化，由于进行的氧化反应是均相反应，其反应速率快、反应时间短，有机物能在适当的温度、压力和一定的停留时间条件下完全氧化为无机物，二次污染小。

⑨ 超声波降解法：超声波技术是利用声空化能量加速和控制化学反应，提高反应速率的一种新技术。它是利用波的压缩和扩张，在水中形成微小的气泡，由于波的压缩而在气泡中产生瞬时的高压和高温，使得蒸汽中有羟基自由基生成。该自由基的氧化性极强，可将有机物分子破碎成小分子可降解物质。

超声波降解法具有去除效率高、反应时间短、无二次污染、提高废水的可生化性、设施简单、占地小等优点，但是耗能巨大，噪声严重，经济性不够理想。

⑩ 电化学降解法：电催化氧化过程是通过阳极反应直接降解有机物，或通过阳极反应产生羟基自由基、臭氧一类的氧化剂降解有机物，这种降解途径使有机物分解更加彻底，不易产生毒害中间产物，更符合环境保护的要求。

（3）工程实施：不同的氧化剂采用针对性操作方法，需由专业操作人员进行。

（4）注意事项：应用时要根据污染物不同选取不同的氧化剂，还要注意产物可能产生的二次污染。

4.3.2.5 化学还原法

（1）适用范围：采用一些还原剂，使其与污染水体中的污染物发生反应，把有毒物转变成低毒、微毒或无毒物质的方法，例如水中一些金属离子在高价态时毒性较大，可用化学还原法将其还原为低价态，然后分离除去。目前此法多用于处理含六价铬和汞化合物的污染水。

（2）材料准备：常用的还原剂有电极电位较的金属，如铁、锌等；带负电的离子，如 SO_3^{2-}；带正电的离子，如 Fe^{2+}；含 H_2S、SO_2 工业废气。

（3）工程实施：根据污染物的不同选取不同的还原剂，需要专业操作人员。

（4）注意事项：应用时要根据污染物不同选取不同的还原剂，还要注意产物可能产生的二次污染。

4.3.2.6 混凝-沉淀法

（1）适用范围：向污水中投加一定比例的混凝剂，在污水中生成亲油性的絮状物，使微小油滴吸附于其上，然后用沉降或气浮的方法将油分去除。对于高分子化合物、动植物纤维物质、部分有机物质、油类物质、微生物、某些表面活性物质、农药、汞、镉、铅等重金属都有一定的清除作用。

（2）材料准备：混凝剂可分为无机混凝剂、有机混凝剂和高分子混凝剂。国内多采用铝盐、铁盐和聚丙烯酰胺等混凝剂。混凝剂的选择及使用要根据废水具体性质而定，总的原则是所用的混凝剂必须价廉、易得、使用用量少、效率高，生成的絮凝物易沉降分离。

近年来，国外采用高分子混凝剂日益增加，且有取代无机混凝剂之势，但在国内因价格原因，使用高分子混凝剂还不多见。据报道，弱阴离子性高分子混凝剂使用范围最广，若与硫酸铝合用，则可发挥更好的效果。混凝法的主要优点是工艺流程简单、操作管理方便、设备投资省、占地面积少、对疏水性污染物效率很高；缺点是运行费用较高、泥渣量多且脱水困难、对亲水性污染物处理效果差。各种类型的混凝剂如表 4-1 所示。

表 4-1　各种类型的混凝剂

分类			混凝剂
无机混凝剂	无机盐类		硫酸铝、硫酸亚铁、硫酸铁、铝酸钠、氯化亚铁、氯化锌、四氯化钛
	碱类		碳酸钠、氢氧化钠、氧化钙
	金属电解产物		氢氧化铝、氢氧化铁
	固体细粉		高岭土、膨润土、酸性白土、炭黑、飘尘
有机混凝剂	阴离子型		月桂酸钠、硬脂酸钠、油酸钠、十二烷基苯磺酸钠、松香酸钠
	阳离子型		十二烷胺醋酸、十八烷胺醋酸、松香胺醋酸、烷基三甲基氯化铵、十八烷基二甲基二苯乙二酮氯化铵
高分子混凝剂	低聚合度（分子量 1 000 至数万）	阴离子型	藻朊酸钠、羧甲基纤维素钠盐
		阳离子型	水溶性苯胺树脂盐酸盐、聚硫脲醋酸盐、聚乙烯氨基三氮茂、聚乙烯亚胺
		非离子型	淀粉、水溶性尿素树脂
		两性型	动物胶
	高聚合度（分子量数十万至数百万）	阴离子型	聚丙烯酸钠、水解聚丙烯酰胺、磺化聚丙烯酰胺
		阳离子型	聚丙烯酰胺曼尼希变性物、聚乙烯吡咤季铵盐、聚二丙烯季铵盐
		非离子型	聚丙烯酰胺、聚氧化乙烯

（3）工程实施：操作时需要专业操作人员，注意以下数据。

① 几个重要参数：

- 浊度：浊度过高或过低都不利于混凝，浊度不同，所需的混凝剂用量也不同。
- pH：在混凝过程中，都有一个相对最佳 pH 存在，使混凝反应速度最快，絮体溶解度最小。此 pH 可通过试验确定。以铁盐和铝盐混凝剂为例，pH 不同，生成水解产物不同，混凝效果也不同。且由于水解过程中不断产生 H^+，因此，常常需要添加碱来使中和反应充分进行。
- 水温：水温会影响无机盐类的水解，水温低则水解反应慢。另外水温低，水的黏度增大，布朗运动减弱，混凝效果下降。这也是冬天混凝剂用量比夏天多的缘故。
- 共存杂质：有些杂质的存在能促进混凝过程，比如除硫、磷化合物以外的其他各种无机金属盐，均能压缩胶体粒子的扩散层厚度，促进胶体凝聚，且浓度越高，促进能力越强，并可使混凝范围扩大。而有些物质则不利于混凝的进行，如磷酸根离子、亚硫酸根离子。另外，氯、螯合物、水溶性高分子物质和表面活性物质都不利于混凝。

② 混凝剂的影响：混凝剂种类、投加量和投加顺序都对混凝效果产生影响。

混凝剂的选择主要取决于胶体和细微悬浮物的性质、浓度。如水中污染物主要呈胶体状态，且 ξ 电位较高，则应先投加无机混凝剂使其脱稳凝聚，如絮体细小，还需投加高分子混凝剂或配合使用活性硅酸等助凝剂。很多情况下，将无机混凝剂与高分子混凝剂并用，可明显提高混凝效果，扩大应用范围。对于高分子混凝剂而言，链状分子上所带电荷量越大，电荷密度超高，链状分子越能充分延伸，吸附架桥的空间范围也就越大，絮凝作用就越好。

对任何废水的混凝处理，都存在最佳混凝剂和最佳投药量的问题，应通过试验确定。一般的投加量范围是：普通铁盐、铝盐为 10～30 mg/L；聚合盐为普通盐的 1/3～1/2；有机高分子混凝剂通常只需 1～5 mg/L，投加量过多，很容易造成胶体的再稳。

当使用多种混凝剂时，其最佳投加顺序可通过试验来确定。一般而言，当无机混凝剂与有机混凝剂并用时，先投加无机混凝剂，再投加有机混凝剂。但当处理胶粒粒径在 50 μm 以上时，常先投加有机混凝剂吸附架桥，再加无机混凝剂压缩扩散层而使胶体脱稳。

（4）注意事项：应用时要根据污染物的不同选取相应的混凝剂，还要注意混凝沉淀物可能产生的二次污染。

4.3.3 大气污染物消除技术

大气污染物消除技术针对的是进入空气中的气体类污染物，也包括挥发性液体及固体粉尘的处理处置技术。

4.3.3.1 通风

（1）适用范围：通风是控制作业场所中有害气体、蒸气或粉尘最有效的措施之一。借助于有效的通风，使作业场所空气中有害气体、蒸气或粉尘的浓度低于规定值，保证工人的身体健康，防止火灾和爆炸事故的发生。

（2）材料准备：通风分局部排风和全面通风两种。局部排风是把污染源罩起来，抽出污染空气，所需风量小，经济有效，并便于净化回收。全面通风则是用新鲜空气将作业场所中的污染物稀释到安全浓度以下，所需风量大，不能净化回收。

（3）工程实施：对于点式扩散源，可使用局部排风。使用局部排风时，应使污染源处于通风罩控制范围内。为了确保通风系统的高效率，通风系统设计的合理性十分重要。对于已安装的通风系统，要经常加以维护和保养，使其有效地发挥作用。

对于面式扩散源，要使用全面通风。全面通风也称稀释通风，其原理是向作业场所提供新鲜空气，抽出污染空气，进而稀释有害气体、蒸气或粉尘，从而降低其浓度。采用全面通风时，在厂房设计阶段就要考虑空气流向等因素。因为全面通风的目的不是消除污染物，而是将污染物分散稀释，所以全面通风仅适合于低毒性作业场所，不适合于污染物量大的作业场所。

实验室中的通风橱、焊接室或喷漆室可移动的通风管和导管都是局部排风设备。

（4）注意事项：合理通风，加速扩散，如有可能，将泄漏气体用排风机送至空旷地方或装设适当喷头烧掉。漏气容器要妥善处理，修复、检验后再用。

通风是去除有害气体和蒸气的有效方法，通风应当谨慎使用，不要用于固体粉末，并且对于沸点大于 350℃的物质通常不能使用。通风有时候可能会增加危险。

① 粉末物质由于通风而扩散。

② 局部通风可能造成液体泄漏物的快速蒸发，如果没有足够的新鲜空气补充，蒸气浓度将增大。

③ 降低污染物浓度低于爆炸上限，使大气中危险化学品浓度处于爆炸极限之内。

4.3.3.2　喷水雾

（1）适用范围：喷雾状水稀释污染物，可以溶解部分气体或蒸气，喷水雾可有效地降低大气中的水溶性有害气体和蒸气的浓度，是控制有害气体和蒸气最有效的方法。对于不溶于水的有害气体和蒸气，也可以喷水雾驱赶，保护泄漏区内人员和泄漏区域四周的居民免受有害蒸气的致命伤害。喷水雾还可用于冷却破裂的容器和冲洗泄漏污染区内的泄漏物。

（2）材料准备：水源、喷水器材。

（3）工程实施：对于碱性（或酸性）气体泄漏可喷含酸性（或碱性）物质的雾状水进行中和、稀释、溶解，构筑围堤或挖坑收容产生的废水。

对于已泄漏出的气体，应喷水将气态的危险化学品冲散，以加速其扩散，防止现场人员中毒和发生爆炸。

（4）注意事项：采用此法时，将产生大量的污水。为了避免污水流入四周的河流、下水道，喷水雾的同时必须修筑围堤或挖掘沟槽收容污水，并予以处理或作适当处置。

4.3.3.3　吸附法

（1）适用范围：主要用于去除空气中的飘尘、氨气、二氧化碳、硫化氢和挥发性有机化合物等。

（2）材料准备：固体吸附剂，常用的活性炭、木炭、分子筛等碳材料吸附剂。

（3）工程实施：把气体混合物中的有害组分吸留在固体表面，而达到净化作用，这样分离气体混合物的过程叫作“气体吸附”，分为物理吸附和化学吸附两种。物理吸附主要依靠分子间的范德华引力产生，可以单层吸附，也可以多层吸附，在较低温度下发生；化学吸附主要靠吸附剂与吸附质之间的化学键力产生，只是单层吸附。通常使用中都是针对相对封闭场所内的气体污染物去除，或将污染物体导出到固定床、流动床、沸腾床等反应器中去除。

（4）注意事项：碳材料吸附剂对去除二氧化碳、一氧化碳的效果不大，除臭也比较困难，并且吸附容易达到饱和，已经吸附的有害气体，在一定条件下又会重新释放出来。此外，吸附剂在使用一段时期以后便失去活性，必须要定期清洗或更换，所以运行费用较高。

4.3.3.4　吸收法

（1）适用范围：利用气体混合物中不同组分在吸收剂中的溶解度不同，或吸收剂发生选择性化学反应不同而将气体混合物分离，通常需要将有害气体导入吸收液中处理，理论上常见的气态污染物均可以选择适合的吸收液。

（2）材料准备：所用材料与气态污染物类型有关，例如，SO_2、HF、NO_x等可以溶于水中的污染物可以用水作为吸收液。水是最常用的吸附剂，而且价廉易得，但污染物的溶解度往往会随温度变化；碱性吸收液与酸性吸收液可以分别用于与碱或酸起反应的有害气体；另外还有有机吸收液，可以用于吸收苯和沥青烟等气体。

（3）工程实施：通常需要使用一定的抽气装置将污染气体导入吸收液中。

（4）注意事项：需要专业人员进行操作。

4.3.3.5 光催化法

（1）适用范围：诸如乙醛等挥发性有机化合物可以通过光催化剂在光催化活性与热催化活性的协作作用下得以分解。通常应用于室内气体污染物去除。

（2）材料准备：需要使用光催化剂以及气体净化器，光催化剂通常是二氧化钛。

（3）工程实施：光催化法是在光的催化下将吸收的光能直接转变为化学能，使许多通常情况下难以实现的反应在常温、常压的条件下能够顺利进行，通过由不可见光向光催化剂供应光和热的同时净化气体，可以将室内的有害气体及异味气体等通过光催化反应彻底分解为无臭、无害的产物，同时可杀灭空气中的细菌、病毒，但需要专业的气体净化器。

（4）注意事项：通常应用到室内。

4.3.3.6 静电技术

（1）适用范围：静电技术在工业除尘中的应用已有近 100 年历史，将其用于小环境的空气净化是一种较新的空气净化方法，主要针对煤灰和粉尘及含有锡、锌、铅、铝等的氧化物粉尘的净化去除。

（2）材料准备：需要提供静电除尘空气净化器等专业设备。

（3）工程实施：用于室内及一些小环境内污染物净化，通常利用专业的静电除尘空气净化器等设备，它主要是利用高压静电场形成电晕，在电晕区里有自由电子和离子逸出，这些带电粒子就会在运动中不断地碰撞和吸附到尘埃颗粒上，从而使灰尘带上电荷，荷电后的粉尘等微粒在电场力作用下，会沉积并滑落，将空气中的颗粒物和尘埃等除去，达到使空气洁净的目的。

（4）注意事项：该技术的使用会产生臭氧，而臭氧对人体是有害的，静电技术还存在吸附不彻底的缺点。

4.4 常用危险化学品环境污染应急物资

2001 年“6·5”世界环保日，原国家环保总局以环发[2001]96 号文件下发《关于开通 12369 中国环保热线的通知》，要求各级环保部门开通“12369 中国环保热线”举报电话，同时由国家环境保护部环境应急办公室、国家环境保护应急与事故调查中心及中国环境保护产业协会共同打造的环境信息网（www.12369.com.cn/或 www.12369.gov.cn/）投入运行。该网站本着面向企业、面向公众、面向政府的原则，自运营以来，一直是全国环保设备、设施厂商免费的展示和信息交流平台。该网站下的国家应急物资信息系统内收录国内环保应急物资生产企业数万家，并将各厂家地址在地图上进行了标注。表 4-2～表 4-9 分别提供了常用的便携式监测仪器、个人防护类物资、常用的各种类型污染控制类应急物资等信息。

表 4-2 常用便携式监测仪器

名 称	用 途
便携式分光光度计	水质监测，如氨氮、COD、磷、六价铬等
便携式傅立叶红外分析仪	有机物定性检测
便携式电化学分析仪	水质监测，如 pH、氨、溶解氧等
便携式荧光传感器	荧光剂监测
便携式气相-质谱联机	有机物监测
便携式重金属分析仪	重金属含量检测
便携式生物毒性分析仪	生物毒性分析
便携式 X 荧光分析仪	无损检测，测试合金材料中金属含量
便携式流量计	流量监测
走航式多普勒流量测定仪	流量监测
各类单参数测定仪	单参数监测

表 4-3 常用防护服设备

名 称	用 途
防酸服	适用于接触酸作业的人员
防碱服	适用于接触碱作业的人员
防油服	适用于接触油作业的人员
阻燃防护服	阻燃防护服在接受火焰及炽热物体后，能减缓火焰燃烧
气密型化学防护服	可防护使人员不受气体、液体和固体有害物质及悬浮物的侵袭
非气密型化学防护服	对液态和固态有毒有害化学物质防护的单件化学防护服
液密型化学防护服	防护具有较高压力液态化学物质，具有较低压力或者无压力液态化学物质

表 4-4 一些常用防护设备

分 类	名 称	用 途
头部防护装备	安全帽	防止外物导致头部受损
眼面部防护装备	一般护目镜	防机械性危险，灰尘
	防烟尘护目镜	防烟雾及粉尘
	防腐蚀液护目镜	防液体（酸、碱、感染的血液）飞溅或气体（酸、溶剂）
	防水护目镜	防液体飞溅
听力防护装备	耳塞耳罩	防止听力损失
手部防护装备	绝缘手套	防触电
	防化学品手套	防止各种化学伤害
	防酸碱手套	防酸碱

分 类	名 称	用 途
足部防护装备	防（耐）酸碱鞋（靴）	具有透水及耐酸碱性能
	耐化学品的工业用橡胶靴	适用于有酸、碱及相关化学品作业
	防热阻燃鞋（靴）	防止高温、熔融金属火花和明火等伤害足部
洗消系统	小型洗消设备	化学品沾染在身体的任何部位进行冲洗使用

表 4-5 常用呼吸防护设备

分 类	名 称	用 途
过滤式	防尘口罩	防呼吸性粉尘
	防毒口罩	防有毒蒸汽及粉尘
	过滤式防毒面具	防尘、防毒或尘毒组合防护
隔绝式	氧气呼吸器	在充满浓烟、毒气、蒸汽或缺氧的恶劣环境下使用
	空气呼吸器	在充满浓烟、毒气、蒸汽或缺氧的恶劣环境下使用
	生氧面具	缺氧环境
其他	长管呼吸器	适合各种有害物存在环境
	送风过滤式呼吸器	防尘、防毒可供选择
配品	滤毒盒	通过物理吸附和化学反应原理将空气中的粉尘、有毒有害气体除去
	滤毒罐	将空气中的粉尘、有毒有害除去
	移动供气源	密闭空间，缺氧，有毒有害气体环境

表 4-6 常用围堵物资类应急物资

分 类	名 称	用 途
沙土	沙包沙袋	质疏松，可用作液体废物泄漏后的围堵、吸收材料
	铁笼	固定装置
胶类	堵漏胶	应用于堵漏等场所
	注胶器	应用于堵漏等场所
围油栏	橡胶围油栏	适用于需长期布防围油栏防治溢油污染的场合，以及油膜较厚的重油
	PVC 围油栏	主要用于防止溢油扩散
	PU 围油栏	主要用于防止溢油扩散
	网式围油栏	主要用于防止溢油扩散
	金属围油栏	主要用于防止溢油扩散
	其他围油栏	适合在池塘、水库、内湖、河流等水域使用，特别适宜在应急中使用，还能为港口和码头、沿海水域、河流提供简洁方便的溢油防护

表 4-7　针对油类常用应急物资

分　类	名　称	用　途
吸油材料	吸油毡	柴油、石油、煤油、机器润滑油、液压油、食油、1.1.1-三氯乙烷、三氯乙烯、甲苯、二甲苯、润滑油和绝大部分有机溶剂。不适合用于：有机过氧化物、过氧化氢（30%）浓硫酸、硝酸、盐酸等强氧化物
	吸油拖栏	适用于海面溢油的围堵作业，连接方便，收放自如，能起到一定的拦截和围油的功效
	化学品吸附材料	适用于吸附等技术
储油	浮动油囊	用于水面小面积浮油暂时存储
	轻便储油管	储存回收的溢油。用于在车、船难接近的地区，装卸便捷，不需工具和平坦地基
消油	消油剂	主要用于海面或江河湖面遭到油膜污染时的清除，包括：原油、重油、润滑油、废机油、植物油、煤焦油等可流动且不能在短时间内自行挥发的油品。能迅速将水面浮油凝聚，并固化，便于打捞清除
	凝油剂	对原油、燃料油、机油、柴油、花生油等碳氢化合物有很好的凝结作用，在酸碱条件下稳定使用。广泛用于石油泄漏、水污染控制、油水分离以及危险化学品防护及应急处理等领域。主要应用范围：海洋石油泄漏、港口及水面油类及危险化学品泄漏、公路等交通运输油类及危险化学品泄漏、化工及仓储企业油类及危险化学品泄漏、实验室危险化学品泄漏、核电等含辐射油类泄漏

表 4-8　常用的吸附剂、中和剂与特殊药剂

分　类	名　称	用　途
吸附剂	活性炭	能有效吸附水中的游离氯、酚、硫、油、胶质、农药残留物和其他有机污染物；余氯、半脱氯值，以及有机溶剂的回收等
	英必思	应用于水上，针对有毒有害物质泄漏应急处置吸收材料
中和剂	石灰乳	石灰（氢氧化钙）按一定浓度配制成的乳化液，又名消石灰，是一种强碱。由于氢氧化钙溶液的腐蚀性和碱性比氢氧化钠小，所以氢氧化钙具有更广泛的应用。基本用途：用于制漂白粉，硬水软化剂，改良土壤酸性，自来水消毒澄清剂及建筑工业等
	纯碱	适用于中和酸性液体
	HCl	适用于中和碱性污水
	纯碱-消石灰	适用于中和酸性液体
	Na_2CO_3	适用于中和酸性液体
	NaOH	适用于中和酸性液体
	石灰	适用于中和酸性液体
	硫酸亚铁	还原剂

分　类	名　称	用　途
特殊药剂	Zn 粉	还原剂，针对含汞废物的泄漏覆盖
	硫黄粉	还原剂
	三氯化铁	氧化剂
	次氯酸钠	氧化剂
	液氯	氧化剂
	漂白粉	氧化剂
	硫代硫酸钠	解毒，还原剂
	多硫化钙	针对含汞废物的泄漏覆盖
	硫黄	还原剂，针对含汞废物的泄漏覆盖
	氨水	适用于中和酸性液体
	丙酮	适用于有机物的萃取
	乙醇	适用于有机物的萃取

表 4-9　常用应急物资中一些其他类型材料

分　类	名　称	用　途
絮凝剂	硫化钠	可用作絮凝剂
	氯化钙	可用作絮凝剂
固化剂	水泥	废物处理处置方面可作为固化材料
	沥青	一种防水防潮和防腐的有机胶凝材料，可作为固化材料
	热塑性材料	废物处理处置方面可作为固化材料
惰性材料	蛭石	蛭石可用作建筑材料、吸附剂、防火绝缘材料、机械润滑剂、土壤改良剂、吸附材料等
	苏打土	可用作液体废物泄漏后的围堵、吸收材料
	沙土	可用作液体废物泄漏后的围堵、吸收材料
还原剂	碳酸氢钠	适用于氰化氢的处理处置
	碳酸氢钠	将泄漏物导入其中进行还原反应
灭火剂	雾状水	驱散蒸汽云
	干粉	灭火
	泡沫	灭火
	二氧化碳	隔绝氧气灭火
装置设备类	收油机	适用于油料泄漏
	泵	抽取水或污染液体
	投药装置	用于投加药物
	水处理一体化装置	一体化污水处理设备是将一沉池，I、II 级接触氧化池，二沉池，污泥池集中一体的设备，并在 I、II 级接触氧化池中进行鼓风曝气，使接触氧化法和活性污泥法有效地结合起来，同时具备两者的优点，并克服两者的缺点，使污水处理水平进一步提高
	大气污染一体化装置	专业从事烟气除尘、脱硫脱硝装置
	固体废物一体化装置	可处理各种固体、液体工业危险废物的装置
	应急通信设备	通信
应急交通	应急车	应急车辆
	应急船	应急船只

第5章 危险化学品环境污染事故应急废物处置技术

5.1 引言

应急废物是指在危险化学品污染事故应急处理过程中产生的可收集处理的废物，包括泄漏的化学品、沾染化学品的应急物资、反应生成物、受污染的环境介质等。应急废物处置技术是指为减少或彻底消除应急废物人体危险特性及环境危害性而采取的工程措施。在国家公布的危险废物名录中，明确规定“突发性污染事故产生的废弃危险化学品及清理产生的废物”“突发性污染事故产生的危险废物污染土壤”均属于危险废物。据此规定，应对应急过程中产生的应急废物按照危险废物管理办法进行严格管理。但我国在以往的危险化学品事故环境污染应急工作中，应急废物的无害化处置工作一直未能得到足够重视，环境应急工作往往只注重事故源的控制及泄漏化学品的清理。造成这种现象的原因主要有两方面：一方面是社会各界对危险化学品事故应急工作以及事故产生的应急废物的危害性认识不足，通常将控制事故源、防治污染扩散作为危险化学品环境污染事故应急工作的重点，将泄漏物清理作为事故应急工作的结束，但对应急废物的处理处置关注的相对较少甚至根本不加重视；另一方面，依据国家危险废物名录，应急废物应属于危险废物，应该按照相关规定寻找具有相应处置资质的企业进行规范处理，但我国危险废物处置行业建立时间较短，尚不发达，许多企业处理资质不全，因此为应急废物寻找对应的处置单位存在一定难度。

事实上，在实际化学品污染事故环境应急工作中也可能产生不具备危险特性的应急废物，如某种与水互溶的有机溶剂（甲醇、乙醇等）泄漏后进入某一水体，使该水体的BOD显著升高，但废水又不具有可燃性、毒性等危险特性，这样的废水通过市政污水处理厂处理后完全可以消除其环境危害。对于该部分应急废物若按照危险废物进行处置，则会增加处置成本，耗费巨大的物力财力，若不加处置一方面会造成环境污染，另一方面也会受公众舆论的指责，对于这类应急废物较为理想的处置方法则是按照一般固体废物、城市污水等废物进行处置。因此，依据产生的应急废物是否具有危险特性，可将应急废物分为危险性应急废物和非危险性应急废物，对应的采用危险废物处理处置技术和非危险废物处理处置技术进行处理。

5.2 非危险性应急废物处置技术

化学品环境污染应急过程中产生的轻度污染应急废物，虽不具备危险特性，但仍会对环境产生危害，该类应急废物可不按照危险废物进行处理处置，但仍需进行合理处置，以消除其环境危害性。如在乙醇泄漏事故中，泄漏物进入水体，而受污染的水体又不具有可燃性，则受污染的废水经收集后可送至市政污水处理厂进行处置，这样可以大大节省应急废物处置费用。考虑到废物处理的成本，对这些不具有危险性的废物可采用市政污水处理、卫生填埋、生活垃圾焚烧等方法进行处置。

5.2.1 卫生填埋

卫生填埋是指对城市垃圾和废物在卫生填埋场进行的填埋处置，该方法可以处理应急后含低浓度有机物的固体废物。需要指出的是，卫生填埋场严格限制危险废物入场，因此采用该法处置应急废物时，一定要对废物进行严格的危险特性鉴别。

为了防止填埋废物造成周围环境污染，尤其是防止对地下水造成污染，卫生填埋场在设计上除了必须选择满足要求的水文地质结构和其他条件外，还要求在填埋场底部铺设一定厚度的黏土层或高密度聚乙烯材料的衬层。设计建造时还应对地表径流控制、沼气与渗滤液的收集和处理、监测井的布设以及最终覆盖层等方面内容加以细致考虑。在管理上要对每天填埋的废物进行压实覆盖，并特别注意封场后填埋场的维护和管理。

卫生填埋相对焚烧处理，投资和运行费用较低，但填埋场占地大，大量有机物和电池等废物的填埋，增大了卫生填埋场的防渗及渗滤液收集处理的难度，部分填埋场渗滤液处理后仍难以达标。此外，在应急废物中含有挥发性有机物时，还应仔细考量防爆要求，以确保填埋场的安全运营。

适用范围：应急产生的经鉴定无危险性的固态废物。

5.2.2 生活垃圾焚烧

生活垃圾焚烧处理是将具有热值的生活垃圾投入焚烧炉中进行焚烧，处理过程中释放出的热能可通过余热回用技术，用于供暖、发电等，从而实现垃圾减量化、资源化。该方法也可用于含低浓度有机物的固态或半固态应急废物的无害化处置。

生活垃圾焚烧处理技术是生活垃圾实现无害化、减量化和资源化的有效处理方式，其技术特点是处理量大、减容性好、无害化彻底，且可回收热能，焚烧烟气经尾气处理设施处理后排出。生活垃圾焚烧企业在正常运行中会对垃圾进行分类，将可再生的废物进行回收，不能回收的废弃物进行焚烧处理。受应急废物成分、热值等因素影响，在采用生活垃圾焚烧技术处理应急废物时应与一般生活垃圾进行配伍焚烧，以避免焚烧状态波动，影响正常运营。另外需要指出的是，生活垃圾焚烧厂多采用余热发电技术，为了对尾气余热进行充分利用，一般不对尾气采用急冷措施，从而为二噁英的再合成提供了条件。生活垃圾焚烧污染控制标准中二噁英排放浓度控制标准为 1.0 ngTEQ/m^3，比危险废物焚烧污染控制标准中的响应规定高出 1 倍，因此该方法不适宜处理含氯元素的应急废物。

适用范围：易燃或可燃危险化学品事故中产生的，受污染程度低但具有一定热值的应急废物，也可用于处理含毒害品的低浓度应急废物。

5.2.3　市政污水处理

市政污水处理即利用各种工艺技术及相应设施设备对生活及市政污水中所含污染物进行分离、分解，使污水得到净化。常用的市政污水处理技术可分为物理处理技术、化学处理技术、物理化学处理技术、生物处理技术等。一个完整的市政污水处理工艺可能包括多种污水处理技术，如沉淀技术、过滤技术、气浮技术等物理处理技术常被用作市政污水处理的预处理；高级氧化、活性炭吸附等物理化学处理技术常被用作三级处理技术。化学品突发事故造成局部水体污染或在应急过程产生的污水会对环境造成危害但又不属于危险废物，对于这样的应急污水则可考虑送至市政污水处理厂进行处置。

适用范围：应急过程中产生的各类不具有危险性的废水。

5.2.4　一般工业固体废物储存与处置场

一般工业固体废物是指未被列入《国家危险废物名录》或者根据国家有关鉴别标准、鉴别方法判定不具有危险特性的工业固体废物。一般工业固体废物分为两类：第 I 类是指按照 GB 5086 规定方法进行毒性浸出试验，浸出液中任何一种污染物的浓度均未超过 GB 8978 最高允许排放浓度，且 pH 在 6～9 范围内的一般工业固体废物；第 II 类是指按照 GB 5086 规定方法进行毒性浸出试验，浸出液中有一种或多种污染物浓度超过 GB 8978 最高允许排放浓度，或者是 pH 在 6～9 范围之外的一般工业固体废物。针对两类废物，储存、处置场的设计标准存在一定差别。一般工业固体废物储存、处置场分为一般工业固体废物储存场和一般工业废物处置场。储存场所并非为永久性处置场所，因此不建议将非危险性应急废物运送至一般工业固体废物储存场所进行处置。一般工业废物处置场是按照国家规定标准进行设计建设的永久性工业废物集中堆放场所，因此可以考虑用于处置一些符合入场要求的应急废物。

适用范围：无机无毒、无腐蚀性应急废物。

5.3　常用危险性应急废物非焚烧处置技术

焚烧处置技术是目前应用最广泛的危险废物处理处置技术，但焚烧法无法实现废物资源化，不利于实现社会效益、环境效益的可持续发展。为实现废物资源化，经济合理地处置废物，各种危险性应急废物的非焚烧处置技术不断发展。目前常用的危险废物非焚烧处置技术按处置效果可分为预处理技术和物化处理技术。预处理技术不能消除危险废物的危害特性；物化处理技术则是利用废物中主要危害成分的化学特性，或添加物的物理作用，消除废物的危害特性。

5.3.1 预处理技术

5.3.1.1 压实

对危险废物压实处理的目的有两个：一是减少其容积，便于装卸和运输；二是制取高密度惰性块料，便于储存或处理处置。

适用范围：体积大，密度小且可压缩的固态应急废物。

5.3.1.2 破碎

破碎的目的是把废物破碎成小块或粉状小颗粒，以利于物质分选。固体废物的破碎方式有机械破碎和物理破碎两种。机械破碎是借助于各种破碎机械对固体废物进行破碎。物理破碎法有低温冷冻破碎和超声破碎。低温冷冻破碎的原理是利用一些固体废物在低温（−120～−60℃）条件下脆化的性质而达到破碎的目的，常用于废塑料制品、废橡胶制品、废电线（塑料或橡胶被覆）等的破碎。

适用范围：大块固体应急废物。

5.3.1.3 分包

主要针对应急过程中产生的黏稠状且需采用焚烧法处理的应急废物。分包过程即将大量黏稠状应急废物用小木盒、塑料袋、小纸盒等容器，分成小包装，以便通过进料机投入焚烧窑炉进行焚烧处置。

适用范围：应急过程中产生的黏稠状且需采用焚烧法处理的应急废物。

5.3.1.4 萃取

溶液与对杂质有更高亲和力的另一种互不相溶的溶剂相混合，使其中某种成分分离出来的过程。

适用范围：可用萃取方法分离的液态体系。

5.3.2 物化处理技术

5.3.2.1 中和处理

中和法主要用于处理酸碱度较大且以酸碱腐蚀性为主要危害特性的环境应急废物，处理酸碱废液的浓度可高达 20%～40%，甚至更高。中和法处理后的应急废水（液）可以消除酸碱腐蚀性危害，但处理后出水含盐量较高，需要进一步处理，一般经中和处理后的酸碱废水（液）需送污水处理站进行进一步处理。

适用范围：酸性或碱性化学品环境应急废物，以酸碱腐蚀性为主要危害特性的环境应急废物。

5.3.2.2 化学沉淀法

重金属废液一般呈酸性，故采用中和沉淀（石灰乳或 NaOH）和化学沉淀（Na_2S）相结合的方式，使重金属离子转变为相应的氢氧化物或硫化物，再投加絮凝剂和助凝剂使其絮凝沉淀。以含铬（Cr^{6+}）重金属废液处理为例，目前常用的处理方法包括还原沉淀法和电解沉淀过滤法。

化学沉淀法处理含 Cr^{6+}废水，一种是通过还原法，把 Cr^{6+}还原成 Cr^{3+}，然后沉淀，该方法中含铬废水经调节池后进入还原池，在还原池中投加 H_2SO_4 控制 pH 在 2.5～3 之间，然后投加 $NaHSO_3$，将 Cr^{6+}还原成 Cr^{3+}，通过投加 NaOH 形成 $Cr(OH)_3$ 沉淀。含铬废水的另一种化学沉淀法是向废液中投加钡盐，使铬酸根生成铬酸钡沉淀。

适用范围：含重金属的液态应急废物。

5.3.2.3 电解沉淀过滤法

电解沉淀过滤法常用来处理含 Cr 电镀废水。电解过程中阳极铁板溶解成亚铁离子，在酸性条件下亚铁离子将六价铬离子还原成三价铬离子，同时由于阴极板上析出氢气，使废水 pH 逐步上升，最后呈中性，此时 Cr^{3+}、Fe^{3+}都以氢氧化物沉淀析出，电解后的出水经过初沉池、两级沉淀过滤池处理达标后排放。初沉池内填有木炭、焦炭、炉渣等填料；二级过滤池内填有无烟煤、石英砂等填料。

适用范围：含重金属的液态应急废物。

5.3.2.4 蒸馏法

蒸馏是目前应用最广的一类液体混合物分离方法，可用于有机液体化学品泄漏至水体形成的应急废物的处理。

蒸馏操作流程通常较为简单，对比吸收、萃取等方法，通过蒸馏可以直接分离获得所需的产品，有利于实现泄漏物的回收利用。蒸馏分离的适用范围广，从处理浓度范围来看，适用于各种浓度混合物的分离；从处理废物类型来看，不仅可分离液体混合物，而且可用于气态或固态混合物的分离。

蒸馏操作是通过对混合物加热建立气液两相体系，所得的气相还需要再冷凝液化，因此蒸馏操作耗能较大。此外，蒸馏分离出的有机废水仍需进行处理，处理方法同常规有机废水的处理。

适用范围：含有机化学品的液态应急废物。

5.3.2.5 氧化法

氧化法是处理含氰废物的常用方法，包括氯化法和双氧水氧化法。

氯化法是破坏废水中氰化物的较成熟的方法，其原理是采用氯气或液氯、漂白粉将废水中氰氧化成 CO_2 和 N_2 等无毒物质。与碱性氯化法相比，其除氰能力更强，一次处理合格，处理后排放污水含氰小于 0.3～0.4 mg/L；药剂消耗大幅度降低，处理成本降低，处理时间缩短。该工艺可全封闭式操作，无 Cl_2 和 CNCl 有毒气体逸出，对环境不产生二次污染。

双氧水氧化法适合处理低浓度含氰废水。H_2O_2在碱性（pH＝10～11）和有铜离子作催化剂的条件下氧化氰化物，生成CNO^-、NH_4^+等，重金属离子生成氢氧化物沉淀，铁氰络离子与其他重金属离子生成铁氰络合盐除去。

适用范围：含无机氰的应急废物。

5.3.2.6 固化/稳定化

固化技术是指在危险废物中添加固化剂，将重金属和其他危险废物固定在一种惰性不透水的基质中，通过减少废物暴露的表面积或改善废物的物理特性、结构组成，使固化产物的渗透性和溶出性大大降低，从而限制废物中的有害成分向环境介质释放，固化体中有害组分呈现化学惰性或被包裹，浸出率小于国家标准，固化物最终需要进行安全填埋处置。

稳定化技术是将有毒有害污染物转变为低溶解性、低迁移性及低毒性的物质的过程。稳定化一般可分为化学稳定化和物理稳定化，化学稳定化是通过化学反应使有毒有害化学物质变成不溶性化合物，使之在稳定的晶格内固定不动；物理稳定化是将污泥或半固体物质与一种疏松物料（如粉煤灰）混合生成一种粗颗粒的具有土壤状坚实度的固体，这种固体可以用运输机械送至处置场。实际操作中，这两种过程是同时发生的。

固化/稳定化处理要求操作过程中材料和能量消耗低，固化剂、稳定剂来源丰富，价廉易得。固化/稳定化处理后，固化体的增容率要低且应具有良好抗渗透性、抗浸入性、抗干湿性、抗冻融性等性能。按所用固化剂、稳定剂的不同，目前常用的固化/稳定化处理技术可分为：水泥基固化/稳定化法、石灰基固化/稳定化法、沥青固化/稳定化法、热塑固化/稳定化法和玻璃固化/稳定化法等。

适用范围：含重金属、毒害品甚至放射性的应急废物。

（1）水泥基固化/稳定化法：水泥是最常用的危险废物稳定剂，水泥基固化是基于水泥的水化作用和水硬胶凝作用对废物进行固化处理的一种方法。水泥是一种天然胶结材料，经过水化反应后可生成坚硬的水泥固化体。废物在一定条件下被掺入水泥的基质中，经过与水泥基质的物理作用、化学作用，从而降低废物中有毒有害成分的迁移率。水泥基固化/稳定化法是所有固化处理方法中最为经济和常用的方法。

水泥基固化/稳定化工艺技术有比较成熟的经验，是适用性最为广泛的技术之一，大量的危险废弃物都可以通过此种技术得到固化。目前，水泥基固化/稳定化技术已广泛用于处理各种废物，尤其是各种含金属（如镉、铬、铜、铅、镍、锌等）的电镀污泥，此外该工艺技术也被用于处理含有机物（如含 PCBs、油脂、氯乙烯、二氯乙烯、树脂、石棉等）的复杂废物。水泥是碱性物质，可与废酸类废物直接进行中和，由于水泥固化时需要用到水作反应剂，所以对含水量比较大的废物也适用。

（2）石灰基固化/稳定化法：该方法用石灰作为基材，粉煤灰、水泥窑灰以及熔矿炉渣等作为添加剂。水泥窑灰和粉煤灰中含有活性氧化铝和二氧化硅，能同石灰在有水存在的条件下发生反应生成硬结物质，最终形成具有一定强度的固化体。石灰基固化技术多用于处理含有硫酸盐或亚硫酸盐类泥渣，石灰固化处理所能提供的结构强度不如水泥固化，因而较少单独使用。

石灰固化使用的添加剂来源广，成本低，操作简单，不需特殊设备，处理的废物不要求完全脱水，但石灰基固化体的增容率较大且易被酸性介质侵蚀，因此要对该方法产生的固化体进行表面包覆处理并需要寻找有衬里的安全填埋场进行最终处置。

（3）沥青固化/稳定化法：该方法以沥青为固化剂与废物混合在一起，通过加热、蒸发使废物均匀地包容在沥青中，形成固化体。用于废物固化的沥青有直馏沥青、氧化沥青和乳化沥青。该方法的优点在于固化产物空隙小，致密度高，难以被水渗透，不论废物的性质和种类如何，均可得到性能稳定的固化体，并且同水泥固化相比，有害物质的渗出率更低。但由于沥青的导热性不好，加热蒸发的效率不高，废物中含水率较大时，蒸发时会有起泡现象和雾沫夹带现象，易成空气二次污染；此外，沥青具有可燃性，采用该方法时应避免操作温度过高，并采取防火措施。

（4）热塑固化/稳定化法：该方法以塑料为固化剂与有害物质按一定的配料比，并加入适量的催化剂和填料（骨料）进行搅拌混合，使其共聚合固化而将有害废物包容形成具有一定强度和稳定性的固化体。因塑料的不同可分为热塑性塑料固化和热固性塑料固化两类，热塑性塑料有聚乙烯、聚氯乙烯树脂等，热固性塑料有脲醛树脂和不饱和聚酯等。该方法的优点是增容率和固化体的密度较小，为使混合物聚合凝结仅需加入少量的催化剂，且固化体是不可燃的；缺点是塑料固化体耐老化性能较差，固化体一旦破裂，污染物渗出会污染环境，因此处理前应有容器包装，会增加处理费用，另外在混合过程中释放有害烟雾，污染周围环境，还需熟练的操作技术以保证固化质量。

一般用于处理毒性危害大的化学废物，如砷化物、氰化物。

（5）玻璃固化/稳定化法：该方法以玻璃原料为固化剂，将其与有害物质按一定的配料比混合后，在高温（900～1 200℃）下熔融，经退火后即可转化为稳定的玻璃固化体。目前较普遍采用的是磷酸盐玻璃和硼硅酸盐玻璃。玻璃固化的优点是固化体结构致密，在水、酸性、碱性水溶液中的沥滤率很低，减容系数大；缺点是工艺复杂，处理费用昂贵，设备材质要求高，由于高温操作，会产生多种有害气体。

玻璃固化法主要用于固化剧毒废物或高放射性废物。

5.3.2.7　药剂稳定化技术

药剂稳定化技术是通过药剂和重金属离子间的化学键作用，形成稳定产物，使重金属在填埋场环境下不再渗出。采用药剂稳定化工艺，虽然投资增大，运行费也会提高，但药剂稳定化处理后形成的产物可长期稳定存在，并且药剂稳定化技术增容率小，可有效利用填埋场库容。

适用范围：含重金属应急废物。

药剂稳定化技术主要有：pH 控制技术、无机硫化物沉淀技术、有机硫化物沉淀技术、有机螯合物技术、氧化还原技术。

（1）pH 控制技术：大部分金属离子的溶解度与 pH 有关，在适当的 pH 范围内，许多金属离子将形成氢氧化物沉淀。在当 pH 为 8.0～9.7 范围内时，大多数金属离子基本完成沉淀，若 pH 继续升高则会形成带负电荷的羟基络合物，溶解度反而升高。如：pH＞9.0 时的 Cu、pH＞9.2 时的 Zn、pH＞9.3 时的 Pb、pH＞10.2 时的 Ni，以及 pH＞11.1 时的 Cd 都会形成金属络合物，造成溶解度增加。采用 pH 控制技术时，向废物中加入碱性药剂，将 pH 调整到重金属离子最小溶解度的 pH 范围，一般将 pH 调到 8～9 之间。

常用的 pH 调节剂：石灰（CaO 或 $Ca(OH)_2$）、苏打（Na_2CO_3）、氢氧化钠（NaOH）等。

（2）无机硫化物沉淀技术：应用最广的药剂稳定化技术是无机硫化物沉淀技术，因为大多数重金属硫化物在所有 pH 下溶解度都大大低于其氢氧化物，但实际应用中为防止 H_2S 逸出和沉淀物再溶解，仍会将废物 pH 调节至 8 以上。为防止固化剂中的钙、铁、镁等会与废物中的重金属离子争夺硫离子，应在进行固化操作前进行无机硫化物沉淀技术。

常用无机硫化物沉淀剂：可溶性无机硫化沉淀剂（硫化钠、硫氢化钠、硫化钙），不可溶性无机硫化沉淀剂（硫化亚铁、单质硫）。

（3）有机硫化物沉淀技术：有机硫化物沉淀技术适宜的 pH 范围较大，可与重金属形成非常稳定沉淀物，可将废水和固体废物中的重金属降到很低的浓度，沉淀物具有很好的工艺性，易于沉淀、脱水、过滤等操作，主要用于处理含汞废物和焚烧余灰。

常用有机硫化物沉淀剂：二硫代氨基甲酸盐、硫脲、硫代酰胺、黄原酸盐等。

（4）有机螯合物技术：有机螯合物技术是利用高分子有机螯合剂上的二硫代羟基官能团与废物中的重金属离子形成离子键或共价键，从而生成稳定的交联网状高分子螯合物，生成物能在更宽的 pH 范围内保持稳定。例如 EDTA 对 Pb^{2+}、Cd^{2+}、Ag^{+}、Ni^{2+}、Cu^{2+}等重金属离子的去除率均达 98%以上，对 Co^{2+}、Cr^{3+}重金属离子的去除率均达 85%以上。

常用高分子有机螯合剂：多胺类、聚乙烯亚胺类等。

5.4 危险应急废物焚烧处置技术

废物焚烧处置是一个系统工程，其硬件设施包括进料系统、焚烧系统、尾气处理系统、中央控制系统等多个系统单元。焚烧炉的结构型式与废物的种类、性质和燃烧形态等因素有关，不同的焚烧方式采用不同的焚烧炉。目前技术成熟的焚烧炉主要有：炉排炉、流化床焚烧炉、回转窑焚烧炉、液体焚烧炉、固定床焚烧炉和多层床焚烧炉等。但无论采用何种焚烧炉进行危险废物处理，国家对焚烧的各个环节及最终污染物的排放，都做了严格规定。

适用范围：根据炉型不同，适用于不同形态的应急废物。

5.4.1　焚烧处置技术一般要求

危险废物焚烧处置系统应包括废物预处理及进料系统、焚烧炉、余热利用系统、烟气净化系统、残渣处理系统、自动控制和在线监测系统及其他辅助装置。

（1）设计要求：危险废物焚烧厂设计服务期限不应低于 20 年，焚烧炉的设计寿命不低于 10 年，且应有适当的处理余量，废物进料量应可调节。

（2）废物预处理要求：危险废物在焚烧处置前应对其进行前处理或特殊处理，达到进炉要求，如入炉前需根据其成分、热值等参数进行搭配，以保障焚烧炉稳定运行，降低焚烧残渣的热灼减率；搭配应注意废物间的相容性，避免不相容的废物混合后产生不良后果；入炉前应酌情进行破碎和搅拌处理，使废物混合均匀以利于焚烧炉稳定、安全、高效运行。对于含水率高的废物（如污泥、废液）可适当进行脱水处理，以降低能耗。

（3）进料系统要求：焚烧进料应采用自动进料装置，进料口应配制保持气密性的装置，以保证炉内焚烧工况的稳定；防止废物堵塞，保持进料畅通；进料系统应处于负压状态，防止有害气体逸出；液体废物进料时应充分考虑废液的腐蚀性及废液中的固体颗粒物堵塞喷嘴问题。

（4）焚烧炉要求：焚烧炉应设置防爆门或其他防爆设施，燃烧室后应设置紧急排放烟囱，并设置联动装置使其只能在事故或紧急状态时方可启动。焚烧炉所采用耐火材料的技术性能应满足焚烧炉燃烧气氛的要求，质量应满足相应的技术标准，能够承受焚烧炉工作状态的交变热应力，对于处理氟、氯等元素含量较高的危险废物，应考虑耐火材料及设备的防腐问题。含氟较高或含氯大于 5%的危险废物焚烧系统，不得采用余热锅炉降温，其尾气净化必须选择湿法净化方式。焚烧炉后应设置二次燃烧室，并保证烟气在二次燃烧室 1 100℃以上停留时间大于 2 s，整个焚烧系统运行过程中应处于负压状态，避免有害气体逸出。

（5）运行监控要求：焚烧系统必须配备自动控制和监测系统，在线显示运行工况和尾气排放参数，并能够自动反馈，对有关主要工艺参数进行自动调节，确保焚烧炉出口烟气中氧气含量达到 6%～10%（干烟气），炉渣热灼减率应小于 5%，压力监控系统应保证正常运行条件下，焚烧炉内处于负压燃烧状态。

（6）尾气净化系统要求：尾气净化技术的选择应充分考虑危险废物特性、组分和焚烧污染物产生量的变化及其物理、化学性质的影响，并应注意组合技术间的相互关联作用。根据不同的废物类型及其组分含量相应地选择湿法烟气净化、半干法烟气净化以及干法烟气净化三种方式。无论采用何种尾气净化方式，净化装置均应有可靠的防腐蚀、防磨损和防止飞灰阻塞的措施。除尘设备的选择应考虑烟气特性、除尘器的适用范围、分级效率等多重因素，建议优先选择袋式除尘器，若选择湿式除尘装置，必须配备完整的废水处理设施。对于二噁英污染物的排放，则应采用尾气净化与工艺控制相结合的方式进行。

（7）残渣处理要求：残渣处理系统应包括炉渣处理系统、飞灰处理系统。焚烧炉渣应进行特性鉴别，经鉴别后属于危险废物，应按照危险废物进行安全处置，不属于危险废物的按一般废物进行处置。产生的炉渣由处置厂进行特性鉴别分析至少 1 次/d，并保留渣样。由环境管理部门委托监测部门进行抽查鉴别分析 1 次/月。焚烧飞灰、吸附二噁英和其他有害成分的活性炭等残余物应按照危险废物进行处置，送危险废物填埋场进行安全填埋处置。

（8）其他要求：焚烧控制条件应满足国家《危险废物焚烧污染控制标准》（GB 18484—2001）中的有关规定。燃烧空气设施的能力应能满足炉内燃烧物完全燃烧的配风要求，为此风机的最大风量应为最大计算风量的 110%～120%，风量调节宜采用连续方式。辅助燃烧设施的能力除了应能满足点火启动和停炉要求外，还应能在危险废物热值较低时助燃，并有良好燃烧效率。

焚烧尾气经处理后，污染物排放应满足国家有关规定。焚烧各项污染排放限值见表 5-1。

表 5-1 危险废物焚烧炉大气污染物排放限值

污染物	不同焚烧容量时的最高允许排放浓度限值/（mg/m^3）		
	≤300 kg/h	300～2 500 kg/h	≥2 500 kg/h
烟气黑度	林格曼 I 级		
烟尘	100	80	65
一氧化碳（CO）	100	80	80
二氧化硫（SO_2）	400	300	200
氟化氢（HF）	9.0	7.0	5.0
氯化氢（HCl）	100	70	60
氮氧化物（以 NO_2 计）	500		
汞及其化合物（以 Hg 计）	0.1		
镉及其化合物（以 Cd 计）	0.1		
砷、镍及其化合物（以 As+Ni 计）	1.0		
铅及其化合物（以 Pb 计）	1.0		
铬、锡、锑、铜、锰及其化合物（以 Cr+Sn+Sb+Cu+Mn 计）	4.0		
二噁英类	0.5 ngTEQ/m^3		

随着焚烧技术的发展，危险废物焚烧炉种类日趋繁多，其炉型结构也越来越完善，常用的焚烧炉型包括：回转窑焚烧炉、液体注射式焚烧炉、流化床焚烧炉等，各种炉型的适用范围和适用条件各不相同，各种常用炉型适用情况及优缺点如下。

5.4.2　炉排型焚烧炉

机械炉排焚烧炉采用活动式炉排，是目前城市废物处理使用最为广泛的焚烧炉。焚烧炉燃烧室内放置有一系列机械炉排，通常按其功能分为干燥段、燃烧段和后燃烧段。空气沿炉排片上升，供氧均匀。废物由进料装置进入炉内，随炉排运动被导入燃烧室内。在向前运动的过程中，废物所含水分不断蒸发，到达水平燃烧炉排时被完全干燥并开始点燃。燃烧炉排运动速度不宜过快，应保证废物在达到该炉排尾端时被完全燃尽成灰渣。为了保证有害气体能够充分燃烧，废气被引入二次燃烧室内，与助燃空气充分搅拌、混合并在高温条件下完全燃烧，然后导入余热回收锅炉进行热交换。

5.4.2.1　适合焚烧的废物种类

各种生活垃圾；含有毒有害物质的污泥、泥浆；受污染土壤。

5.4.2.2　优缺点

优点：可实现连续化、自动化操作，处理量大。

缺点：造价较高；操作及维护费用高；需连续运转；操作技术要求高；粒径小于 5 mm 的废物会阻塞炉排的透气孔，影响燃烧效果；炉排处于层状燃烧状态，对燃料要求较高，处理废物时燃尽率不高。

5.4.3　流化床焚烧炉

流化床焚烧炉由一个有耐火材料为衬里的垂直容器及容器内的惰性颗粒物（一般可采用硅砂）组成，空气由焚烧炉底部的通风装置垂直向上吹入炉内，使炉内的颗粒物处于流态化状态，具有流体的特性，因此称为流化床。流化床焚烧炉通过介质的均匀传热与蓄热效果实现废物的完全燃烧，由于介质之间所能提供的孔道狭小，无法接纳较大的颗粒，因此若是处理固体废弃物，必须先破碎成小颗粒。向上的气流流速控制着颗粒流体化的程度，气流流速过大时会造成介质被上升气流带入尾气净化系统，可外装旋风集尘器将大颗粒的介质捕集再返送回炉膛内。尾气净化系统通常只需装置静电集尘器或滤袋集尘器进行悬浮微粒的去除即可。在进料口加一些石灰粉或其他碱性物质，酸性气体可在流化床内直接去除，此为流化床的另一优点。

5.4.3.1　适合焚烧的废物种类

适合于流化床焚烧炉处理的含有毒有害物质的污泥、泥浆、废液及土壤。块状物体必须经过分类、干燥、绞碎等前置处理才可以送入炉床中。固体的大小以直径不超过 2.5 cm 为原则。

5.4.3.2　优缺点

优点：内部没有移动的机械组件，维修费用低；燃烧效率高，单位体积的放热速率大，为其他焚烧炉的 5～10 倍；温度较低，过剩空气量小，燃料费用低；排气量较少，氮氧化物含量低，不需酸气去除洗涤塔，因此排气处理投资低；炉内温度分配平均，炉内保持固定的热容量，所以受进料变化的影响小；废物中的卤素及硫分可用中和剂直接喷入炉内中和。

缺点：处理块状及大形固体必须经过破碎预处理；控制系统复杂，连转时必须小心，以维持炉压、温度的分配，灰渣排除及固体进料管道易受堵塞，运转费用高；尚未普遍使用，安全、有效的操作步骤尚未完全建立；排气中粉尘含量高；大型炉体的最适设计方法及理论尚未建立，设计多根据过去的经验，偏于保守，因此先期投资较高。

5.4.4 回转窑焚烧炉

回转窑是一个略为倾斜而内衬耐火砖的钢制空心圆筒，窑体通常很长。大多数废物物料是由燃烧过程中产生的气体以及窑壁传输的热量加热的。固体废物可从前端送入窑中进行焚烧，以定速旋转来达到搅拌废物的目的。旋转时须保持适当倾斜度，以利于固体废物下滑。此外，废液及废气可以从前段、中段、后段同时配合助燃空气送入，甚至桶状废物（如污泥）也可送入回转窑焚烧炉燃烧。但这种多用途的回转窑式焚烧炉在备料及进料上较复杂。

每一座回转窑常配有多个燃烧器，可装在回转窑的前端或后端，在开机时，燃烧器负责把炉温升高到要求的温度后再开始进料，其使用的燃料可为燃料油、液化气或高热值的废液。进料方式多采用批式进料。

回转窑主要技术特点有：① 焚烧效率和燃烧强度高。回转窑焚烧炉由于炉内物料在炉体旋转作用下不停地翻滚与强湍流烟气接触，窑内气体湍流程度高，气、固体接触良好，提高了废弃物的燃烧强度。焚烧炉内温度可达到 850℃，甚至 1 100℃以上（不同类型的回转窑焚烧炉），有害成分去除分解率可达到 99.99%以上，能满足彻底无害化的要求。② 对不同组分废物的适应性强。回转窑式焚烧炉可以分别接受固体及液体进料；可以处理各种不同形状的固体、液体废物；可以处理熔点低的物质；可以将桶状或大型块状固体废物直接送入窑内处理；通过自动调节炉体的回转速度、进风量及进料量来控制垃圾的燃烧情况，因此对物理成分不同的垃圾具有很强的适应性，可以承受垃圾形态（黏度、水分、粒径）热燃值、进料量等条件变化的冲击。③ 运行可靠。由于回转窑炉体与炉膛结构的独特设计且内部无运动部件，加上耐高温材料的使用，不会因高温造成零部件损坏，可长期连续运行。

5.4.4.1 适合焚烧的废物种类

回转窑焚烧炉是一种适应性很强，能焚烧多种液体和固体废物的多用途焚烧炉，除了重金属、水或无机化合物含量高的不可燃物外，各种不同物态（固体、液体、固液混合体、黏稠体等）及形状（颗粒、粉状、块状及桶状）的可燃性废物皆可送入回转窑中焚烧。

5.4.4.2 优缺点

优点：适应性很广；易于操作；机械故障少，可以长时间连续运行；与余热锅炉连同使用可以回收热分解过程中产生的大量能量，运行和维护方便。

缺点：投资成本高；耐火砖维护费用高；过剩空气需求高；球状及桶状废物可能会快速滚出窑外，无法安全焚烧；壳体温度高，热效率较低，处理低热值废物时需要较多辅助燃料，综合性危险废物处理厂一般热值都在 3 100 kcal/kg 以上，需要辅助燃料较少，本缺点相对说来不用过多考虑。

5.4.5　液体注射式焚烧炉

液体注射式焚烧炉（以下简称液体焚烧炉）是最常见的危险废物焚烧炉，可用于处理流动性的废液、泥浆及污泥，最普遍的设计为水平或直立的圆筒。高热值废液可直接由燃烧器喷入炉内焚烧，废水及低热值废液则必须辅以燃料，以提供维持适当温度所需要的最低热量。燃烧器喷出的火焰不可直接接触炉壁，否则不仅容易产生烟雾，燃烧无法完全，且会造成炉壁的过热，或被炭黑附着，导致处理量降低。一般液体焚烧炉的放热速率在 3.8×10^5～1.14×10^6 kJ/（h·m^3）之间，配置旋涡式燃烧器的焚烧炉可达 1.5×10^6～3.8×10^6 kJ/（h·m^3），因为空气和废液先在此类燃烧器内形成高速旋涡，然后由切线方向喷出，雾化及湍流程度高，燃烧容易完全。

5.4.5.1　适合焚烧的废物种类

液体焚烧炉可以处理任何黏度低于 2×10^{-3} m^2/s（2 000 cSt①）的可燃液体废物及污泥。重金属及水分含量高的废物、无机卤液及惰性液体则不适于送入此类焚烧炉中焚烧，因为焚烧无法去除此类废物中的有毒有害物质。

5.4.5.2　优缺点

优点：可以销毁各种不同成分的液体危险废物；处理量调整幅度大；温度调节速率快；炉内中空，无移动的机械组件，维护费用低；投资费用低。

缺点：无法处理难以雾化的液体废物；必须配置不同喷雾方式的燃烧器和喷雾器，以处理各种黏度及固体悬浮物含量不同的废液。

5.4.6　固定床焚烧炉

固定床焚烧炉依照送风量的多少可分为空气过剩及空气控制式两种。空气过剩炉分为曲径炉及多燃室炉。主燃烧室的主要功能为点火、蒸发及焚烧固体废物，二次燃烧室提供足够的空气及停留时间，以确保燃烧完全，燃烧室之间以挡板隔离，挡板的位置及大小，是经过特殊设计，可以增加气体垂直及水平方向流动的搅拌程度。此类焚烧炉的炉体由耐火砖砌成，通常呈长方形或正方盒形。燃烧空气由辅助燃烧器（一次空气）及主燃烧室（二次空气）底部进入，由于空气供应量并无控制，炉内过剩空气量高，有助于燃烧完全。这种焚烧炉很难自动化或连续进料操作。它的优点为价格低，不需专人负

---

① 1 厘斯（cSt）=1 平方毫米每秒（mm^2/s）。

责操作，缺点为无法连续进料，废热无法回收，燃烧情况也无法控制，而排气中粉尘含量高，近年来已很少使用。

空气控制式焚烧炉包括两个圆筒状，内敷耐火砖的碳铜制成的燃烧室，主燃烧室内成阶梯形，每阶梯间装有输送杆，便于废物及灰渣的移动。每个燃烧室至少装置一个辅助燃烧器，以维持炉内温度。为了避免不完全燃烧气体泄漏，炉内的压力略低于炉外，主燃烧室底部装有空气孔管，以吸取炉外的空气。早期的设计中，主燃烧室内氧气含量低于完全燃烧最低需求，以热解方式初步分解弃物中有机化合物，燃烧无法完全，灰渣内的碳含量仍高达 30%，此种设计已不普遍。一般设计中，为了降低气中粉尘含量，主燃烧室的过剩空气量维持在 20%～30%，二次燃烧室内过剩空气量为 100%～140%，以确保气体完全燃烧。主燃烧室的温度控制在 760～980℃之间，二次燃烧室的温度在 900～1 100℃。

5.4.6.1 适合焚烧的废物种类

固定床焚烧炉是针对纸张等一般垃圾而设计的，因此并不十分适合危险废物的焚烧使用，但可同时焚烧固体、液体及污泥废物。

5.4.6.2 优缺点

优点：设计模组化，价格低廉；配件及附属设备易于替换，维护保养费用低；处理量低，体积小，适宜小型工厂使用。

缺点：辅助燃烧器设计量偏低，如果废物的热值低于 5 900 kJ/kg，而水分含量高达 60%以上，安装在焚烧炉的辅助燃烧器一般无法提供足够的热量，不能达到完全销毁的温度。为了降低排气中粉尘含量，主燃烧室内的空气量偏低，室内气体及固体废物的接触面小，即使辅助燃烧器可以提供足够燃烧机热值，固体废物也难以完全燃烧，因此炉灰中碳的含量仍然很高。二次燃烧室太小，一般焚烧炉二次燃烧室设计时以气体停留时间 1 s 为基准，而且空气量偏低，不足以完全氧化有机蒸汽或不完全燃烧气体。排气中含不完全燃烧有机物质，有毒有害废物中塑胶含量如聚苯乙烯、聚氯乙烯、聚乙烯等日渐增加，这些塑胶成分复杂，不完全燃烧时，会产生各种不同的有机蒸气，其中不乏有毒有害物质，这些有机物质进入烟囱冷却后，有可能相互重组，产生其他有毒有害物质。

5.4.7 多层床焚烧炉

多层床焚烧炉的炉体是一个垂直的内衬耐火材料的钢制圆筒，内部分成许多层，每层是一个炉膛。炉体中央装有一顺时针方向旋转的双筒带搅动臂的中空中心轴，搅动臂的内筒与外筒分别与中心轴的内筒和外筒相连。搅动臂上装有多个方向与每层落料口的位置相配合的搅拌齿。炉顶有固体加料口，炉底有排渣口，辅助燃烧器及废液喷嘴则装在垂直的炉壁上，每层炉壳外都有一环状空气管线以提供二次空气。多层床焚烧炉由上至下可分为三个区域：干燥区、燃烧区和冷却区。炉子上部几层为干燥区，其平均温度在 430～540℃之间，主要的作用为蒸发废物中所含的水分。在加料口进行搅拌、破碎，使表面增大从而增加干燥速度。燃烧反应主要发生在高温（760～980℃）的中间几层。废物在炉内停留时间较长，几乎可以完全燃烧。燃后的灰渣进入下部冷却区（150～300℃）与进来的冷空气进行热交换，冷却到 150℃，排出炉外。辅助燃料过量时空气率采用 50%～60%，以减少过量空气带走的热量。有些设计还包括含一个二次燃烧器以确保挥发性有机蒸气的完全燃烧。

5.4.7.1　适合焚烧的废物种类

含危险废物的污泥最适合多层床焚烧炉处理。一般液态及半流动污泥有机废物如聚氯乙烯塑胶、炼油、化学剂制药工厂的废料均可由多层床焚烧。块状或大型固体必须经磨碎、轧压等前置处理后，才可送入炉中，否则会造成出料口的堵塞及炉壁和搅拌杆的损害。尽量避免将低熔点无机盐类或金属送入炉中处理。多层床焚烧炉温度较低，不适于多氯联苯或可能产生二噁英的有机物焚烧。

5.4.7.2　优缺点

优点：多层床焚烧炉的优点是固体停留时间长，比其他焚烧炉更适于处理挥发性低、燃烧速率慢或水分含量高的物质；可以使用各种不同形态的燃料（天然气、燃料油、液化天然气、煤、焦炭）或高热值废气、废液或固体废物，以辅助燃烧；炉床层数多，热效率高，而且可在不同高度安装辅助燃烧器，以维持适当的温度分配；可以有效处理不同热值及化学特性的气、液及固态废物；运转参数的控制机情况受废物特性影响小，最低与最高处理量比例可低至 35%。

缺点：多层床焚烧炉由于固体停留时间长，炉内温度反应很慢，温度调整时间长；移动的主轴及搅拌杆易因摩擦、热疲乏及腐蚀而损坏，出料口易被炉内形成的大块物体堵塞，因此维护费用高；炉壁受间歇性进料及废物中的水分所产生的热震影响，易于损坏，耐火砖更换频繁；必须加装二次燃烧室，以分解挥发性有机物质；不适宜处理需高温焚烧的有机物或低熔点无机盐类含量高的废物。

5.4.8　焚烧处置技术选择

高温焚烧法适用于处理大量高浓度的危险废物，处置量大，可连续 24 h 工作，可以处理液态和固态危险废物，以及被污染的土壤容器等介质。焚烧过程中，产生的各种有害物（如烟气、飞灰等）需妥善处置以防产生二次污染。

除了上述常用的基本炉型外，用于处理工业废料的焚烧炉还有多膛式炉、液体喷射炉、烟雾炉、多燃烧室炉、旋风炉、螺旋燃烧炉、船用焚烧炉等小型焚烧炉。各种炉型处理固体废物的适用范围见表 5-2。

表 5-2 各种焚烧炉的适用范围

焚烧炉炉型	适用废物						
	生活废物	工业固废	污泥	泥浆	液体	烟雾	有包装废物
炉排型焚烧炉	√	—	√	—	—	—	—
回转窑焚烧炉	√	√	√	√	√	√	√
流化床焚烧炉	√	轻质	√	√	√	—	—
室焚烧炉	—	√	√	√	√	—	—
液体喷射炉	—	—	—	√	√	√	—
烟雾炉	—	—	—	—	—	√	—
多燃烧室炉	√	√	√	√	√	√	√
旋风炉	—	—	√	√	√	√	—
螺旋燃烧炉	—	√	√	√	√	√	—
船用焚烧炉	—	—	√	√	√	—	—

5.5 危险性应急废物安全填埋处置技术

填埋场是废物的一种陆地处置设施，它由若干个处置单元和构筑物组成，处置场有界限规定，主要包括废物预处理设施、废物填埋设施和渗滤液收集处理设施。目前，我国大部分危险废物填埋是在较低水平下处置的，非常容易对环境造成二次污染，全国仅深圳、沈阳、大连、天津、杭州、惠州等城市拥有符合标准的综合性危险废物集中处置场。2001 年，为贯彻《中华人民共和国固体废物污染环境防治法》，防止危险废物填埋处置对环境造成污染，在总结实践经验及借鉴国外经验的基础上，国家环境保护部与国家质量监督检验检疫总局颁布了《危险废物填埋污染控制标准》，标准从危险废物填埋场的建设、运行及监督管理三个方面，对危险废物安全填埋场在建造和运行过程中涉及的环境保护要求，包括填埋物入场条件，填埋场选址、设计、施工、运行、封场及监测等方面作了规定，使我国的危险废物安全填埋处置活动更加规范。

安全填埋场的建设在场址选择上有严格的要求，包括自然地质条件要求和社会经济条件要求两个方面，一般选择不易受自然或人为因素破坏的相对稳定的区域。由于社会经济发展，地方规划等诸多事项均受自然条件制约，因此，满足地质要求是对填埋场选址最基本的要求。

5.5.1 填埋场场址的地质条件要求

填埋场场址选择应避开如下地区：破坏性地震区及地震构造区；海啸及涌浪影响区；湿地和低洼汇水处；地应力高度集中，地面抬升或沉降速率快的地区；石灰溶洞发育带；废弃矿区或塌陷区；崩塌、岩堆、滑坡区；山洪、泥石流频发地区；活动沙丘区；尚未稳定的冲积扇及冲沟地区；高压缩性淤泥、泥炭及软土区；以及其他可能危及填埋场安全的区域。现场或其附近有充足的黏土资源以满足构筑防渗层的需要；原则上地下水位应在不透水层 3 m 以下；地质构造相对简单、稳定，没有断层，天然地层岩性相对均匀、渗透率低；场址必须位于百年一遇的洪水标高线以上。位于地下水饮用水水源地主要补给区范围之外，且下游无集中供水井。

5.5.2　填埋场场址的社会条件要求

安全填埋场的选址应进行环境影响评价，并经环境保护行政主管部门批准。填埋场场址的选择首先应符合国家及地方城乡建设总体规划要求，不应选在城市工农业发展规划区、农业保护区、自然保护区、风景名胜区、文物（考古）保护区、生活饮用水水源保护区、供水远景规划区、矿产资源储备区、长远规划水库等人工蓄水设施淹没区及其保护区、其他需要特别保护的区域内，与周边设施应保持一定距离，如场界距地表水体的距离应不小于 150 m，距飞机场、军事基地的距离应不小于 3 000 m，与居民区相距应不小于 800 m，并保证在当地气象条件下对附近居民区大气环境不产生影响。

填埋场设计建设应充分考虑服务年限，因此所选场址必须有足够大的可使用面积以保证填埋场建成后具有 10 年或更长的使用期。此外，还应充分考虑交通便捷度、运输距离、建造和运行费用等因素。

应急废物采用危险废物填埋处置技术进行处置时，废物内污染物含量应满足安全填埋场入场最高允许浓度，具体限制见表 5-3。

表 5-3　允许进入危险废弃物填埋区的控制限值　　单位：mg/L

	危险废物鉴别标准值（GB 5085.3—1996）	安全填埋场入场最高允许浓度（GB 18598—2001）
铜（以总铜计）	50	75
锌（以总锌计）	50	75
镉（以总镉计）	0.3	0.5
铅（以总铅计）	3	5
总铬	10	12
铬（六价）	1.5	2.5
烷基汞	—	0.001
汞（以总汞计）	0.05	0.25
铍（以总铍计）	0.1	0.2
钡（以总钡计）	100	150
镍（以总镍计）	10	15
砷（以总砷计）	1.5	2.5
无机氟化物（不包括氟化钙）	50	100
氰化物（以氰根计）	1	5

注：1. 表中数据摘自 GB 18598—2001 中浸出毒性的有关规定；2. 除浸出毒性外，pH 小于 7.0 和大于 12.0 的废物，本身具有反应性、易燃性的废物，含水率高于 85%的废物，液体废物也不能直接进入危险废物填埋场。

5.6 危险性应急废物处置新技术

5.6.1 水泥窑协同处置技术

1974 年，加拿大的 Lawrence 水泥厂进行了将聚氯苯基化工废料作为替代燃料用于水泥生产的实验，拉开了利用可燃性固体废物作为替代燃料用于水泥生产研究的序幕。进入 20 世纪八九十年代，水泥窑协同处置危险废物技术不断得到发展，1994 年，美国已有 37 家水泥厂处理了近 300 万 t 危险废物。2000 年后，美国水泥厂每年协同处置的工业危险废物是焚烧处理的 4 倍之多，全美 90%的液态危险废物采用水泥窑协同处置技术进行处理。其他国家，日本在 20 世纪八九十年代开始采用水泥窑协同处置技术处理大量工业废弃物和副产品，至 2001 年，日本水泥厂的废物利用量已达到 355 kg/t 水泥。2003 年，全欧洲共有 250 多家水泥厂开展固体废物协同处置业务。

在我国，水泥厂主要处理电厂粉煤灰、烟气脱硫石膏、煤矸石、钢渣等一般工业废物。自 20 世纪 90 年代上海万安水泥厂首先开展水泥窑协同处置危险废物实践以来，危险废物水泥窑协同处置技术在我国也不断得到发展。1995 年，北京水泥厂建成了国内第一条水泥窑协同处置危险废物的环保示范线，至今该厂已具备开展大规模不间断协同处置业务能力，其中危险废物年处理能力达 10 万 t。2007—2009 年，武汉华新水泥厂承担了农药废弃物水泥窑协同处置的示范项目，处理了包括甲胺磷、对硫磷等 5 种高毒农药废物，共计 1 650 余 t。

水泥窑主要有两大类，一类窑筒体卧置（略带斜度），并能作回转运动的称为回转窑（也称旋窑）；另一类窑筒体立置不转动的称为立窑。目前根据国家产业政策，禁止新建、扩建立窑生产线，逐步淘汰机立窑、立波尔窑、中空窑等落后工艺，可以用于处置危险废物的水泥窑均为回转窑。

回转窑是一种低速旋转的内衬耐火材料的钢制圆形筒体，用以煅烧水泥熟料的设备，分为干法回转窑和湿发回转窑两类。两类回转窑均是以一定斜度，依靠筒体上的轮带安放在数对托轮上，由电机拖动或液压传动，使筒体在一定转速范围内转动。生料自高端（窑尾）喂入，向低端（窑头）运动。燃料自低端吹入，产生火焰，将生料烧成熟料，烟气由窑尾排出。水泥回转窑具有温度高（1 600℃）、烟气停留时间长（可达 6 s）、炉内呈强氧化碱性气氛的特点，不仅抑制了酸性气体的排放，而且有利于破坏危险废物中的有毒有害成分。水泥窑协同处置可充分利用废物热值和矿物组成，同时实现危险废物的无害化处置。

危险废物水泥窑协同处置技术具有诸多优点，如：① 水泥窑的炉体长，废物停留时间长，可充分燃烧。② 温度高，湍流条件良好。窑内的高温气体与物料流动方向相反，湍流强烈，有利于气固相的混合、传热、传质、分解、化合、扩散。③ 碱性环境气氛，有效地抑制了酸性物质的排放。④ 无废渣排出，飞灰和炉渣都变成水泥产品，重金属离子固化到熟料中。⑤ 可以处理固体、液体、气体全部形态的废物。⑥ 投资成本小，运行成本低，水泥回转窑技术改造成本仅为新建同等处置能力焚烧工厂的 20%左右。

水泥窑处置危险废物具有诸多环境效益，但由于进行危险废物共处置的水泥生产企业需对系统排放的气体进行严格的限制，增加了原来水泥生产线的复杂程度和人力资源的消耗，增加了操作、控制的难度，这直接影响了水泥生产企业接受设备改造的积极性，但水泥窑协同处置技术作为危险废物处置技术发展的新方向将不断得到推广。目前，国内一些水泥生产企业已经取得了当地环境保护部门颁发的危险废物经营许可证，尚有若干企业在进行生产设备改造，我国已经初步具备水泥窑协同处置各类废物的生产能力。

5.6.2　电弧等离子体技术

等离子体是由大量的正、负带电粒子和电中性粒子组成的呈电中性的气体，是物质固、液、气三种存在状态之外的第四种形态。等离子体中粒子的能量一般为几个到几十电子伏特。

等离子体的分类方法有很多，根据温度和内部的热力学平衡性可将等离子体分为平衡态等离子体和非平衡态等离子体。在热力学平衡等离子体内，电子温度与离子温度相同，是一个处于热力学平衡的整体，体系温度非常高，故又称高温等离子体。最典型的例子是电感耦合等离子体（ICP）。此外，在较高电压下的火花放电和弧光放电也能获得此类等离子体。非平衡态等离子体内部的电子温度远远高于离子温度（电子温度可高达 10^4 K，而离子温度一般只有 300～500 K），系统处于热力学非平衡态，其表观温度较低，所以被称为低温等离子体。此类等离子体通常可通过气体放电得到，常见的有辉光放电、射频放电和微波放电等。

20 世纪 50 年代，等离子体技术开始应用于污染治理。由于等离子体由带正负电荷的粒子构成，具有极高反应活性与其他原子、分子碰撞后引发热化学反应较困难，甚至不能进行化学反应。

一个完整的等离子体废物焚烧系统包括进料系统、等离子体处理室、熔化产物处理系统、电极驱动及冷却密封系统等组成部分。固体废物通过进料系统进入等离子体处理室，在等离子体处理室内，有机物被分解气化，无机物则被熔化成玻璃体硅酸盐及金属产物。气化产物主要是 CO、H_2、CH_4 等可燃性气体和少量的 HF、HCl 等酸性气体。熔化产物被收集到处理器中冷却为固态，金属可回收，熔化的玻璃体可用来生产陶瓷化抗渗耐用的玻璃制品，合成气通过过滤器去除烟尘和酸气后排向大气。

等离子体的高能量密度和高温使得反应速度很快，炉内温度高于传统焚烧炉，可以更有效地分解危险废物中含有的有害物质，该方法既可以处理高浓度污染物，也可以处理低浓度污染物；处理过程中大分子有机物裂解成 CO、H_2、CH_4 等可燃性小分子气体，有回收利用的可能，但目前仍然较难满足化工、材料等工业行业需求；处置工艺尾气量小且可以有效避免二噁英的合成；炉内高温可将炉底的炉渣熔融，形成稳定性极好的玻璃体，使炉渣具有回用的可能；与焚烧等技术相比，容易达到过程的稳定状态，可以实现相对快速的启动和关闭，但非连续操作也限制了技术的大规模推广应用。此外，等离子体废物焚烧系统所需要的真空系统及外围设备增加了技术投资，设备易腐蚀造成运营成本升高，也是影响等离子体焚烧技术推广应用的重要因素。

5.6.3 危险废物其他处理处置技术

危险废物处理处置技术按其最终去向可分为处理技术和处置技术，在危险废物最终处置之前可以用多种不同的处理技术进行处理。按其处理工艺可分为物理技术、化学技术、生物技术及混合技术等；按其处理方法可分为焚烧技术、非焚烧技术、填埋技术、固化/稳定化技术等；按处理处置的废物类型可分为危险废物处理处置技术和其他特种危险废物处理处置技术等。其技术的类型都可谓多种多样，技术原理各有不同，如物理处理技术可分为压实、破碎、分选等；化学处理技术可分为还原、氧化、中和等；焚烧技术针对危险废物焚烧，焚烧炉型也各有不同；非焚烧技术又含有化学法、等离子法、热脱附法、蒸汽法等。无论危险废物处理处置技术按照何种方式进行分类，其目的都是要实现危险废物的减量化、资源化和无害化。除以上介绍的处置技术外，国内外已经应用或正在开发的一些危废处置技术如表 5-4、表 5-5 所示。

表 5-4 其他危险废物处置技术一览表（1）

技术名称	适用范围	类型	成熟度
热解工艺	所有种类危险废物	热处理技术	商业化
高温熔融技术	所有种类危险废物	热处理技术	商业化
原位热脱附	多氯联苯、二噁英和呋喃污染的土壤或底泥	热处理技术	商业化
机械化学脱氯	所有类低浓度 POPs	化学还原	商业化
碱性催化分解	所有 POPs；PCBs30%的废物；土壤、沉积物、废渣和液体；木材、纸张和变压器金属表面的多氯联苯	化学还原	商业化
钠还原	受到多氯联苯污染的变压器油，浓度上限 10 000 ppm	化学还原	商业化
气相化学还原工艺	所有 POPs，高/低浓度，水性液体和油性液体、土壤、沉积物、变压器和电容器	化学还原	商业化
超临界水氧化	所有有机污染物；液状废物、各种油类、溶剂和直径不超过 200 μm 的固体（废物的有机含量低于 20%）	化学处理	商业化
DARAMEND® 生物修复	含低浓度毒杀芬及 DDT 的土壤或沉积物	生物处理	商业化
厌氧/好氧强化堆肥	低浓度受氯丹、DDT、狄氏剂和毒杀芬污染的土壤	生物处理	商业化
厌氧菌生物修复	含低浓度毒杀芬的土壤或沉积物	生物处理	商业化
催化氢化	基本上所有低浓度液态 POPs	化学还原	示范工程

表 5-5　其他危险废物处置技术一览表（2）

技术名称	适用范围	类型	成熟度
媒介电化学氧化	氯代烃、硫及磷基，此过程还用于处理有机放射性废物	化学处理	示范工程
媒介电化学氧化	含低浓度氯丹，二噁英及 PCBs 的液体、固体及沉积物	化学处理	示范工程
电化学增强生物降解	低浓度 POPs 污染的土壤、沉积物	生物处理	示范工程
植物修复	低浓度 POPs、重金属污染的土壤、沉积物及地下水	生物处理	示范工程
Sonic 技术	高/低浓度 PCBs 污染的土壤，不适合杀虫剂	物理化学	示范工程
熔盐氧化	适用于多种难处理的废物，仅对部分杀虫剂做过示范	热处理技术	示范工程
熔渣工艺	基本上所有危险废物	热处理技术	研究阶段
熔融金属	气体、液体或粉末状废物，可能适用于所有危险废物	热处理技术	研究阶段
热脱附—氧化	高浓度 HCB 污染物	热处理技术	研究阶段
白腐真菌修复	低浓度污染土壤，如多氯联苯、二噁英和呋喃、多环芳烃、氯芬和芳香族颜料	生物处理	研究阶段
化学增强微生物降解	PCBs；基本上所有 POPs；浓度范围和处理时间未知	生物处理	研究阶段
原位土壤生物修复	DDT（2 500 ppm）	生物处理	研究阶段
酶降解	低浓度 PCBs	生物处理	研究阶段

5.7　危险化学品突发环境污染事故应急废物处置单位信息库

根据国家相关规定，危险化学品应急产生的各类废物属危险废物，应按危险废物进行管理。我国对危险废物处置企业执行危险废物经营许可证制度，各种途径产生的危险废物均需要送至具有相应资质的企业进行处理处置。危险化学品应急工作追求时效性，为能够尽快联系到具有危险废物处置能力和资质的危险废物处置企业，有必要对国内具有危险废物处置资质的企业进行统计，并将这些企业纳入国家突发环境污染应急体系中，因此本课题组对国内危险废物处置企业信息进行了充分调研，收集全国各省市具有危险废物处理处置资质的企业近 1 400 家，收集的信息包括处置企业所占地、处置资质、处置能力及联系方式。在危险废物处理处置企业信息收集的基础上，课题组对国家《危险化学品名录》内的 3 800 余种危险化学品进行了分类，建立了危险化学品事故应急废物与《国家危险废物名录》中危险废物分类的对应关系，为快速寻找各种化学品事故应急废物的处理处置单位提供了途径。本信息库中根据名录对应、性质对应、处置方法对应规定了危险化学品事故应急废物可能归属的危险废物类别，并可依次寻找相应的处置单位。由于在信息库中可以迅速寻得应急废物处置单位，从而为定量考虑应急废物的运输成本、运输风险提供了可能，因此本信息库也为应急处置技术筛选与评估提供了技术支撑。

国内各省市大型危险废物处置中心基本信息见表 5-6～表 5-10。

表 5-6　国内各省市大型危险废物处置单位基本信息（1）

序号	企业名称	联系电话	单位地址	危险废物的种类
1	黄石凯程环保开发有限公司	0714-6333358	湖北黄石市石料山朱家嘴 47 号	HW03.HW13.HW17.HW22-24.HW27.HW31.HW34.HW37.HW39.HW46
2	襄樊金力环保工程有限公司	0710-3323031	湖北省襄樊市襄城区米庄镇汽车产业开发区内	HW04.HW06.HW08.HW09.HW11-13.HW17.HW35.HW37.HW39.HW40.HW42.HW45
3	合佳威立雅环境服务有限公司	022-28569809	天津市津南区北闸口镇二八路 69 号	HW01-14.HW16-49
4	武汉汉氏环保工程有限公司	13807180380	武汉市黄浦大街 259 号天梨阁北苑 3 单元 7 楼 703 室	HW02.HW03.HW06.HW08.HW09.HW11-13.HW17.HW22.HW38-42
5	北京金隅红树林环保技术有限责任公司	010-60755475	北京市昌平区马池口北小营村东	HW02-09.HW11-14.HW16-19.HW24.HW32-35.HW37-40.HW42-44.HW47.HW49
6	北京生态岛科技有限责任公司	010-80332598	北京市房山区窦店镇亚新路 33 号	HW02-09.HW11-14.HW16-18.HW20-42.HW45-49
7	伟翔环保科技发展（上海）有限公司	021-69526622	上海市嘉定工业区回城南路 2358 号	HW13.HW16-17.HW21-23.HW31.HW33-35.HW46.HW49
8	上海新金桥环保有限公司	021-58387009	上海市浦东新区川桥路 1755 号	HW03.HW06.HW08.HW09.HW12.HW13.HW16.HW17.HW22.HW25.HW29.HW34.HW35.HW42.HW49
9	上海市固体废物处置中心	021-59962395	上海市嘉定区嘉朱公路 2491 号	HW04.HW06.HW07.HW17.HW20-29.HW31-36.HW46-49
10	上海宏腾环保工程有限公司	021-57606018	上海市松江区申港路 3701 弄 100 号	HW02-04.HW06.HW08.HW09.HW11-13.HW37.HW39.HW40.HW42.HW45.HW49
11	上海星月环保服务有限公司	021-64903625	上海市闵行区元江路 3198 号	HW02-04.HW06.HW08.HW09.HW11-13.HW35.HW37.HW39-42.HW49

表 5-7　国内各省市大型危险废物处置单位基本信息（2）

序号	企业名称	联系电话	单位地址	危险废物的种类
12	上海洁申实业有限公司	021-33886078	上海市奉贤区奉城镇爱民村 502 号	HW02.HW03.HW06.HW08.HW09.HW11-13.HW16.HW22.HW24.HW33-35.HW38-40.HW42.HW45
13	泰鼎（天津）环保科技有限公司	022-67160796	天津经济技术开发区汉沽现代产业园华山路 11 号	HW13.HW17.HW22.HW23.HW25.HW26.HW29.HW31.HW46.HW49
14	镇江新宇固体废物处置有限公司	0511-83354805	江苏省镇江新区化工片区	HW02-06.HW08.HW09.HW11-13.HW16.HW33.HW35.HW38.HW39.HW41.HW42.HW45
15	无锡市工业废物安全处置有限公司	0510-85517178	江苏省无锡市青龙山村（桃花山）	HW02-HW06.HW08.HW09.HW11-13.HW16.HW17.HW19.HW21-26.HW31.HW32.HW34-42.HW45-47.HW49
16	常州市安耐得工业废弃物处置有限公司	0519-86763103	江苏省常州市新北区春江镇魏村江边工业园	HW02-09.HW11-13.HW16.HW17.HW19.HW21-25.HW29.HW31-42.HW45-47
17	吴江市绿怡固废回收处置有限公司	0512-63401666	江苏省吴江市松陵镇庞东村	HW01-06.HW08.HW09.HW11-13.HW16.HW17.HW20-24.HW26.HW30-35.HW37-42.HW45-47.HW49
18	南京汇丰废弃物处理有限公司	025-84120519	江苏省南京市江宁区麒麟镇轿子山路 888 号	HW02-06.HW08.HW09.HW11-13.HW16.HW17.HW35.HW37-42.HW45.HW49
19	苏州新区环保服务中心	0512-68079001	江苏省苏州新区黄山村苏留路旁	HW04.HW06.HW08.HW09.HW11-13.HW16.HW17.HW22.HW23.HW31.HW33-35.HW37-42.HW46.HW49
20	苏州市荣望环保科技有限公司	0512-65796001	江苏省苏州市相城区潘阳工业园	HW02-04.HW06.HW08.HW11-13.HW16.HW17.HW21.HW22.HW31.HW33-25.HW38-40.HW49
21	苏州工业园区和顺企业环保服务有限公司	0512-62863658	江苏省苏州工业园区斜塘淞江路 9 号	HW02-06.HW08.HW09.HW11-13.HW16.HW17.HW21.HW22.HW31.HW34.HW35.HW38-42.HW45.HW46.HW49
22	苏州新区星火环境净化有限公司	0512-68780880	江苏省苏州高新区狮山路 99 号	HW06.HW09.HW12.HW13.HW17.HW21-23.HW26.HW31.HW32.HW34.HW35.HW42.HW46.HW49

表 5-8　国内各省市大型危险废物处置单位基本信息（3）

序号	企业名称	联系电话	单位地址	危险废物的种类
23	绍兴华鑫环保科技有限公司	0575-85623560	浙江省绍兴县滨海工业区征海路	HW02-06.HW08.HW09.HW11-14.HW16-19.HW21.HW22.HW34.HW37.HW39.HW42.HW49
24	宁波市北仑环保固废处置有限公司	0574-86784999	浙江省宁波北仑白峰长浦	HW03-06.HW08.HW09.HW11-13.HW16-18.HW20-28.HW30-32.HW34-42.HW45-49
25	厦门绿洲环保产业股份有限公司	0592-6518282	福建省厦门市湖滨南路258号鸿翔大厦20楼D、E座	HW03.HW06.HW08.HW09.HW11-13.HW16.HW37.HW39.HW41.HW42.HW45
26	厦门盛煌环保产业有限公司	13906048338	福建省厦门市海沧区东孚镇洪塘村4号	HW06.HW08.HW12.HW13.HW16.HW17.HW21-23.HW26.HW31.HW34.HW35.HW42.HW46
27	鑫广绿环再生资源股份有限公司	0535-6383888	山东省烟台资源再生加工示范区	HW04-09.HW11-14.HW16-17.HW21-24.HW26.HW31-39.HW41.42.HW46.HW49
28	济南瀚洋固废处置有限公司	0531-88732586	济南市历城区华龙路 1825 号嘉恒大厦B座1404	HW02.HW04.HW06.HW08.HW09.HW11-13.HW16.HW17.HW38-42.HW45
29	青岛新天地固体废物综合处置有限公司	0532-82868606	山东省莱西市姜山镇宋家泽口村	HW01-09.HW11-HW14.HW16-42.HW45-49
30	广州绿由工业弃置废物回收处理有限公司	020-84968082	广州市南沙区横沥镇合兴路 56 号（横沥所）	HW02-04.HW06-09.HW11-13.HW16.HW17.HW32-35.HW39.HW41.HW42.HW49
31	深圳市危险废物处理站有限公司	0755-83971953	深圳市福田区下梅林龙尾路181号	HW04.HW06.HW09.HW12-14.HW16-19.HW21-28.HW31-36.HW38.HW46-49
32	东江环保股份有限公司	0755-27264595	深圳市南山区高新区北区朗山路9号东江环保大楼	HW06.HW08.HW09.HW12.HW17.HW21.HW22.HW31.HW33-35.HW40-42.HW46.HW48.HW49
33	大连东泰产业废弃物处理有限公司	13304114662	大连开发区淮河西路 1 号	HW04-09.HW11-42.HW45-47
34	沈阳振兴固体废物处置有限公司	13940124139	沈阳市新城子区虎石台镇文六路	HW02-09.HW111-14.HW116-42.HW45-49

表 5-9　国内各省市大型危险废物处置单位基本信息（4）

序号	企业名称	联系电话	单位地址	危险废物的种类
35	辽宁牧昌危险废物处置有限公司	0410-23256699	辽宁省铁岭县横道河子乡上石村	HW01-08.HW11-14.HW17-32.HW37-42.HW45-49
36	河北中润生态环保有限公司	0311-85468995	石家庄市窦妪工业区	HW02-04.HW06.HW08.HW09.HW11-13.HW37.HW38.HW40.HW42
37	石家庄龙腾环保服务有限公司	13803115968	石家庄市栾城县东客村	HW02-06.HW08.HW09.HW11-14.HW16.HW37-42.HW45
38	秦皇岛市抚宁徐山口危险物品处理站	13383358333	秦皇岛市抚宁县徐山口村	HW02.HW03.HW06-09.HW11-13.HW16-18.HW21-23.HW31.HW33-35.HW42.HW46.HW49
39	河北金隅红树林环保技术有限责任公司	18611717585	河北省三河市高楼镇孤山东山西村东	HW02-04.HW06.HW08.HW09.HW11-13.HW16-18.HW33-35.HW38.HW40.HW42.HW49
40	河北风华环保服务有限责任公司	0312-4525333	河北省涞水县义安镇北白堡村	HW02-04.HW06.HW08.HW09.HW11-13.HW16.HW17.HW22.HW23.HW33-35.HW40-42.HW49
41	哈尔滨工业废物交换中心	15204669060	哈尔滨市呼兰区利民开发区水利村	HW02-04.HW06.HW09.HW14.HW42
42	吉林省蓝天固废处理中心有限公司	13351509958	长春市二道区英俊乡苇子沟村	HW01-09.HW11-14.HW16-28.HW30-49
43	太原狮头集团废物处置有限公司	0351-2857302	太原市万柏林区开城街 1 号	HW02-09.HW11-14.HW16-19.HW24.HW31-35.HW37-40.HW42.HW46.HW47
44	江西康泰环保股份有限公司	0791-8382526	江西省共青城市甘露镇坪塘村	HW03.HW04.HW06-09.HW11-13.HW16.HW17.HW21-24.HW29.HW31-36.HW42.HW46.HW48.HW49
45	江西创合崇生环境科技有限公司	0797--3240333	江西省信丰县工业园星村大道	HW06.HW17.HW22.HW34.HW35.HW41.HW46.HW49
46	新疆金塔有色金属有限公司	0991-3333885；13999223002	乌鲁木齐市河南东路 526 号金辰大厦 1 单元 15 D 号	HW06.HW22.HW31.HW38.HW46.HW48
47	成都市固体废物治理站		成都市新都区大丰镇	HW02-09.HW11-28.HW30.HW32-45.HW47-49

表 5-10 国内各省市大型危险废物处置单位基本信息（5）

序号	企业名称	联系电话	单位地址	危险废物的种类
48	宜宾市青清废弃物治理有限公司	0831-3530885	宜宾市翠屏区象鼻镇方水井	HW03.HW09.HW12.HW13.HW16.HW22.HW25.HW31.HW35.HW36.HW41.HW42.HW46.HW47
49	贵州中佳环保有限公司		贵州省黔南州龙里县龙山镇莲花村	HW02-49
50	贵阳市城投环境资产投资管理有限公司	0851-6401005	贵州省贵阳市修文县小箐乡上半沟组	HW02-28.HW30-49
51	陕西新天地固体废物处置中心	13709268212	咸阳市礼泉县西张堡镇	HW01.HW03-49
52	陕西宝润环保有限公司	029-82481846	西安蓝田县华胥镇惠佳斜村	HW03.HW04.HW08.HW09.HW12.HW34.HW42.HW49
53	陕西康泰物资回收处理有限公司	13881820700	西安市灞桥镇东西临路一号	HW08.HW09.HW16.HW17.HW34.HW42.HW49
54	甘肃省危险废物处置中心（原甘肃金创绿丰环境技术有限公司）	0931-6890068	甘肃省兰州市永登县树屏镇河沿沟甘肃省危险废物处置中心	HW01-13.HW16-42.HW45-49
55	西北矿冶研究院	0943-8221270	甘肃省白银市白银区人民路 19 号	HW06.HW13.HW19.HW21-33.HW37-39.HW46
56	重庆市天志环保有限公司	023-40766104	重庆市长寿危险废物处置场（长寿化工园区内）重庆市主城区危险废物中转场（铜梁西泉）	HW02-09.HW11-28.HW30-49
57	重庆市利特环保工程有限公司	13808339386	重庆经济技术开发区经开园礼嘉镇白马新村 B2-1	HW06.HW08.HW12.HW13.HW15-17.HW21.HW22.HW31.HW33-35.HW42.HW46.HW49
58	宁夏危险废物和医疗废物处置中心（有限公司）	0951-4594986	宁夏灵武市东塔乡东山坡 307 国道 1283 号路桩北侧	HW01-13.HW16.HW17.HW20-24.HW26-42.HW45.HW47.HW48
59	柳州金太阳工业废物处置有限公司	0772-2620823	柳州市柳南区太阳村镇柳太路 62 号	HW02-09.HW11-14.HW17-19.HW32-35.HW37-40.HW42.HW49

118 危险化学品环境污染事故应急处置实用技术

第6章

危险化学品环境污染事故应急处理处置技术方案库

危险化学品环境污染事故所造成的影响与损失往往相当惊人。危险化学品事故发生后，如果不能及时有效地控制事态，往往会导致二次污染事故的发生，产生更加严重的后果。因此，在环境污染事故发生后，应及时采取有效的处理处置技术，控制其影响，并消除污染。针对不同的危险化学品，依据其物理与化学性质，所发生事故的污染情况，化学品污染事故现场实际情形，有针对性地构建环境污染事故应急处理处置技术方案库，无论对于涉及危险化学品企业的危险防范，还是对于危险化学品事故的处理处置都有着极其重要的意义。

6.1 危险化学品环境污染事故树

依据危险化学品本身特性和环境污染事故的不同特点构建出环境污染事故应急处理处置技术树，如图 6-1 所示。该技术树中涵盖了危险化学品可能发生的若干种环境污染事故情形，为了能够更好地为环境污染事故应急提供决策支持，针对技术树中的若干种环境污染事故情形给出了相对应的成套处理处置技术方案。在划分环境污染事故情形时依据 2005 年联合国所公布的《全球化学品统一分类和标签制度》(GHS 文件)，我国颁布实行的《化学品分类和危险性公示通则》(GB 13690—2009)，同时参考了《危险货物名表》(GB 12268—2012）与《危险化学品名录（2002 版)》中所给出的危险化学品分类方法，选取了发生事故较多的 3 660 种化学品，首先按物理危险性划分为爆炸品、压缩液化气体、易燃液体、易燃固体（包括自燃物品和遇湿易燃物品)、氧化剂和有机过氧化物、毒害品与感染性物品、腐蚀品七大类；其次将划分后的化学品按事故中污染的介质归类到土壤、空气、水体三大类；最后对于污染土壤与水体的化学品按固体与液体进行归类，对于进入水体中化学品，归纳为溶解、漂浮、沉淀三种状态，需要说明的是与水体发生化学反应的化学品，按最终稳定产物的类型进行情形归类。

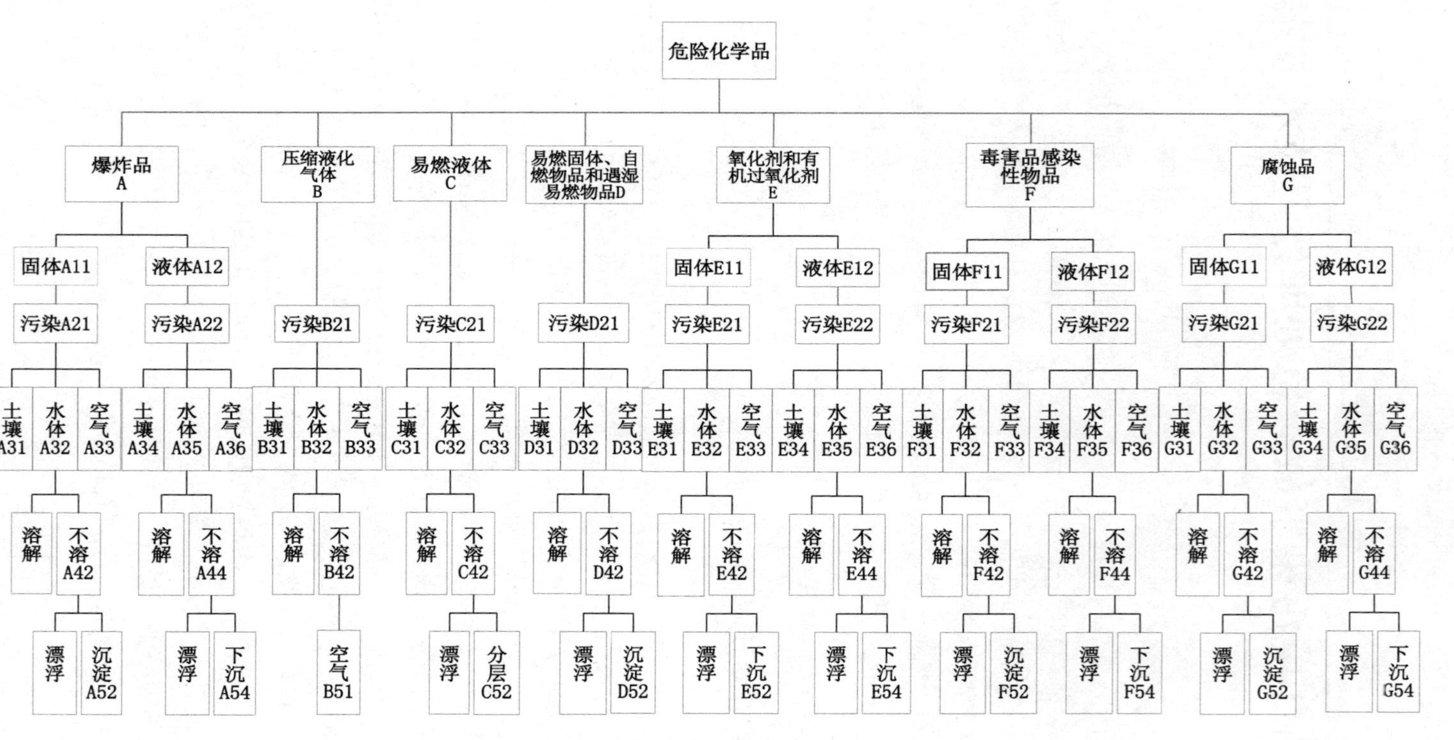

图 6-1　危险化学品环境污染事故树

注：1. 图中 A、B、C、D、E、F、G 分别对应爆炸品、压缩气体和液化气体、易燃液体、易燃固体（包括自燃物品和遇湿易燃物品）、氧化剂和有机过氧化物、毒害品与感染性物品、腐蚀品这七类化学品。2. 两位数编号中第一位数字代表所在层数，第二位数字代表的是所在分类中同一层的排序。

6.2　环境污染事故应急处理处置技术方案库

环境污染事故按处理处置的不同阶段将应急处理处置技术划分为污染源控制技术、污染物防扩散技术、污染物消除技术和应急废物处置技术，一套完整的技术方案至少应该包含这四个方面技术。将获得的 54 个可能的污染事故情形与危险化学品环境污染事故应急处理处置技术相对应，最终构成危险化学品环境污染应急处理处置技术方案库，这样当发生危险化学品环境污染事故时可根据现场实际情形和条件在技术方案库中获得所需要的技术方案。

6.2.1　爆炸品类事故应急处理处置技术方案

爆炸品类危险化学品可能发生的事故类型有如下 10 种，下面表 6-1～表 6-10 分别列出所对应的处理处置技术方案。

6.2.1.1　危险化学品—爆炸品 A—固体 A11—污染 A21—土壤 A31

表 6-1　爆炸品应急处理处置技术方案（1）

<table>
<tr><th rowspan="2">污染源
控制技术</th><th rowspan="2">污染物
防扩散技术</th><th rowspan="2">污染物
消除技术</th><th colspan="3">应急废物处置技术</th></tr>
<tr><th>应急废物</th><th>废物类型</th><th>处置技术</th></tr>
<tr><td rowspan="14">1 堵漏
2 工艺措施
3 倒罐
4 外加包装
5 转移
6 引爆</td><td rowspan="14">1 修筑围堤
2 挖掘沟槽</td><td rowspan="14">1 覆盖/吸附
2 喷水雾
3 固化/稳定化
4 转移
5 生物处理</td><td rowspan="5">稳定化废物</td><td rowspan="2">危险废物</td><td>1 专业工程兵处理</td></tr>
<tr><td>2 安全填埋</td></tr>
<tr><td rowspan="3">非危险废物</td><td>1 生活垃圾填埋</td></tr>
<tr><td>2 一般工业废物填埋</td></tr>
<tr><td>3 烧制建材</td></tr>
<tr><td rowspan="6">废覆盖材料/
吸附剂</td><td rowspan="3">危险废物</td><td>1 专业工程兵处理</td></tr>
<tr><td>2 焚烧处置</td></tr>
<tr><td>3 水泥窑共处置</td></tr>
<tr><td rowspan="3">非危险废物</td><td>1 生活垃圾填埋</td></tr>
<tr><td>2 一般工业废物填埋</td></tr>
<tr><td>3 烧制建材</td></tr>
<tr><td rowspan="3">废水</td><td rowspan="2">危险废物</td><td>1 焚烧处置</td></tr>
<tr><td>2 水泥窑共处置</td></tr>
<tr><td>非危险废物</td><td>市政污水处理</td></tr>
</table>

6.2.1.2 危险化学品—爆炸品 A—固体 A11—污染 A21—水体 A32—溶解 A41

表 6-2 爆炸品应急处理处置技术方案（2）

污染源控制技术	污染物防扩散技术	污染物消除技术	应急废物处置技术		
			应急废物	废物类型	处置技术
1 堵漏 2 工艺措施 3 倒罐 4 外加包装 5 转移 6 引爆	1 修筑水坝 2 设置密封水栅 3 挖掘沟槽/人工导流	1 吸附 2 转移 3 氧化技术 4 混凝/沉淀法 5 生物处理	废吸附剂	危险废物	1 焚烧处置
					2 水泥窑共处置
					3 专业工程兵处理
				非危险废物	1 生活垃圾焚烧
					2 生活垃圾填埋
					3 一般工业废物填埋
					4 烧制建材
			沉淀物	危险废物	1 焚烧处置
					2 水泥窑共处置
					3 专业工程兵处理
				非危险废物	1 生活垃圾焚烧
					2 生活垃圾填埋
					3 一般工业废物填埋
					4 烧制建材

6.2.1.3 危险化学品—爆炸品 A—固体 A11—污染 A21—水体 A32—不溶 A42—漂浮 A51

表 6-3 爆炸品应急处理处置技术方案（3）

污染源控制技术	污染物防扩散技术	污染物消除技术	应急废物处置技术		
			应急废物	废物类型	处置技术
1 堵漏 2 工艺措施 3 倒罐 4 外加包装 5 转移 6 引爆	1 修筑水坝 2 设置密封水栅 3 挖掘沟槽/人工导流	1 吸附 2 撇取法 3 抽取法	废吸附剂	危险废物	1 焚烧处置
					2 水泥窑共处置
					3 专业工程兵处理
				非危险废物	1 生活垃圾焚烧
					2 生活垃圾填埋
					3 一般工业废物填埋
			废水	危险废物	1 物化处理
					2 焚烧处置
					3 水泥窑共处置
					4 专业工程兵处理
				非危险废物	市政污水处理

6.2.1.4 危险化学品—爆炸品 A—固体 A11—污染 A21—水体 A32—不溶 A42—沉淀 A52

表 6-4 爆炸品应急处理处置技术方案（4）

<table>
<tr><th rowspan="2">污染源
控制技术</th><th rowspan="2">污染物
防扩散技术</th><th rowspan="2">污染物
消除技术</th><th colspan="3">应急废物处置技术</th></tr>
<tr><th>应急废物</th><th>废物类型</th><th>处置技术</th></tr>
<tr><td rowspan="12">1 堵漏
2 工艺措施
3 倒罐
4 外加包装
5 转移
6 引爆</td><td rowspan="12">1 修筑水坝
2 设置密封水栅
3 挖掘沟槽/人工导流</td><td rowspan="12">1 抽取法
2 清淤
3 生物处理</td><td rowspan="5">废水</td><td rowspan="4">危险废物</td><td>1 物化处理</td></tr>
<tr><td>2 焚烧处置</td></tr>
<tr><td>3 水泥窑共处置</td></tr>
<tr><td>4 专业工程兵处理</td></tr>
<tr><td>非危险废物</td><td>市政污水处理</td></tr>
<tr><td rowspan="7">污染底泥</td><td rowspan="3">危险废物</td><td>1 焚烧处置</td></tr>
<tr><td>2 水泥窑共处置</td></tr>
<tr><td>3 专业工程兵处理</td></tr>
<tr><td rowspan="4">非危险废物</td><td>1 生活垃圾焚烧</td></tr>
<tr><td>2 一般工业废物填埋</td></tr>
<tr><td>3 生活垃圾填埋</td></tr>
<tr><td>4 烧制建材</td></tr>
</table>

6.2.1.5 危险化学品—爆炸品 A—固体 A11—污染 A21—空气 A33

表 6-5 爆炸品应急处理处置技术方案（5）

<table>
<tr><th rowspan="2">污染源
控制技术</th><th rowspan="2">污染物
防扩散技术</th><th rowspan="2">污染物
消除技术</th><th colspan="3">应急废物处置技术</th></tr>
<tr><th>应急废物</th><th>废物类型</th><th>处置技术</th></tr>
<tr><td rowspan="17">1 堵漏
2 工艺措施
3 倒罐
4 外加包装
5 转移
6 引爆</td><td rowspan="17">1 覆盖
2 降温冷却</td><td rowspan="17">1 通风
2 喷水雾
3 物理吸附</td><td rowspan="6">废覆盖材料</td><td rowspan="3">危险废物</td><td>1 焚烧处置</td></tr>
<tr><td>2 水泥窑共处置</td></tr>
<tr><td>3 专业工程兵处理</td></tr>
<tr><td rowspan="3">非危险废物</td><td>1 生活垃圾焚烧</td></tr>
<tr><td>2 一般工业废物填埋</td></tr>
<tr><td>3 生活垃圾填埋</td></tr>
<tr><td rowspan="5">污染废水</td><td rowspan="4">危险废物</td><td>1 专业工程兵处理</td></tr>
<tr><td>2 焚烧处置</td></tr>
<tr><td>3 水泥窑共处置</td></tr>
<tr><td>4 物化处理</td></tr>
<tr><td>非危险废物</td><td>市政污水处理</td></tr>
<tr><td rowspan="6">废吸附剂</td><td rowspan="3">危险废物</td><td>1 焚烧处置</td></tr>
<tr><td>2 水泥窑共处置</td></tr>
<tr><td>3 专业工程兵处理</td></tr>
<tr><td rowspan="3">非危险废物</td><td>1 生活垃圾焚烧</td></tr>
<tr><td>2 一般工业废物填埋</td></tr>
<tr><td>3 生活垃圾填埋</td></tr>
</table>

6.2.1.6 危险化学品—爆炸品 A—液体 A12—污染 A22—土壤 A34

表 6-6 爆炸品应急处理处置技术方案（6）

污染源控制技术	污染物防扩散技术	污染物消除技术	应急废物处置技术		
			应急废物	废物类型	处置技术
1 堵漏 2 工艺措施 3 倒罐 4 外加包装 5 转移 6 引爆	1 修筑围堤 2 挖掘沟槽/人工导流 3 使用土壤密封剂	1 吸附 2 覆盖/吸收 3 转移 4 固化/稳定化 5 生物处理	废覆盖材料/吸附剂	危险废物	1 焚烧处置
					2 水泥窑共处置
					3 专业工程兵处理
				非危险废物	1 生活垃圾焚烧
					2 一般工业废物填埋
					3 生活垃圾填埋
			废吸附剂	危险废物	1 焚烧处置
					2 水泥窑共处置
					3 专业工程兵处理
				非危险废物	1 生活垃圾焚烧
					2 生活垃圾填埋
					3 一般工业废物填埋
			稳定化废物	危险废物	1 专业工程兵处理
					2 安全填埋
				非危险废物	1 生活垃圾焚烧
					2 生活垃圾填埋
					3 一般工业废物填埋

6.2.1.7 危险化学品—爆炸品 A—液体 A12—污染 A22—水体 A35—溶解 A43

表 6-7 爆炸品应急处理处置技术方案（7）

污染源控制技术	污染物防扩散技术	污染物消除技术	应急废物处置技术		
			应急废物	废物类型	处置技术
1 堵漏 2 工艺措施 3 倒罐 4 外加包装 5 转移 6 引爆	1 修筑水坝 2 设置密封水栅 3 挖掘沟槽/人工导流	1 吸附 2 氧化技术 3 混凝/沉淀 4 生物处理	废吸附剂	危险废物	1 焚烧处置
					2 水泥窑共处置
					3 专业工程兵处理
				非危险废物	1 生活垃圾焚烧
					2 一般工业废物填埋
					3 生活垃圾填埋
			沉淀物	危险废物	1 焚烧处置
					2 水泥窑共处置
					3 专业工程兵处理
				非危险废物	1 生活垃圾焚烧
					2 一般工业废物填埋
					3 生活垃圾填埋
			废水	危险废物	1 物化处理
					2 焚烧处置
					3 水泥窑共处置
					4 专业工程兵处理
				非危险废物	市政污水处理

6.2.1.8　危险化学品—爆炸品 A—液体 A12—污染 A22—水体 A35—不溶 A44—漂浮 A53

表 6-8　爆炸品应急处理处置技术方案（8）

污染源控制技术	污染物防扩散技术	污染物消除技术	应急废物处置技术		
			应急废物	废物类型	处置技术
1 堵漏 2 工艺措施 3 倒罐 4 外加包装 5 转移 6 引爆	1 修筑水坝 2 设置表面水栅 3 挖掘沟槽/人工导流	1 撇取法 2 抽取法 3 吸附 4 生物处理 5 氧化技术	废水	危险废物	1 物化处理
					2 焚烧处置
					3 水泥窑共处置
					4 专业工程兵处理
				非危险废物	市政污水处理
			废吸附剂	危险废物	1 焚烧处置
					2 水泥窑共处置
					3 专业工程兵处理
				非危险废物	1 生活垃圾焚烧
					2 一般工业废物填埋
					3 生活垃圾填埋

6.2.1.9　危险化学品—爆炸品 A—液体 A12—污染 A22—水体 A35—不溶 A44—下沉 A54

表 6-9　爆炸品应急处理处置技术方案（9）

污染源控制技术	污染物防扩散技术	污染物消除技术	应急废物处置技术		
			应急废物	废物类型	处置技术
1 堵漏 2 工艺措施 3 倒罐 4 外加包装 5 转移 6 引爆	1 修筑水坝 2 设置密封水栅 3 挖掘沟槽/人工导流	1 抽取法 2 清淤 3 氧化技术 4 生物处理	废水	危险废物	1 物化处理
					2 焚烧处置
					3 水泥窑共处置
					4 专业工程兵处理
				非危险废物	市政污水处理
			污染底泥	危险废物	1 焚烧处置
					2 水泥窑共处置
					3 专业工程兵处理
				非危险废物	1 生活垃圾焚烧
					2 一般工业废物填埋
					3 生活垃圾填埋
					4 烧制建材

6.2.1.10 危险化学品—爆炸品 A—固体 A11—污染 A21—空气 A36

表 6-10 爆炸品应急处理处置技术方案（10）

污染源控制技术	污染物防扩散技术	污染物消除技术	应急废物处置技术		
			应急废物	废物类型	处置技术
1 堵漏 2 工艺措施 3 倒罐 4 外加包装 5 转移 6 引爆	1 覆盖 2 降温冷却	1 物理吸附法 2 覆盖/吸收 3 喷水雾 4 通风	废覆盖材料	危险废物	1 焚烧处置 2 水泥窑共处置 3 专业工程兵处理
				非危险废物	1 生活垃圾焚烧 2 一般工业废物填埋 3 生活垃圾填埋
			污染废水	危险废物	1 物化处理 2 焚烧处置 3 水泥窑共处置 4 专业工程兵处理
				非危险废物	市政污水处理
			废吸附剂	危险废物	1 焚烧处置 2 水泥窑共处置 3 专业工程兵处理
				非危险废物	1 生活垃圾焚烧 2 一般工业废物填埋 3 生活垃圾填埋

6.2.2 压缩气体及液化气体类事故处理处置技术方案

压缩气体及液化气体类危险化学品可能发生的事故类型有如下 4 种，以下表 6-11～表 6-14 分别列出所对应的处理处置技术方案。

6.2.2.1 危险化学品—压缩气体及液化气体 B—污染 B21—土壤 B31

表 6-11 压缩气体和液化气体应急处理处置技术方案（1）

污染源控制技术	污染物防扩散技术	污染物消除技术	应急废物处置技术		
			应急废物	废物类型	处置技术
1 堵漏 2 工艺措施 3 倒罐 4 外加包装 5 转移 6 点燃	1 使用土壤密封剂 2 覆盖 3 降温冷却 4 喷水雾	1 覆盖/吸附 2 转移 3 挥发 4 通风 5 生物处理	废覆盖材料/吸附剂	危险废物	1 焚烧处置 2 水泥窑共处置 3 热脱附处理 4 固化稳定化 5 安全填埋
				非危险废物	1 热脱附处理 2 生活垃圾填埋 3 一般工业废物填埋 4 烧制建材
			污染废水	危险废物	1 物化处理 2 焚烧处置 3 水泥窑共处置
				非危险废物	市政污水处理

6.2.2.2 危险化学品—压缩气体及液化气体 B—污染 B21—水体 B32—溶解 B41

表 6-12 压缩气体和液化气体应急处理处置技术方案（2）

<table>
<tr><th rowspan="2">污染源
控制技术</th><th rowspan="2">污染物
防扩散技术</th><th rowspan="2">污染物
消除技术</th><th colspan="3">应急废物处置技术</th></tr>
<tr><th>应急废物</th><th>废物类型</th><th>处置技术</th></tr>
<tr><td rowspan="16">1 堵漏
2 工艺措施
3 倒罐
4 外加包装
5 转移
6 点燃</td><td rowspan="16">1 修筑水坝
2 挖掘沟槽/人工导流
3 设置密封水栅</td><td rowspan="16">1 吸附
2 中和
3 氧化技术
4 混凝/沉淀
5 生物处理</td><td rowspan="8">废吸附剂</td><td rowspan="5">危险废物</td><td>1 热脱附处理</td></tr>
<tr><td>2 焚烧处置</td></tr>
<tr><td>3 水泥窑共处置</td></tr>
<tr><td>4 固化稳定化</td></tr>
<tr><td>5 安全填埋</td></tr>
<tr><td rowspan="3">非危险废物</td><td>1 生活垃圾焚烧</td></tr>
<tr><td>2 生活垃圾填埋</td></tr>
<tr><td>3 一般工业废物填埋</td></tr>
<tr><td rowspan="8">沉淀物</td><td rowspan="4">危险废物</td><td>1 焚烧处置</td></tr>
<tr><td>2 水泥窑共处置</td></tr>
<tr><td>3 固化稳定化</td></tr>
<tr><td>4 安全填埋</td></tr>
<tr><td rowspan="4">非危险废物</td><td>1 生活垃圾焚烧</td></tr>
<tr><td>2 一般工业废物填埋</td></tr>
<tr><td>3 生活垃圾填埋</td></tr>
<tr><td>4 烧制建材</td></tr>
</table>

6.2.2.3 危险化学品—压缩气体及液化气体 B—污染 B21—水体 B32—不溶 B42—空气 B51

表 6-13 压缩气体和液化气体应急处理处置技术方案（3）

<table>
<tr><th rowspan="2">污染源
控制技术</th><th rowspan="2">污染物
防扩散技术</th><th rowspan="2">污染物
消除技术</th><th colspan="3">应急废物处置技术</th></tr>
<tr><th>应急废物</th><th>废物类型</th><th>处置技术</th></tr>
<tr><td rowspan="16">1 堵漏
2 工艺措施
3 倒罐
4 外加包装
5 转移
6 点燃</td><td rowspan="16">喷水雾</td><td rowspan="16">1 通风
2 物理吸附
3 化学吸收</td><td rowspan="4">废水</td><td rowspan="3">危险废物</td><td>1 物化处理</td></tr>
<tr><td>2 焚烧处置</td></tr>
<tr><td>3 水泥窑共处置</td></tr>
<tr><td>非危险废物</td><td>市政污水处理</td></tr>
<tr><td rowspan="8">废吸附剂</td><td rowspan="5">危险废物</td><td>1 热脱附处理</td></tr>
<tr><td>2 焚烧处置</td></tr>
<tr><td>3 水泥窑共处置</td></tr>
<tr><td>4 固化稳定化</td></tr>
<tr><td>5 安全填埋</td></tr>
<tr><td rowspan="3">非危险废物</td><td>1 生活垃圾焚烧</td></tr>
<tr><td>2 生活垃圾填埋</td></tr>
<tr><td>3 一般工业废物填埋</td></tr>
<tr><td rowspan="4">废吸收液</td><td rowspan="3">危险废物</td><td>1 物化处理</td></tr>
<tr><td>2 焚烧处置</td></tr>
<tr><td>3 水泥窑共处置</td></tr>
<tr><td>非危险废物</td><td>市政污水处理</td></tr>
</table>

6.2.2.4 危险化学品—压缩气体及液化气体 B—污染 B21—空气 B33

表 6-14 压缩气体和液化气体应急处理处置技术方案（4）

<table>
<tr><th rowspan="2">污染源
控制技术</th><th rowspan="2">污染物
防扩散技术</th><th rowspan="2">污染物
消除技术</th><th colspan="3">应急废物处置技术</th></tr>
<tr><th>应急废物</th><th>废物类型</th><th>处置技术</th></tr>
<tr><td rowspan="16">1 堵漏
2 工艺措施
3 倒罐
4 外加包装
5 转移
6 点燃</td><td rowspan="16">喷水雾</td><td rowspan="16">1 通风
2 物理吸附
3 化学吸收</td><td rowspan="4">废水</td><td rowspan="3">危险废物</td><td>1 物化处理</td></tr>
<tr><td>2 焚烧处置</td></tr>
<tr><td>3 水泥窑共处置</td></tr>
<tr><td>非危险废物</td><td>市政污水处理</td></tr>
<tr><td rowspan="8">废吸附剂</td><td rowspan="5">危险废物</td><td>1 热脱附处理</td></tr>
<tr><td>2 焚烧处置</td></tr>
<tr><td>3 水泥窑共处置</td></tr>
<tr><td>4 固化稳定化</td></tr>
<tr><td>5 安全填埋</td></tr>
<tr><td rowspan="3">非危险废物</td><td>1 生活垃圾焚烧</td></tr>
<tr><td>2 生活垃圾填埋</td></tr>
<tr><td>3 一般工业废物填埋</td></tr>
<tr><td rowspan="4">废吸收液</td><td rowspan="3">危险废物</td><td>1 物化处理</td></tr>
<tr><td>2 焚烧处置</td></tr>
<tr><td>3 水泥窑共处置</td></tr>
<tr><td>非危险废物</td><td>市政污水处理</td></tr>
</table>

6.2.3 易燃液体类事故处理处置技术方案

易燃液体类危险化学品可能发生的事故类型有如下五种，下面表 6-15～表 6-19 分别列出所对应的处理处置技术方案。

6.2.3.1 危险化学品—易燃液体 C—污染 C21—土壤 C31

表 6-15 易燃液体应急处理处置技术方案（1）

<table>
<tr><th rowspan="2">污染源
控制技术</th><th rowspan="2">污染物
防扩散技术</th><th rowspan="2">污染物
消除技术</th><th colspan="3">应急废物处置技术</th></tr>
<tr><th>应急废物</th><th>废物类型</th><th>处置技术</th></tr>
<tr><td rowspan="9">1 堵漏
2 工艺措施
3 倒罐
4 外加包装
5 转移
6 点燃</td><td rowspan="9">1 修筑围堤
2 挖掘沟槽/人工导流
3 使用土壤密封剂</td><td rowspan="9">1 抽取法
2 转移
3 覆盖/吸附
4 生物处理</td><td rowspan="4">废水</td><td rowspan="3">危险废物</td><td>1 物化处理</td></tr>
<tr><td>2 焚烧处置</td></tr>
<tr><td>3 水泥窑共处置</td></tr>
<tr><td>非危险废物</td><td>市政污水处理</td></tr>
<tr><td rowspan="5">废覆盖材料/吸附剂</td><td rowspan="5">危险废物</td><td>1 焚烧处置</td></tr>
<tr><td>2 水泥窑共处置</td></tr>
<tr><td>3 热脱附处理</td></tr>
<tr><td>4 固化稳定化</td></tr>
<tr><td>5 安全填埋</td></tr>
</table>

<table>
<tr><th rowspan="2">污染源
控制技术</th><th rowspan="2">污染物
防扩散技术</th><th rowspan="2">污染物
消除技术</th><th colspan="3">应急废物处置技术</th></tr>
<tr><th>应急废物</th><th>废物类型</th><th>处置技术</th></tr>
<tr><td rowspan="12"></td><td rowspan="12"></td><td rowspan="12"></td><td rowspan="3"></td><td rowspan="3">非危险废物</td><td>1 生活垃圾焚烧</td></tr>
<tr><td>2 生活垃圾填埋</td></tr>
<tr><td>3 一般工业废物填埋</td></tr>
<tr><td rowspan="9">受污染
土壤</td><td rowspan="5">危险废物</td><td>1 焚烧处置</td></tr>
<tr><td>2 水泥窑共处置</td></tr>
<tr><td>3 热脱附处理</td></tr>
<tr><td>4 固化稳定化</td></tr>
<tr><td>5 安全填埋</td></tr>
<tr><td rowspan="4">非危险废物</td><td>1 生活垃圾焚烧</td></tr>
<tr><td>2 生活垃圾填埋</td></tr>
<tr><td>3 一般工业废物填埋</td></tr>
<tr><td>4 烧制建材</td></tr>
</table>

6.2.3.2 危险化学品—易燃液体 C—污染 C21—水体 C32—溶解 C41

表 6-16　易燃液体应急处理处置技术方案（2）

<table>
<tr><th rowspan="2">污染源
控制技术</th><th rowspan="2">污染物
防扩散技术</th><th rowspan="2">污染物
消除技术</th><th colspan="3">应急废物处置技术</th></tr>
<tr><th>应急废物</th><th>废物类型</th><th>处置技术</th></tr>
<tr><td rowspan="21">1 堵漏
2 工艺措施
3 倒罐
4 外加包装
5 转移
6 点燃</td><td rowspan="21">1 修筑水坝
2 挖掘沟槽/人工导流
3 设置密封水栅</td><td rowspan="21">1 吸附
2 转移
3 氧化技术
4 生物处理</td><td rowspan="8">围堵材料</td><td rowspan="4">危险废物</td><td>1 焚烧处置</td></tr>
<tr><td>2 水泥窑共处置</td></tr>
<tr><td>3 固化稳定化</td></tr>
<tr><td>4 安全填埋</td></tr>
<tr><td rowspan="4">非危险废物</td><td>1 热脱附处理</td></tr>
<tr><td>2 一般工业废物填埋</td></tr>
<tr><td>3 生活垃圾填埋</td></tr>
<tr><td>4 烧制建材</td></tr>
<tr><td rowspan="9">废吸附剂</td><td rowspan="5">危险废物</td><td>1 焚烧处置</td></tr>
<tr><td>2 水泥窑共处置</td></tr>
<tr><td>3 热脱附处理</td></tr>
<tr><td>4 固化稳定化</td></tr>
<tr><td>5 安全填埋</td></tr>
<tr><td rowspan="4">非危险废物</td><td>1 热脱附处理</td></tr>
<tr><td>2 生活垃圾焚烧</td></tr>
<tr><td>3 一般工业废物填埋</td></tr>
<tr><td>4 生活垃圾填埋</td></tr>
<tr><td rowspan="4">废水</td><td rowspan="3">危险废物</td><td>1 物化处理</td></tr>
<tr><td>2 焚烧处置</td></tr>
<tr><td>3 水泥窑共处置</td></tr>
<tr><td>非危险废物</td><td>市政污水处理</td></tr>
</table>

6.2.3.3 危险化学品—易燃液体 C—污染 C21—水体 C32—不溶 C42—漂浮 C51

表 6-17 易燃液体应急处理处置技术方案（3）

<table>
<tr><th rowspan="2">污染源
控制技术</th><th rowspan="2">污染物
防扩散技术</th><th rowspan="2">污染物
消除技术</th><th colspan="3">应急废物处置技术</th></tr>
<tr><th>应急废物</th><th>废物类型</th><th>处置技术</th></tr>
<tr><td rowspan="11">1 堵漏
2 工艺措施
3 倒罐
4 外加包装
5 转移
6 点燃</td><td rowspan="11">1 修筑水坝
2 挖掘沟槽/人工导流
3 设置表面水栅</td><td rowspan="11">1 撇取法
2 覆盖/吸附
3 氧化技术
4 生物处理</td><td rowspan="4">废水</td><td rowspan="3">危险废物</td><td>1 物化处理</td></tr>
<tr><td>2 焚烧处置</td></tr>
<tr><td>3 水泥窑共处置</td></tr>
<tr><td>非危险废物</td><td>市政污水处理</td></tr>
<tr><td rowspan="7">废吸附剂</td><td rowspan="4">危险废物</td><td>1 焚烧处置</td></tr>
<tr><td>2 水泥窑共处置</td></tr>
<tr><td>3 热脱附处理</td></tr>
<tr><td>4 安全填埋</td></tr>
<tr><td rowspan="4">非危险废物</td><td>1 生活垃圾焚烧</td></tr>
<tr><td>2 一般工业废物填埋</td></tr>
<tr><td>3 水泥窑共处置</td></tr>
<tr><td>4 生活垃圾填埋</td></tr>
</table>

6.2.3.4 危险化学品—易燃液体 C—污染 C21—水体 C32—不溶 C42—下沉 C52

表 6-18 易燃液体应急处理处置技术方案（4）

<table>
<tr><th rowspan="2">污染源
控制技术</th><th rowspan="2">污染物
防扩散技术</th><th rowspan="2">污染物
消除技术</th><th colspan="3">应急废物处置技术</th></tr>
<tr><th>应急废物</th><th>废物类型</th><th>处置技术</th></tr>
<tr><td rowspan="14">1 堵漏
2 工艺措施
3 倒罐
4 外加包装
5 转移
6 点燃</td><td rowspan="14">1 修筑水坝/人工导流
2 挖掘沟槽
3 设置密封水栅</td><td rowspan="14">1 抽取法
2 清淤
3 生物处理</td><td rowspan="4">废水</td><td rowspan="3">危险废物</td><td>1 物化处理</td></tr>
<tr><td>2 焚烧处置</td></tr>
<tr><td>3 水泥窑共处置</td></tr>
<tr><td>非危险废物</td><td>市政污水处理</td></tr>
<tr><td rowspan="10">污染底泥</td><td rowspan="5">危险废物</td><td>1 焚烧处置</td></tr>
<tr><td>2 水泥窑共处置</td></tr>
<tr><td>3 热脱附处理</td></tr>
<tr><td>4 固化稳定化</td></tr>
<tr><td>5 安全填埋</td></tr>
<tr><td rowspan="5">非危险废物</td><td>1 热脱附处理</td></tr>
<tr><td>2 生活垃圾焚烧</td></tr>
<tr><td>3 一般工业废物填埋</td></tr>
<tr><td>4 生活垃圾填埋</td></tr>
<tr><td>5 烧制建材</td></tr>
</table>

6.2.3.5 危险化学品—易燃液体 C—污染 C21—空气 C33

表 6-19　易燃液体应急处理处置技术方案（5）

污染源控制技术	污染物防扩散技术	污染物消除技术	应急废物处置技术		
			应急废物	废物类型	处置技术
1 堵漏 2 工艺措施 3 倒罐 4 外加包装 5 转移 6 点燃	1 覆盖 2 降温冷却 3 喷水雾	1 通风 2 物理吸附法 3 化学吸收法	废覆盖材料	危险废物	1 热脱附处理
					2 焚烧处置
					3 水泥窑共处置
					4 固化稳定化
					5 安全填埋
				非危险废物	1 热脱附处理
					2 生活垃圾焚烧
					3 一般工业废物填埋
					4 生活垃圾填埋
					5 烧制建材
			废吸附剂	危险废物	1 热脱附处理
					2 焚烧处置
					3 水泥窑共处置
					4 固化稳定化
					5 安全填埋
				非危险废物	1 热脱附处理
					2 生活垃圾焚烧
					3 一般工业废物填埋
					4 生活垃圾填埋
			废吸收液	危险废物	1 物化处理
					2 焚烧处置
					3 水泥窑共处置
				非危险废物	市政污水处理

6.2.4 易燃固体类事故处理处置技术方案

易燃固体（包括自然物品和遇湿易燃物品）类危险化学品可能发生的事故类型有如下五种，下面表 6-20～表 6-24 分别列出所对应的处理处置技术方案。

6.2.4.1 危险化学品—易燃固体、自然物品和遇湿易燃物品污染事故 D—污染 D21—土壤 D31

表 6-20 易燃固体（包括自燃物品和遇湿易燃物品）应急处理处置技术方案（1）

<table>
<tr><th rowspan="2">污染源
控制技术</th><th rowspan="2">污染物
防扩散技术</th><th rowspan="2">污染物
消除技术</th><th colspan="3">应急废物处置技术</th></tr>
<tr><th>应急废物</th><th>废物类型</th><th>处置技术</th></tr>
<tr><td rowspan="20">1 堵漏
2 工艺措施
3 倒罐
4 外加包装
5 转移
6 点燃</td><td rowspan="20">1 覆盖
2 使用土壤密封剂
3 修筑围堤</td><td rowspan="20">1 转移
2 固化/稳定化</td><td rowspan="9">废覆盖材料</td><td rowspan="4">危险废物</td><td>1 焚烧处置</td></tr>
<tr><td>2 水泥窑共处置</td></tr>
<tr><td>3 固化稳定化</td></tr>
<tr><td>4 安全填埋</td></tr>
<tr><td rowspan="5">非危险废物</td><td>1 热脱附处理</td></tr>
<tr><td>2 生活垃圾焚烧</td></tr>
<tr><td>3 一般工业废物填埋</td></tr>
<tr><td>4 生活垃圾填埋</td></tr>
<tr><td>5 烧制建材</td></tr>
<tr><td rowspan="4">稳定化废物</td><td>危险废物</td><td>安全填埋</td></tr>
<tr><td rowspan="3">非危险废物</td><td>1 一般工业废物填埋</td></tr>
<tr><td>2 生活垃圾填埋</td></tr>
<tr><td>3 烧制建材</td></tr>
<tr><td rowspan="8">污染土壤</td><td rowspan="4">危险废物</td><td>1 焚烧处置</td></tr>
<tr><td>2 水泥窑共处置</td></tr>
<tr><td>3 固化稳定化</td></tr>
<tr><td>4 安全填埋</td></tr>
<tr><td rowspan="4">非危险废物</td><td>1 热脱附处理</td></tr>
<tr><td>2 一般工业废物填埋</td></tr>
<tr><td>3 生活垃圾填埋</td></tr>
<tr><td>4 烧制建材</td></tr>
</table>

6.2.4.2 危险化学品—易燃固体、自然物品和遇湿易燃物品污染事故 D—污染 D21—水体 D32—溶解 D41

表 6-21 易燃固体（包括自燃物品和遇湿易燃物品）应急处理处置技术方案（2）

<table>
<tr><th rowspan="2">污染源控制
技术</th><th rowspan="2">污染物防扩散
技术</th><th rowspan="2">污染物消除
技术</th><th colspan="3">应急废物处置技术</th></tr>
<tr><th>应急废物</th><th>废物类型</th><th>处置技术</th></tr>
<tr><td rowspan="8">1 堵漏
2 工艺措施
3 倒罐
4 外加包装
5 转移
6 点燃</td><td rowspan="8">1 修筑水坝
2 挖掘沟槽/人工导流
3 设置密封水栅</td><td rowspan="8">1 覆盖/吸附
2 吸收
3 中和
4 混凝/沉淀
5 氧化技术
6 生物处理</td><td rowspan="8">废覆盖材料/
吸附剂</td><td rowspan="4">危险废物</td><td>1 焚烧处置</td></tr>
<tr><td>2 水泥窑共处置</td></tr>
<tr><td>3 固化稳定化</td></tr>
<tr><td>4 安全填埋</td></tr>
<tr><td rowspan="4">非危险废物</td><td>1 热脱附处理</td></tr>
<tr><td>2 一般工业废物填埋</td></tr>
<tr><td>3 生活垃圾填埋</td></tr>
<tr><td>4 烧制建材</td></tr>
</table>

污染源控制技术	污染物防扩散技术	污染物消除技术	应急废物处置技术		
			应急废物	废物类型	处置技术
			废吸收液	危险废物	1 物化处理
					2 焚烧处置
					3 水泥窑共处置
				非危险废物	市政污水处理厂
			沉淀物	危险废物	1 焚烧处置
					2 水泥窑共处置
					3 固化稳定化
					4 安全填埋
				非危险废物	1 热脱附处理
					2 一般工业废物填埋
					3 生活垃圾填埋
					4 烧制建材

6.2.4.3 危险化学品—易燃固体、自然物品和遇湿易燃物品污染事故 D—污染 D21—水体 D32—不溶 D42—漂浮 D51

表 6-22　易燃固体（包括自燃物品和遇湿易燃物品）应急处理处置技术方案（3）

污染源控制技术	污染物防扩散技术	污染物消除技术	应急废物处置技术		
			应急废物	废物类型	处置技术
1 堵漏 2 工艺措施 3 倒罐 4 外加包装 5 转移 6 点燃	1 修筑水坝 2 挖掘沟槽/人工导流 3 设置表面水栅	1 撇取法 2 覆盖/吸附 3 氧化技术	废水	危险废物	1 物化处理
					2 焚烧处置
					3 水泥窑共处置
				非危险废物	市政污水处理
			废覆盖材料/吸附剂	危险废物	1 焚烧处置
					2 水泥窑共处置
					3 固化稳定化
					4 安全填埋
				非危险废物	1 热脱附处理
					2 一般工业废物填埋
					3 生活垃圾填埋
					4 烧制建材

6.2.4.4 危险化学品—易燃固体、自然物品和遇湿易燃物品污染事故 D—污染 D21—水体 D32—不溶 D42—下沉 D52

表 6-23 易燃固体（包括自燃物品和遇湿易燃物品）应急处理处置技术方案（4）

污染源控制技术	污染物防扩散技术	污染物消除技术	应急废物处置技术		
			应急废物	废物类型	处置技术
1 堵漏 2 工艺措施 3 倒罐 4 外加包装 5 转移 6 点燃	1 修筑水坝 2 挖掘沟槽/人工导流 3 设置密封水栅	1 抽取法 2 清淤 3 生物处理	废水	危险废物	1 物化处理
					2 焚烧处置
					3 水泥窑共处置
				非危险废物	市政污水处理
			污染底泥	危险废物	1 焚烧处置
					2 水泥窑共处置
					3 固化稳定化
					4 安全填埋
				非危险废物	1 热脱附处理
					2 一般工业废物填埋
					3 生活垃圾填埋
					4 烧制建材

6.2.4.5 危险化学品—易燃固体、自然物品和遇湿易燃物品 D—污染 D21—空气 D33

表 6-24 易燃固体（包括自燃物品和遇湿易燃物品）应急处理处置技术方案（5）

污染源控制技术	污染物防扩散技术	污染物消除技术	应急废物处置技术		
			应急废物	废物类型	处置技术
1 堵漏 2 工艺措施 3 倒罐 4 外加包装 5 转移 6 点燃	1 覆盖 2 降温冷却	1 通风 2 喷水雾 3 物理吸附法 4 化学法	废水	危险废物	1 物化处理
					2 焚烧处置
					3 水泥窑共处置
				非危险废物	市政污水处理
			废覆盖材料/吸附剂	危险废物	1 焚烧处置
					2 水泥窑共处置
					3 固化稳定化
					4 安全填埋
				非危险废物	1 热脱附处理
					2 一般工业废物填埋
					3 生活垃圾填埋
					4 烧制建材
			废吸收液	危险废物	1 物化处理
					2 焚烧处置
					3 水泥窑共处置
				非危险废物	市政污水处理

6.2.5　氧化剂和有机过氧化物类事故处理处置技术方案

氧化剂和有机过氧化物类危险化学品可能发生的事故类型有如下 10 种，下面表 6-25～表 6-34 分别列出所对应的处理处置技术方案。

6.2.5.1　危险化学品—氧化剂和有机过氧化物 E—固体 E11—污染 E21—土壤 E31

表 6-25　氧化剂和有机过氧化物应急处理处置技术方案（1）

污染源控制技术	污染物防扩散技术	污染物消除技术	应急废物处置技术		
			应急废物	废物类型	处置技术
1 堵漏 2 工艺措施 3 倒罐 4 外加包装 5 转移	1 覆盖 2 修筑围堤 3 使用土壤密封剂	1 转移 2 固化/稳定化 3 生物处理	废覆盖材料	危险废物	1 焚烧处置
					2 水泥窑共处置
					3 固化稳定化
					4 安全填埋
				非危险废物	1 热脱附处理
					2 生活垃圾填埋
					3 一般工业废物填埋
			稳定化废物	危险废物	1 焚烧处置
					2 水泥窑共处置
					3 安全填埋
				非危险废物	1 热脱附处理
					2 一般工业废物填埋
					3 生活垃圾填埋
					4 烧制建材

6.2.5.2　危险化学品—氧化剂和有机过氧化物 E—固体 E11—污染 E21—水体 E32—溶解 E41

表 6-26　氧化剂和有机过氧化物应急处理处置技术方案（2）

污染源控制技术	污染物防扩散技术	污染物消除技术	应急废物处置技术		
			应急废物	废物类型	处置技术
1 堵漏 2 工艺措施 3 倒罐 4 外加包装 5 转移	1 修筑水坝 2 挖掘沟槽/人工导流 3 设置表面水栅 4 设置密封水栅	1 转移 2 吸附 3 中和 4 化学还原	废吸附剂	危险废物	1 焚烧处置
					2 水泥窑共处置
					3 固化稳定化
					4 安全填埋
				非危险废物	1 生活垃圾焚烧
					2 一般工业废物填埋
					3 生活垃圾填埋
					4 烧制建材

污染源控制技术	污染物防扩散技术	污染物消除技术	应急废物处置技术		
			应急废物	废物类型	处置技术
			废水/中和废液	危险废物	1 物化处理
					2 焚烧处置
					3 水泥窑共处置
					4 固化稳定化
				非危险废物	市政污水处理

6.2.5.3 危险化学品—氧化剂和有机过氧化物 E—固体 E11—污染 E21—水体 E32—不溶 E42—漂浮 E51

表 6-27 氧化剂和有机过氧化物处理处置技术方案（3）

污染源控制技术	污染物防扩散技术	污染物消除技术	应急废物处置技术		
			应急废物	废物类型	处置技术
1 外加包装 2 工艺措施 3 堵漏 4 倒罐 5 转移	1 修筑水坝 2 挖掘沟槽/人工导流 3 设置表面水栅	1 撇取法 2 抽取法 3 覆盖/吸附 4 化学还原	废水	危险废物	1 资源化处理
					2 物化处置
					3 焚烧处置
					4 水泥窑共处置
				非危险废物	市政污水处理
			废覆盖材料/吸附剂	危险废物	1 焚烧处置
					2 水泥窑共处置
					3 固化稳定化
					4 安全填埋
				非危险废物	1 生活垃圾焚烧
					2 一般工业废物填埋
					3 生活垃圾填埋
					4 烧制建材
			废吸收液	危险废物	1 资源化处理
					2 物化处置
					3 焚烧处置
					4 水泥窑共处置
				非危险废物	市政污水处理

6.2.5.4 危险化学品—氧化剂和有机过氧化物 E—固体 E11—污染 E21—水体 E32—不溶 E42—沉淀 E52

表 6-28　氧化剂和有机过氧化物应急处理处置技术方案（4）

<table>
<tr><th rowspan="2">污染源
控制技术</th><th rowspan="2">污染物
防扩散技术</th><th rowspan="2">污染物
消除技术</th><th colspan="3">应急废物处置技术</th></tr>
<tr><th>应急废物</th><th>废物类型</th><th>处置技术</th></tr>
<tr><td rowspan="14">1 堵漏
2 工艺措施
3 倒罐
4 外加包装
5 转移
6 点燃</td><td rowspan="14">1 修筑水坝
2 挖掘沟槽/人工导流
3 设置密封水栅</td><td rowspan="14">1 抽取法
2 清淤
3 化学还原</td><td rowspan="5">废水</td><td rowspan="4">危险废物</td><td>1 资源化处理</td></tr>
<tr><td>2 物化处置</td></tr>
<tr><td>3 焚烧处置</td></tr>
<tr><td>4 水泥窑共处置</td></tr>
<tr><td>非危险废物</td><td>市政污水处理</td></tr>
<tr><td rowspan="8">污染底泥</td><td rowspan="4">危险废物</td><td>1 焚烧处置</td></tr>
<tr><td>2 水泥窑共处置</td></tr>
<tr><td>3 固化稳定化</td></tr>
<tr><td>4 安全填埋</td></tr>
<tr><td rowspan="4">非危险废物</td><td>1 生活垃圾焚烧</td></tr>
<tr><td>2 一般工业废物填埋</td></tr>
<tr><td>3 生活垃圾填埋</td></tr>
<tr><td>4 烧制建材</td></tr>
<tr><td rowspan="5">废吸收液</td><td rowspan="4">危险废物</td><td>1 资源化处理</td></tr>
<tr><td>2 物化处置</td></tr>
<tr><td>3 焚烧处置</td></tr>
<tr><td>4 水泥窑共处置</td></tr>
<tr><td>非危险废物</td><td>市政污水处理</td></tr>
</table>

6.2.5.5 危险化学品—氧化剂和有机过氧化物 E—固体 E11—污染 E21—空气 E33

表 6-29　氧化剂和有机过氧化物应急处理处置技术方案（5）

<table>
<tr><th rowspan="2">污染源
控制技术</th><th rowspan="2">污染物
防扩散技术</th><th rowspan="2">污染物
消除技术</th><th colspan="3">应急废物处置技术</th></tr>
<tr><th>应急废物</th><th>废物类型</th><th>处置技术</th></tr>
<tr><td rowspan="8">1 堵漏
2 工艺措施
3 倒罐
4 外加包装
5 转移</td><td rowspan="8">1 覆盖/吸收
2 降温冷却</td><td rowspan="8">1 通风
2 物理吸附法
3 化学法</td><td rowspan="8">废覆盖材料/吸附剂</td><td rowspan="4">危险废物</td><td>1 焚烧处置</td></tr>
<tr><td>2 水泥窑共处置</td></tr>
<tr><td>3 固化稳定化</td></tr>
<tr><td>4 安全填埋</td></tr>
<tr><td rowspan="4">非危险废物</td><td>1 生活垃圾焚烧</td></tr>
<tr><td>2 一般工业废物填埋</td></tr>
<tr><td>3 生活垃圾填埋</td></tr>
<tr><td>4 烧制建材</td></tr>
</table>

污染源控制技术	污染物防扩散技术	污染物消除技术	应急废物处置技术		
			应急废物	废物类型	处置技术
			废水/吸收液	危险废物	1 资源化处理
					2 物化处理
					3 焚烧处置
					4 水泥窑共处置
				非危险废物	市政污水处理

6.2.5.6 危险化学品—氧化剂和有机过氧化物 E—液体 E12—污染 E22—土壤 E31

表 6-30 氧化剂和有机过氧化物应急处置技术方案（6）

污染源控制技术	污染物防扩散技术	污染物消除技术	应急废物处置技术		
			应急废物	废物类型	处置技术
1 堵漏 2 工艺措施 3 倒罐 4 外加包装 5 转移 6 点燃	1 修筑围堤 2 挖掘沟槽 3 使用土壤密封剂	1 转移 2 抽取法 3 覆盖/吸附 4 挥发 5 固化/稳定化 6 生物处理	废水	危险废物	1 资源化处理
					2 物化处理
					3 焚烧处置
					4 水泥窑共处置
				非危险废物	市政污水处理
			废覆盖材料/吸附剂	危险废物	1 焚烧处置
					2 水泥窑共处置
					3 固化稳定化
					4 安全填埋
				非危险废物	1 生活垃圾焚烧
					2 一般工业废物填埋
					3 生活垃圾填埋
					4 烧制建材
			稳定化废物	危险废物	1 焚烧处置
					2 水泥窑共处置
					3 安全填埋
				非危险废物	1 生活垃圾填埋
					2 一般工业废物填埋
					3 烧制建材

6.2.5.7　危险化学品—氧化剂和有机过氧化物 E—液体 E12—污染 E22—水体 E35—溶解 E43

表 6-31　氧化剂和有机过氧化物处理处置技术方案（7）

污染源控制技术	污染物防扩散技术	污染物消除技术	应急废物处置技术		
			应急废物	废物类型	处置技术
1 堵漏 2 工艺措施 3 倒罐 4 外加包装 5 转移 6 点燃	1 修筑水坝 2 挖掘沟槽/人工导流 3 设置密封水栅	1 吸附 2 混凝/沉淀法 3 中和 4 氧化技术 5 生物处理	废吸附剂	危险废物	1 焚烧处置
					2 水泥窑共处置
					3 固化稳定化
					4 安全填埋
				非危险废物	1 生活垃圾焚烧
					2 一般工业废物填埋
					3 生活垃圾填埋
					4 烧制建材
			沉淀物	危险废物	1 焚烧处置
					2 水泥窑共处置
					3 固化稳定化
					4 安全填埋
				非危险废物	1 生活垃圾焚烧
					2 一般工业废物填埋
					3 生活垃圾填埋
					4 烧制建材
			中和废液	危险废物	1 资源化处理
					2 物化处理
					3 焚烧处置
					4 水泥窑共处置
				非危险废物	市政污水处理

6.2.5.8　危险化学品—氧化剂和有机过氧化物 E—液体 E12—污染 E22—水体 E35—不溶 E44—漂浮 E53

表 6-32　氧化剂和有机过氧化物应急处理处置技术方案（8）

污染源控制技术	污染物防扩散技术	污染物消除技术	应急废物处置技术		
			应急废物	废物类型	处置技术
1 堵漏 2 工艺措施 3 倒罐 4 外加包装 5 转移 6 点燃	1 修筑水坝 2 挖掘沟槽/人工导流 3 设置表面水栅	1 撇取法 2 覆盖/吸附 3 吸附 4 生物处理 5 氧化技术	废水	危险废物	1 资源化处理
					2 物化处理
					3 焚烧处置
					4 水泥窑共处置
				非危险废物	市政污水处理

污染源控制技术	污染物防扩散技术	污染物消除技术	应急废物处置技术		
			应急废物	废物类型	处置技术
			废覆盖材料/吸附剂	危险废物	1 焚烧处置
					2 水泥窑共处置
					3 固化稳定化
					4 安全填埋
				非危险废物	1 生活垃圾焚烧
					2 一般工业废物填埋
					3 生活垃圾填埋
					4 烧制建材

6.2.5.9 危险化学品—氧化剂和有机过氧化物 E—液体 E12—污染 E22 —水体 E35—不溶 E44—下沉 E54

表 6-33 氧化剂和有机过氧化物处理处置技术方案（9）

污染源控制技术	污染物防扩散技术	污染物消除技术	应急废物处置技术		
			应急废物	废物类型	处置技术
1 堵漏 2 工艺措施 3 倒罐 4 外加包装 5 转移 6 点燃	1 修筑水坝/人工导流 2 挖掘沟槽 3 设置密封水栅	1 抽取法 2 清淤 3 生物处理	废水	危险废物	1 资源化处理
					2 焚烧处置
					3 水泥窑共处置
					4 物化处理
				非危险废物	市政污水处理
			污染底泥	危险废物	1 焚烧处置
					2 水泥窑共处置
					3 固化稳定化
					4 安全填埋
				非危险废物	1 生活垃圾焚烧
					2 一般工业废物填埋
					3 生活垃圾填埋
					4 烧制建材

6.2.5.10　危险化学品—氧化剂和有机过氧化物 E—液体 E12—污染 E22—空气 E36

表 6-34　氧化剂和有机过氧化物处理处置技术方案（10）

污染源控制技术	污染物防扩散技术	污染物消除技术	应急废物处置技术		
			应急废物	废物类型	处置技术
1 堵漏 2 工艺措施 3 倒罐 4 外加包装 5 转移 6 点燃	1 覆盖 2 降温冷却 3 喷水雾	1 通风 2 物理吸附法 3 化学吸收法	废覆盖材料/吸附剂	危险废物	1 焚烧处置
					2 水泥窑共处置
					3 固化稳定化
					4 安全填埋
				非危险废物	1 生活垃圾焚烧
					2 一般工业废物填埋
					3 生活垃圾填埋
					4 烧制建材
			废吸收液	危险废物	1 资源化处理
					2 焚烧处置
					3 水泥窑共处置
					4 物化处理
				非危险废物	市政污水处理

6.2.6　毒害品和感染性物品类事故处理处置技术方案

毒害品和感染性物品类危险化学品可能发生的事故类型有如下 10 种，下面表 6-35～表 6-44 分别列出所对应的处理处置技术方案。

6.2.6.1　危险化学品—毒害品与感染性物品 F—固体 F11—污染 F21—土壤 F31

表 6-35　毒害品和感染性物品应急处理处置技术方案（1）

污染源控制技术	污染物防扩散技术	污染物消除技术	应急废物处置技术		
			应急废物	废物类型	处置技术
1 堵漏 2 工艺措施 3 倒罐 4 外加包装 5 转移	1 覆盖 2 修筑围堤	1 转移 2 固化/稳定化 3 生物处理	废覆盖材料	危险废物	1 焚烧处置
					2 水泥窑共处置
					3 热脱附处理
					4 固化稳定化
					5 安全填埋
				非危险废物	1 生活垃圾焚烧
					2 一般工业废物填埋
					3 生活垃圾填埋
					4 烧制建材
			稳定化废物	危险废物	安全填埋
				非危险废物	1 一般工业废物填埋
					2 生活垃圾填埋
					3 烧制建材

6.2.6.2 危险化学品—毒害品与感染性物品 F—固体 F11—污染 F21—水体 F32—溶解 F41

表 6-36 毒害品和感染性物品应急处理处置技术方案（2）

<table>
<tr><th rowspan="2">污染源
控制技术</th><th rowspan="2">污染物
防扩散技术</th><th rowspan="2">污染物
消除技术</th><th colspan="3">应急废物处置技术</th></tr>
<tr><th>应急废物</th><th>废物类型</th><th>处置技术</th></tr>
<tr><td rowspan="17">1 堵漏
2 工艺措施
3 倒罐
4 外加包装
5 转移</td><td rowspan="17">1 修筑水坝
2 挖掘沟槽/人工导流
3 设置密封水栅</td><td rowspan="17">1 吸附
2 转移
3 中和
4 氧化技术</td><td rowspan="5">废水</td><td rowspan="4">危险废物</td><td>1 资源化处理</td></tr>
<tr><td>2 物化处理</td></tr>
<tr><td>3 焚烧处置</td></tr>
<tr><td>4 水泥窑共处置</td></tr>
<tr><td>非危险废物</td><td>市政污水处理</td></tr>
<tr><td rowspan="8">废吸附剂</td><td rowspan="5">危险废物</td><td>1 焚烧处置</td></tr>
<tr><td>2 水泥窑共处置</td></tr>
<tr><td>3 热脱附处理</td></tr>
<tr><td>4 固化稳定化</td></tr>
<tr><td>5 安全填埋</td></tr>
<tr><td rowspan="3">非危险废物</td><td>1 生活垃圾焚烧</td></tr>
<tr><td>2 一般工业废物填埋</td></tr>
<tr><td>3 生活垃圾填埋</td></tr>
<tr><td rowspan="4">中和废液</td><td rowspan="3">危险废物</td><td>1 物化处理</td></tr>
<tr><td>2 焚烧处置</td></tr>
<tr><td>3 水泥窑共处置</td></tr>
<tr><td>非危险废物</td><td>市政污水处理</td></tr>
</table>

6.2.6.3 危险化学品—毒害品与感染性物品 F—固体 F11—污染 F21—水体 F32—不溶 F42—漂浮 F51

表 6-37 毒害品和感染性物品应急处理处置技术方案（3）

<table>
<tr><th rowspan="2">污染源
控制技术</th><th rowspan="2">污染物
防扩散技术</th><th rowspan="2">污染物
消除技术</th><th colspan="3">应急废物处置技术</th></tr>
<tr><th>应急废物</th><th>废物类型</th><th>处置技术</th></tr>
<tr><td rowspan="14">1 堵漏
2 工艺措施
3 倒罐
4 外加包装
5 转移</td><td rowspan="14">1 修筑水坝
2 挖掘沟槽/人工导流
3 设置表面水栅</td><td rowspan="14">1 撇取法
2 抽取法
3 覆盖/吸附
4 氧化技术
5 混凝/沉淀法</td><td rowspan="5">废水</td><td rowspan="4">危险废物</td><td>1 资源化处理</td></tr>
<tr><td>2 物化处理</td></tr>
<tr><td>3 焚烧处置</td></tr>
<tr><td>4 水泥窑共处置</td></tr>
<tr><td>非危险废物</td><td>市政污水处理</td></tr>
<tr><td rowspan="9">废覆盖材料/吸附剂</td><td rowspan="5">危险废物</td><td>1 焚烧处置</td></tr>
<tr><td>2 水泥窑共处置</td></tr>
<tr><td>3 热脱附处理</td></tr>
<tr><td>4 固化稳定化</td></tr>
<tr><td>5 安全填埋</td></tr>
<tr><td rowspan="4">非危险废物</td><td>1 生活垃圾焚烧</td></tr>
<tr><td>2 一般工业废物填埋</td></tr>
<tr><td>3 生活垃圾填埋</td></tr>
<tr><td>4 烧制建材</td></tr>
</table>

6.2.6.4 危险化学品—毒害品与感染性物品 F—固体 F11—污染 F21—水体 F32—不溶 F42—沉淀 F52

表 6-38　毒害品和感染性物品应急处理处置技术方案（4）

污染源控制技术	污染物防扩散技术	污染物消除技术	应急废物处置技术		
			应急废物	废物类型	处置技术
1 堵漏 2 工艺措施 3 倒罐 4 外加包装 5 转移	1 修筑水坝 2 挖掘沟槽/人工导流 3 设置密封水栅	1 抽取法 2 清淤 3 氧化技术	废水	危险废物	1 资源化处理
					2 物化处理
					3 焚烧处置
					4 水泥窑共处置
				非危险废物	市政污水处理
			污染底泥	危险废物	1 焚烧处置
					2 水泥窑共处置
					3 热脱附处理
					4 固化稳定化
					5 安全填埋
				非危险废物	1 生活垃圾焚烧
					2 一般工业废物填埋
					3 生活垃圾填埋
					4 烧制建材

6.2.6.5 危险化学品—毒害品与感染性物品 F—固体 F11—污染 F21—空气 F33

表 6-39　毒害品和感染性物品处理处置技术方案（5）

污染源控制技术	污染物防扩散技术	污染物消除技术	应急废物处置技术		
			应急废物	废物类型	处置技术
1 堵漏 2 工艺措施 3 倒罐 4 外加包装 5 转移 6 点燃	1 覆盖/吸收 2 降温冷却	1 通风 2 物理吸附法 3 化学法	废覆盖材料/吸附剂	危险废物	1 焚烧处置
					2 水泥窑共处置
					3 热脱附处理
					4 固化稳定化
					5 安全填埋
				非危险废物	1 生活垃圾焚烧
					2 一般工业废物填埋
					3 生活垃圾填埋
					4 烧制建材
			废水	危险废物	1 资源化处理
					2 物化处理
					3 焚烧处置
					4 水泥窑共处置
				非危险废物	市政污水处理

6.2.6.6 危险化学品—毒害品与感染性物品 F—液体 F12—污染 F22—土壤 F34

表 6-40 毒害品和感染性物品应急处理处置技术方案（6）

污染源控制技术	污染物防扩散技术	污染物消除技术	应急废物处置技术		
			应急废物	废物类型	处置技术
1 堵漏 2 工艺措施 3 倒罐 4 外加包装 5 转移 6 点燃	1 修筑围堤 2 挖掘沟槽 3 使用土壤密封剂	1 抽取法 2 转移 3 覆盖/吸附 4 挥发 5 固化/稳定化 6 生物处理	废水	危险废物	1 资源化处理
					2 物化处理
					3 焚烧处置
					4 水泥窑共处置
				非危险废物	市政污水处理
			废覆盖材料/吸附剂	危险废物	1 焚烧处置
					2 水泥窑共处置
					3 热脱附处理
					4 固化稳定化
					5 安全填埋
				非危险废物	1 生活垃圾焚烧
					2 一般工业废物填埋
					3 生活垃圾填埋
					4 烧制建材
			稳定化废物	危险废物	安全填埋
				非危险废物	1 一般工业废物填埋
					2 生活垃圾填埋
					3 烧制建材

6.2.6.7 危险化学品—毒害品与感染性物品 F—液体 F12—污染 F22—水体 F35—溶解 F43

表 6-41 毒害品和感染性物品应急处理处置技术方案（7）

污染源控制技术	污染物防扩散技术	污染物消除技术	应急废物处置技术		
			应急废物	废物类型	处置技术
1 堵漏 2 工艺措施 3 倒罐 4 外加包装 5 转移 6 点燃	1 修筑水坝 2 挖掘沟槽/人工导流 3 设置密封水栅	1 吸附 2 混凝/沉淀法 3 中和 4 氧化技术 5 生物处理	废吸附剂	危险废物	1 焚烧处置
					2 水泥窑共处置
					3 热脱附处理
					4 固化稳定化
					5 安全填埋
				非危险废物	1 生活垃圾焚烧
					2 一般工业废物填埋
					3 生活垃圾填埋
			沉淀物	危险废物	1 焚烧处置
					2 水泥窑共处置
					3 固化稳定化
					4 安全填埋

污染源控制技术	污染物防扩散技术	污染物消除技术	应急废物处置技术		
			应急废物	废物类型	处置技术
			沉淀物	非危险废物	1 生活垃圾焚烧
					2 一般工业废物填埋
					3 生活垃圾填埋
					4 烧制建材
			中和废液	危险废物	1 物化处理
					2 焚烧处置
					3 水泥窑共处置
				非危险废物	市政污水处理

6.2.6.8 危险化学品—毒害品与感染性物品 F—液体 F12—污染 F22—水体 F35—不溶 F44—漂浮 F53

表 6-42　毒害品和感染性物品应急处理处置技术方案（8）

污染源控制技术	污染物防扩散技术	污染物消除技术	应急废物处置技术		
			应急废物	废物类型	处置技术
1 堵漏 2 工艺措施 3 倒罐 4 外加包装 5 转移 6 点燃	1 修筑水坝 2 挖掘沟槽/人工导流 3 设置表面水栅	1 撇取法 2 覆盖/吸附 3 生物处理 4 氧化技术 5 混凝/沉淀法	废水	危险废物	1 物化处理
					2 焚烧处置
					3 水泥窑共处置
				非危险废物	市政污水处理
			废覆盖材料/吸附剂	危险废物	1 焚烧处置
					2 水泥窑共处置
					3 热脱附处理
					4 固化稳定化
					5 安全填埋
				非危险废物	1 生活垃圾焚烧
					2 一般工业废物填埋
					3 生活垃圾填埋
					4 烧制建材
			沉淀物	危险废物	1 焚烧处置
					2 水泥窑共处置
					3 固化稳定化
					4 安全填埋
				非危险废物	1 生活垃圾焚烧
					2 一般工业废物填埋
					3 生活垃圾填埋
					4 烧制建材

6.2.6.9 危险化学品—毒害品与感染性物品 F—液体 F12—污染 F22—水体 F35—不溶 F44—下沉 F54

表 6-43 毒害品和感染性物品应急处理处置技术方案（9）

污染源控制技术	污染物防扩散技术	污染物消除技术	应急废物处置技术		
			应急废物	废物类型	处置技术
1 堵漏 2 工艺措施 3 倒罐 4 外加包装 5 转移 6 点燃	1 修筑水坝/人工导流 2 挖掘沟槽 3 设置密封水栅	1 抽取法 2 清淤 3 生物处理	废水	危险废物	1 资源化处理
					2 物化处理
					3 焚烧处置
					4 水泥窑共处置
				非危险废物	市政污水处理
			污染底泥	危险废物	1 焚烧处置
					2 水泥窑共处置
					3 热脱附处理
					4 固化稳定化
					5 安全填埋
				非危险废物	1 生活垃圾焚烧
					2 一般工业废物填埋
					3 生活垃圾填埋
					4 烧制建材

6.2.6.10 危险化学品—毒害品与感染性物品 F—液体 F12—污染 F22—空气 F36

表 6-44 毒害品和感染性物品应急处理处置技术方案（10）

污染源控制技术	污染物防扩散技术	污染物消除技术	应急废物处置技术		
			应急废物	废物类型	处置技术
1 堵漏 2 工艺措施 3 倒罐 4 外加包装 5 转移 6 点燃	1 覆盖 2 降温冷却 3 喷水雾	1 通风 2 物理吸附法 3 化学吸收法	废覆盖材料/吸附剂	危险废物	1 焚烧处置
					2 水泥窑共处置
					3 热脱附处理
					4 固化稳定化
					5 安全填埋
				非危险废物	1 生活垃圾焚烧
					2 一般工业废物填埋
					3 生活垃圾填埋
					4 烧制建材
			废吸收液	危险废物	1 资源化处理
					2 物化处理
					3 焚烧处置
					4 水泥窑共处置
				非危险废物	市政污水处理

6.2.7 腐蚀品类事故处理处置技术方案

腐蚀品类危险化学品可能发生的事故类型有如下 10 种，下面表 6-45～表 6-54 分别列出所对应的处理处置技术方案。

6.2.7.1 危险化学品—腐蚀品 G—固体 G11—污染 G21—土壤 G31

表 6-45　腐蚀品应急处理处置技术方案（1）

<table>
<tr><th rowspan="2">污染源
控制技术</th><th rowspan="2">污染物
防扩散技术</th><th rowspan="2">污染物
消除技术</th><th colspan="3">应急废物处置技术</th></tr>
<tr><th>应急废物</th><th>废物类型</th><th>处置技术</th></tr>
<tr><td rowspan="12">1 堵漏
2 工艺措施
3 倒罐
4 外加包装
5 转移
6 点燃</td><td rowspan="12">1 覆盖
2 修筑围堤</td><td rowspan="12">1 转移
2 固化/稳定化
3 生物处理</td><td rowspan="8">废覆盖材料</td><td rowspan="4">危险废物</td><td>1 焚烧处置</td></tr>
<tr><td>2 水泥窑共处置</td></tr>
<tr><td>3 固化稳定化</td></tr>
<tr><td>4 安全填埋</td></tr>
<tr><td rowspan="4">非危险废物</td><td>1 生活垃圾焚烧</td></tr>
<tr><td>2 一般工业废物填埋</td></tr>
<tr><td>3 生活垃圾填埋</td></tr>
<tr><td>4 烧制建材</td></tr>
<tr><td rowspan="4">稳定化废物</td><td>危险废物</td><td>安全填埋</td></tr>
<tr><td rowspan="3">非危险废物</td><td>1 一般工业废物填埋</td></tr>
<tr><td>2 生活垃圾填埋</td></tr>
<tr><td>3 烧制建材</td></tr>
</table>

6.2.7.2 危险化学品—腐蚀品 G—固体 G11—污染 G21—水体 G32—溶解 G41

表 6-46　腐蚀品应急处理处置技术方案（2）

<table>
<tr><th rowspan="2">污染源
控制技术</th><th rowspan="2">污染物
防扩散技术</th><th rowspan="2">污染物
消除技术</th><th colspan="3">应急废物处置技术</th></tr>
<tr><th>应急废物</th><th>废物类型</th><th>处置技术</th></tr>
<tr><td rowspan="11">1 堵漏
2 工艺措施
3 倒罐
4 外加包装
5 转移
6 点燃</td><td rowspan="11">1 修筑水坝
2 挖掘沟槽/人工导流
3 设置密封水栅</td><td rowspan="11">1 转移
2 吸附
3 中和
4 氧化技术</td><td rowspan="7">废吸附剂</td><td rowspan="4">危险废物</td><td>1 焚烧处置</td></tr>
<tr><td>2 水泥窑共处置</td></tr>
<tr><td>3 固化稳定化</td></tr>
<tr><td>4 安全填埋</td></tr>
<tr><td rowspan="3">非危险废物</td><td>1 生活垃圾焚烧</td></tr>
<tr><td>2 一般工业废物填埋</td></tr>
<tr><td>3 生活垃圾填埋</td></tr>
<tr><td rowspan="4">中和废液</td><td rowspan="3">危险废物</td><td>1 物化处理</td></tr>
<tr><td>2 焚烧处置</td></tr>
<tr><td>3 水泥窑共处置</td></tr>
<tr><td>非危险废物</td><td>市政污水处理</td></tr>
</table>

6.2.7.3 危险化学品—腐蚀品 G—固体 G11—污染 G21—水体 G32—不溶 G42—漂浮 G51

表 6-47 腐蚀品处理处置技术方案（3）

<table>
<tr><th rowspan="2">污染源
控制技术</th><th rowspan="2">污染物
防扩散技术</th><th rowspan="2">污染物
消除技术</th><th colspan="3">应急废物处置技术</th></tr>
<tr><th>应急废物</th><th>废物类型</th><th>处置技术</th></tr>
<tr><td rowspan="20">1 堵漏
2 工艺措施
3 倒罐
4 外加包装
5 转移
6 点燃</td><td rowspan="20">1 修筑水坝
2 挖掘沟槽/人工导流
3 设置表面水栅</td><td rowspan="20">1 撇取法
2 抽取法
3 吸附
4 氧化技术
5 混凝/沉淀法</td><td rowspan="5">废水</td><td rowspan="4">危险废物</td><td>1 资源化处理</td></tr>
<tr><td>2 物化处理</td></tr>
<tr><td>3 焚烧处置</td></tr>
<tr><td>4 水泥窑共处置</td></tr>
<tr><td>非危险废物</td><td>市政污水处理</td></tr>
<tr><td rowspan="8">废吸附剂</td><td rowspan="4">危险废物</td><td>1 焚烧处置</td></tr>
<tr><td>2 水泥窑共处置</td></tr>
<tr><td>3 固化稳定化</td></tr>
<tr><td>4 安全填埋</td></tr>
<tr><td rowspan="4">非危险废物</td><td>1 生活垃圾焚烧</td></tr>
<tr><td>2 一般工业废物填埋</td></tr>
<tr><td>3 生活垃圾填埋</td></tr>
<tr><td>4 焚烧处置</td></tr>
<tr><td rowspan="7">沉淀物</td><td rowspan="4">危险废物</td><td>1 水泥窑共处置</td></tr>
<tr><td>2 固化稳定化</td></tr>
<tr><td>3 安全填埋</td></tr>
<tr><td>4 生活垃圾焚烧</td></tr>
<tr><td rowspan="3">非危险废物</td><td>1 一般工业废物填埋</td></tr>
<tr><td>2 生活垃圾填埋</td></tr>
<tr><td>3 烧制建材</td></tr>
</table>

6.2.7.4 危险化学品—腐蚀品 G—固体 G11—污染 G21—水体 G32—不溶 G42—沉淀 G52

表 6-48 腐蚀品应急处理处置技术方案（4）

<table>
<tr><th rowspan="2">污染源
控制技术</th><th rowspan="2">污染物
防扩散技术</th><th rowspan="2">污染物
消除技术</th><th colspan="3">应急废物处置技术</th></tr>
<tr><th>应急废物</th><th>废物类型</th><th>处置技术</th></tr>
<tr><td rowspan="5">1 堵漏
2 工艺措施
3 倒罐
4 外加包装
5 转移
6 点燃</td><td rowspan="5">1 修筑水坝
2 挖掘沟槽/人工导流
3 设置密封水栅</td><td rowspan="5">1 抽取法
2 清淤
3 氧化技术</td><td rowspan="5">废水</td><td rowspan="4">危险废物</td><td>1 资源化处理</td></tr>
<tr><td>2 物化处理</td></tr>
<tr><td>3 焚烧处置</td></tr>
<tr><td>4 水泥窑共处置</td></tr>
<tr><td>非危险废物</td><td>市政污水处理</td></tr>
</table>

污染源控制技术	污染物防扩散技术	污染物消除技术	应急废物处置技术		
			应急废物	废物类型	处置技术
			污染底泥	危险废物	1 资源化处理
					2 焚烧处置
					3 水泥窑共处置
					4 固化稳定化
					5 安全填埋
				非危险废物	1 生活垃圾焚烧
					2 一般工业废物填埋
					3 生活垃圾填埋
					4 烧制建材

6.2.7.5　危险化学品—腐蚀品 G—固体 G11—污染 G21—空气 G33

表 6-49　腐蚀品应急处理处置技术方案（5）

污染源控制技术	污染物防扩散技术	污染物消除技术	应急废物处置技术		
			应急废物	废物类型	处置技术
1 堵漏 2 工艺措施 3 倒罐 4 外加包装 5 转移 6 点燃	1 覆盖/吸收 2 降温冷却	1 通风 2 物理吸附法 3 化学法	废覆盖材料/吸附剂	危险废物	1 焚烧处置
					2 水泥窑共处置
					3 固化稳定化
					4 安全填埋
				非危险废物	1 生活垃圾焚烧
					2 一般工业废物填埋
					3 生活垃圾填埋
					4 烧制建材
			废吸收液	危险废物	1 物化处理
					2 焚烧处置
					3 水泥窑共处置
				非危险废物	市政污水处理

6.2.7.6　危险化学品—腐蚀品 G—液体 G12—污染 G22—土壤 G34

表 6-50　腐蚀品应急处理处置技术方案（6）

污染源控制技术	污染物防扩散技术	污染物消除技术	应急废物处置技术		
			应急废物	废物类型	处置技术
1 堵漏 2 工艺措施 3 倒罐 4 外加包装 5 转移 6 点燃	1 挖掘沟槽 2 使用土壤密封剂 3 修筑围堤	1 抽取法 2 覆盖/吸附 3 挥发 4 固化/稳定化 5 转移 6 生物处理	废水	危险废物	1 资源化处理
					2 物化处理
					3 焚烧处置
					4 水泥窑共处置
				非危险废物	市政污水处理

污染源控制技术	污染物防扩散技术	污染物消除技术	应急废物处置技术		
			应急废物	废物类型	处置技术
			废覆盖材料/吸附剂	危险废物	1 焚烧处置
					2 水泥窑共处置
					3 固化稳定化
					4 安全填埋
				非危险废物	1 生活垃圾焚烧
					2 一般工业废物填埋
					3 生活垃圾填埋
					4 烧制建材
			稳定化废物	危险废物	安全填埋
				非危险废物	1 一般工业废物填埋
					2 生活垃圾填埋
					3 烧制建材

6.2.7.7 危险化学品—腐蚀品 G—液体 G12—污染 G22—水体 G35—溶解 G43

表 6-51 腐蚀品应急处理处置技术方案（7）

污染源控制技术	污染物防扩散技术	污染物消除技术	应急废物处置技术		
			应急废物	废物类型	处置技术
1 堵漏 2 工艺措施 3 倒罐 4 外加包装 5 转移 6 点燃	1 修筑水坝 2 挖掘沟槽/人工导流 3 设置密封水栅	1 吸附 2 混凝/沉淀法 3 中和 4 氧化技术 5 生物处理	废吸附剂	危险废物	1 焚烧处置
					2 水泥窑共处置
					3 固化稳定化
					4 安全填埋
				非危险废物	1 生活垃圾焚烧
					2 一般工业废物填埋
					3 生活垃圾填埋
			沉淀物	危险废物	1 焚烧处置
					2 水泥窑共处置
					3 固化稳定化
					4 安全填埋
				非危险废物	1 生活垃圾焚烧
					2 一般工业废物填埋
					3 生活垃圾填埋
					4 烧制建材
			中和废液	危险废物	1 物化处理
					2 焚烧处置
					3 水泥窑共处置
				非危险废物	市政污水处理

6.2.7.8　危险化学品—腐蚀品 G—液体 G12—污染 G22—水体 G35—不溶 G44—漂浮 G53

表 6-52　腐蚀品应急处理处置技术方案（8）

污染源控制技术	污染物防扩散技术	污染物消除技术	应急废物处置技术		
			应急废物	废物类型	处置技术
1 堵漏 2 工艺措施 3 倒罐 4 外加包装 5 转移 6 点燃	1 修筑水坝 2 挖掘沟槽/人工导流 3 设置表面水栅	1 撇取法 2 覆盖/吸附 3 吸附 4 混凝/沉淀法 5 氧化技术 6 生物处理	废水	危险废物	1 资源化处理
					2 物化处理
					3 焚烧处置
					4 水泥窑共处置
				非危险废物	市政污水处理
			废覆盖材料/吸附剂	危险废物	1 焚烧处置
					2 水泥窑共处置
					3 固化稳定化
					4 安全填埋
				非危险废物	1 热脱附处理
					2 一般工业废物填埋
					3 生活垃圾填埋
					4 烧制建材
			沉淀物	危险废物	1 焚烧处置
					2 水泥窑共处置
					3 固化稳定化
					4 安全填埋
				非危险废物	1 生活垃圾焚烧
					2 一般工业废物填埋
					3 生活垃圾填埋
					4 烧制建材

6.2.7.9　危险化学品—腐蚀品 G—液体 G12—污染 G22—水体 G35—不溶 G44—下沉 G54

表 6-53　腐蚀品应急处理处置技术方案（9）

污染源控制技术	污染物防扩散技术	污染物消除技术	应急废物处置技术		
			应急废物	废物类型	处置技术
1 堵漏 2 工艺措施 3 倒罐 4 外加包装 5 转移 6 点燃	1 修筑水坝 2 人工导流 3 挖掘沟槽 4 设置密封水栅	1 抽取法 2 清淤 3 生物处理	废水	危险废物	1 物化处理
					2 焚烧处置
					3 水泥窑共处置
				非危险废物	市政污水处理
			污染底泥	危险废物	1 焚烧处置
					2 水泥窑共处置
					3 固化稳定化
					4 安全填埋
				非危险废物	1 热脱附处理
					2 一般工业废物填埋
					3 生活垃圾填埋
					4 烧制建材

6.2.7.10 危险化学品—腐蚀品 G—液体 G12—污染 G22—空气 G36

表 6-54 腐蚀品应急处理处置技术方案（10）

<table>
<tr><th rowspan="2">污染源
控制技术</th><th rowspan="2">污染物
防扩散技术</th><th rowspan="2">污染物
消除技术</th><th colspan="3">应急废物处置技术</th></tr>
<tr><th>应急废物</th><th>废物类型</th><th>处置技术</th></tr>
<tr><td rowspan="12">1 堵漏
2 工艺措施
3 倒罐
4 外加包装
5 转移
6 点燃</td><td rowspan="12">1 覆盖
2 降温冷却
3 喷水雾</td><td rowspan="12">1 通风
2 物理吸附法
3 化学吸收法</td><td rowspan="8">废覆盖材料/吸附剂</td><td rowspan="4">危险废物</td><td>1 焚烧处置</td></tr>
<tr><td>2 水泥窑共处置</td></tr>
<tr><td>3 固化稳定化</td></tr>
<tr><td>4 安全填埋</td></tr>
<tr><td rowspan="4">非危险废物</td><td>1 热脱附处理</td></tr>
<tr><td>2 一般工业废物填埋</td></tr>
<tr><td>3 生活垃圾填埋</td></tr>
<tr><td>4 烧制建材</td></tr>
<tr><td rowspan="4">废吸收液</td><td rowspan="3">危险废物</td><td>1 物化处理</td></tr>
<tr><td>2 焚烧处置</td></tr>
<tr><td>3 水泥窑共处置</td></tr>
<tr><td>非危险废物</td><td>市政污水处理</td></tr>
</table>

第7章 典型危险化学品环境污染事故应急处理处置方法

7.1 典型危险化学品的选择

根据2003年我国公布的《危险化学品名录（2002版）》，危险化学品共分为八大类，3 800 余种，因此针对本课题“典型化学品污染应急处置技术筛选与评估研究”，应首先筛选有代表性的危险化学品来开展相关的研究工作。本课题在进行典型危险化学品筛选时遵循了以下原则：

① 所选择的危险化学品应尽可能地具有代表性和涵盖面，每一种典型危险化学品应能最大限度地反映一类危险化学品的共同特征。

② 所选择的危险化学品在我国的生产量、运输量和使用量应较大。

③ 所选择的危险化学品在国内外环境污染事故中应具有较高的发生频率，有相应的污染应急处理技术案例可供参考和借鉴。

④ 所选择的危险化学品发生突发事故时，会产生较大的短期或长期生态环境危害。

⑤ 所选择的危险化学品从形态上应包括气、液、固等不同形态；从类型上应包括有机化学品和无机化学品两大类。

根据以上原则，同时结合环保部环境应急与事故调查中心提供的“我国突发环境事件中出现的化学品清单”和“风险源及化学品核查化学物质产用量排序（前500位）清单”，考虑到以下几个方面进行了典型危险化学品筛选工作。

① 爆炸品事故发生比较剧烈，事故产生的环境影响能在短期内彻底消除，与本研究关注点不同，因此爆炸品类化学品未在选择范围之内。

② 对于压缩气体和液化气体等危险化学品，考虑到世界各地氯气泄漏污染事故频发，且这种气体相对其他气体而言，危害性更大，因此选择氯气作为典型代表进行研究。

③ 无论在国内还是国外，易燃液体发生事故的频率均远高于其他类化学品，因此在选择该类物质的典型危险化学品时充分考虑了该类化学品种类繁多，并且多为有机物，性质差异较大等因素，将易燃液体分为水溶性和水不溶性（难溶或微溶）两类，水溶性的易燃液体选择甲醇，水不溶性的易燃液体选择苯。

④ 易燃固体方面考虑到环保部环境应急与事故调查中心提供的化学品名单，选择黄

磷作为该类化学品的代表性物质。

⑤ 毒害品及易感染品中，因氰化钠为剧毒物品，非常具有典型性，因此选择氰化钠作为该类化学品的代表性物质。

⑥ 腐蚀品主要分为酸性腐蚀性和碱性腐蚀性，酸性腐蚀性主要是由酸性物质造成，如盐酸、硫酸、硝酸等，该类化学品事故的应急处理技术已经较为完善，因此不建议选择酸性物质作为该类化学品的代表性物质，结合此前的专家咨询意见，选择氨水作为该类化学品的代表性物质，主要关注其碱性腐蚀性。

⑦ 氧化剂与有机过氧化剂，在环保部环境应急与事故调查中心提供的化学品名单中，仅过氧化氢尿素一种物质符合筛选原则要求，考虑到多数有机过氧化物事故主要可能引起火灾或者爆炸，与易燃液体或者爆炸类物质事故情形相似，在进行环境应急处理时也可以采用相近的处理方法，因此本研究不在该类化学品中选择典型代表物质。

综上所述，最终的筛选结果如表 7-1 所示，筛选了以下六类危险化学品作为典型代表进行研究工作。

表 7-1　典型危险化学品筛选结果

分类	代表性物质
压缩气体和液化气体	氯气
易燃液体（溶于水）	甲醇
易燃液体（微溶或难溶于水）	苯
易燃固体、自燃物品及遇湿易燃物品	黄磷
毒害品及易感染品	氰化钠
腐蚀品	氨水

7.2 氯气环境污染应急处置

7.2.1 概述

近年来，与氯气相关的危险化学品污染事故时有发生，不仅造成人民群众生命和财产的损失，也对构建和谐社会产生了一定的影响。据 2005 年统计，氯气泄漏事故占危险化学品事故总数的 22%，其中发生在生产、运输、使用环节的事故分别占 17%、31%、29%。

氯气不会燃烧，但可助燃，一般可燃物大都能在氯气中燃烧，一般易燃气体或蒸汽也都能与氯气形成爆炸性混合物；氯气能与许多化学品如乙炔、松节油、乙醚、氨、燃料气、烃类、氢气、金属粉末等生成爆炸性物质或发生猛烈爆炸。它甚至对金属和非金属都有腐蚀作用。灭火时消防人员要注意必须佩戴过滤式防毒面具或隔离式呼吸器，穿全身防火防毒服，在上风向灭火，喷水冷却容器，可能的话将容器从火场移至空旷处。

灭火方式需要采用雾状水、泡沫灭火剂和干粉灭火剂等。

氯气不仅对眼、呼吸道、黏膜有较强的刺激作用，对人体的健康也有较大危害，如果是急性中毒，轻度者有流泪、咳嗽咳少量痰、胸闷、出现气管和支气管炎等症状；中度中毒存在发生支气管肺炎或间质性肺水肿的可能，还会出现呼吸困难等症状；重者会导致肺水肿、昏迷、休克，也会发生气胸、纵膈气肿等并发症。如果吸入极高浓度的氯气，可引起迷走神经反射性心跳骤停或喉头痉挛而发生“电击样”死亡。如果皮肤接触液氯或高浓度氯，暴露部位会出现灼伤或急性皮炎症状。

氯气储存时要注意禁止露天存放，防止阳光直射；远离火种、热源；与易燃物或可燃物、金属粉末、食用化学品分开存放，切忌混储；库温不超过 30℃，相对湿度不宜超过 80%；不准使用易燃、可燃材料搭设的棚架存放，必须储存在专用库房内。液氯储存用充装量为 500 kg 或 1 000 kg 的重瓶，应横向卧放，防止滚动，并留出吊运间距和通道；存放高度不得超过两层；液氯储区要建设低于自然地面的围堤；储区应备有泄漏应急处理设备。验收时要注意品名、验瓶日期，先进仓的先发货，存放期不得超过三个月。搬运时轻装轻卸，防止钢瓶及附件破损。运输按规定路线行驶，勿在居民区和人口稠密区停留。

7.2.2　氯气环境污染应急监测方法

7.2.2.1　大气监测

（1）敏感区域污染状况监测：采样点设在整个监测区域的高、中、低三种不同污染物浓度的地方。在氯气污染敏感点以及 300 m、600 m 和 1 000 m 处用甲基橙溶液进行吸收采样。每隔一小时测定一次，持续测定四天。

（2）事故发生点和处理点的监测：处理槽罐中剩余氯气时，对作业场所实施 24 h 监测，每隔一小时测定一次，持续 24 h。

（3）环境空气和室内空气监测：污染事故处理结束后，对照空气质量标准对环境空气进行监测，对居民家中空气进行采样分析，共测定两天，如超标要进行处理后再次测定直到满足标准要求。

（4）监测因子：氯气泄漏时以分子形态存在，但其活性极强，遇到空气中的水分后生成次氯酸和氯化氢。因此确立前期监测以氯气为主，后期同时监测氯气和氯化氢。

（5）仪器及方法：甲基橙分光光度法（HJ/T 30—1999）、氯气检测 PEG35ToxiRAE 测定仪、应急检测管 PEG7800RAE 现场测定仪法，氯化氢检测方法采用离子色谱法，仪器用盖斯曼傅立叶红外气体分析仪。

7.2.2.2　水质监测

（1）敏感区域污染状况监测：氯气遇水后生成次氯酸和盐酸，次氯酸再分解为盐酸和新生态氧，需要对事故处理点上、下游，饮用水取水点，地下水进行监测，还需对事故处理池中的处理液进行监测。

（2）监测因子：pH、氯化物，对事故处理池加测碱度。

（3）仪器及方法：pH 数值获得使用便携式 pH 计、氯化物含量测定依据《水质 氯化物的测定 硝酸银滴定法》（GB 11896—89）标准进行。

7.2.2.3 植物体的监测

（1）敏感区域污染状况监测：对受灾植物中氯化物、pH 进行检测，为掌握氯气对植物的影响及善后处理工作提供技术支持。植物样品的采样器具为小铲、塑料袋、标签等物品。以离事故源 10 m 远的受灾作物作为 0 号点，向影响最大的一个方向，按三条线辐射状延伸，每 100 m 左右采一个作物样本，每条辐射线采 7～8 个样本。选择 300 株左右的植物为样本。

（2）监测因子：植物体中的氯化物、pH 等。

（3）仪器及方法：植物样品中氯的测定无监测国标和评价方法，一般采用硝酸银溶液及硫氰酸钾溶液作标准溶液，铁铵钒溶液作为指示剂，用滴定法来测定植物中的氯化物。

7.2.2.4 土壤的监测

（1）以离事故源 10 m 远的受灾植物作为 0 号点，向影响最大的一个方向，按三条线辐射状延伸，每 100 m 左右采一个土壤样本及一些远距离样本。采集时，选择 2 m 范围以内 0～5 cm 深的表层土壤样品。

（2）监测因子：土壤监测因子为 pH 和氯化物。

（3）监测方法：土壤中 pH 测定采用玻璃电极法（10 g 土壤加 100 g 水），氯化物采用《水质 氯化物的测定 硝酸银滴定法》（GB 11896—89）提供的方法。

7.2.3 氯气环境污染应急处理处置

7.2.3.1 氯气应急处理

发生氯气泄漏事故后应迅速将泄漏污染区人员撤离至上风处，并立即进行隔离，小泄漏时隔离 150 m，大泄漏时隔离 450 m，严格限制出入。建议应急处理人员戴自给正压式呼吸器，穿化学防护服。尽可能切断泄漏源，合理通风，加速扩散。氯气在事故中的泄漏模式及处理措施见表 7-2。

表 7-2 氯气泄漏模式及处理措施

泄漏的可能性	处理措施
设备、容器的泄漏	关闭进气阀、平衡阀等，泄压倒槽或打开抽空阀进行抽空处理；跑氯塔吸收处理；液相泄漏可用浸水的布带、棉纱缠裹泄漏点，其结冰后缓解泄漏；明显的泄漏点可用抱箍、竹签、木楔等堵漏；大量泄漏可用水幕吸收扩散的氯气，泄漏部位严禁洒水
钢瓶的泄漏	漏点至气相；瓶体泄漏可用抱箍、竹签、木楔等堵漏；瓶阀泄漏旋紧相应部位，无法旋紧时，用专用工具处理；跑氯塔吸收处理
管路阀门、法兰的泄漏	隔断氯气来源；泄压或抽空；跑氯塔吸收处理；抱箍、竹签、木楔等堵漏
物理、化学爆炸引起的泄漏	启动应急救援预案

事故现场负责人应立即组织应急处理，尽可能切断泄漏源，抢救中毒者。抢修、抢救人员必须佩戴空气（氧气）呼吸器，穿全身橡胶防毒衣。抢修中应利用现场机械通风设施和喷雾状水稀释等措施，降低现场氯气浓度。构筑围堤或挖坑收容产生的大量废水。钢瓶泄漏液氯时，应转动钢瓶，使泄漏部位处于氯的气态空间；瓶阀泄漏时，拧紧六角螺母；瓶体焊缝泄漏时，临时采用内衬橡胶垫片的铁箍箍紧，如有可能，将漏气钢瓶浸入石灰乳液中。

具体的应急处理措施如下：

（1）关阀断料，切断事故源。生产装置发生氯气泄漏时，主要由事故单位负责处置，社会救援机构负责协助和掩护。当事故单位不能采取有效处置措施时，社会救援机构要在单位技术人员的配合指导下实施断电、断水、断气、断料等措施，切断事故源。在采取措施的过程中，一定要喷雾水掩护。

（2）器具堵漏。泄漏点处在阀门以前或阀门损坏，不能采取关阀止漏时，按照泄漏孔的形状和裂缝规则，选用不同形状的堵漏垫、木楔、堵漏袋等器具实施封堵。出现微孔阴漏，可用螺丝钉加黏合剂旋入孔内的方法封堵漏孔；罐壁撕裂成纹缝泄漏，应选用充气袋、充气垫等专用工具从外部包裹堵漏；带压管道泄漏，选用捆绑式充气堵漏带、磁压式器具或金属外壳内衬橡胶垫等专用器具实施内外堵漏；阀门法兰盘或法兰垫片损坏泄漏，按阀门、法兰不同的型号选用相应的法兰夹具、金属套管、堵漏枪等方法进行堵漏，也可直接使用专门的阀门、法兰工具组实施堵漏。

（3）雾状水稀释降毒。主要是采用喷雾水流对染毒区内散发在空气中的毒源浓度进行稀释降毒。如果是生产、储存装置泄漏，也可以向有限的空间充入惰性介质（如氮气），使危险品的浓度得以迅速降低。如果是宽旷处，水枪的数量和流量都要增大，以达到降毒的效果。

（4）尽量不要采用将钢瓶浸入水中的办法，防止泄漏物进入河流、下水道从而扩大污染区，造成公害。在平地上已经发生泄漏流淌，要立即采用筑堤挖坑等方法进行收容。

（5）转移排险。小心转动泄漏容器，使泄漏口朝上，以防大量流淌；防止泄漏物进入河流、下水道从而扩大污染区；转移时要用强雾状水流稀释保护，不要直接对泄漏源射水。对堆积在现场未发生泄漏的容器罐要及时转移到安全地带，防止意外事态的扩大。

（6）洗消处理。根据液氯的理化性质和受污染的具体情况，通常采用化学洗消和物理洗消两种方法。

化学洗消：通过化学药剂与毒害物直接发生化学反应改变毒物性质，使其成为无毒或低毒的物质。如将氢氧化钠、氨水、碳酸氢钠等碱性物质溶解于消防车水罐中或通过洗消设备加压，喷洒在染毒区域和受污染物体的表面进行洗消。

物理消毒：即用吸附、活性炭等具有吸附能力的物质，吸附回收后转移处理。对染毒区空气可用水驱动排烟机吹散降毒，也可将污染区暂时封闭，依靠自然条件如日晒、通风等方法使毒气消失；也可喷射雾状水稀释消毒。

7.2.3.2 氯气应急处理处置技术

在第 6 章我们已给出了危险化学品环境污染事故应急处理处置技术方案库，在这个基础上可以得到氯气在各种污染情形下的处理处置方法。

氯气属于压缩气体及液化气体，当泄漏到地面时一部分会酸化土壤，另一部分挥发到空气，进而污染大气；当泄漏到水体中时，可溶解于水中，成为酸性物质；直接进入大气中，会污染大气。

具体的处理处置技术如下所示：

（1）氯气发生泄漏事故后，对于污染源，如果是容器、储罐、槽罐车等泄漏，首先考虑堵漏技术，若是较小容器，则可以考虑外加包装后进行转移；其次考虑倒罐技术，然后转移到安全地方；最后在情况危急下，考虑进行点燃或引爆操作。如果是在工厂的设备中发生泄漏事故，首先考虑工艺措施进行控制；其次考虑投加三氯化铁、漂白液、次氯酸钠等耗氯药物，减少氯气总量；最后考虑点燃或引爆操作。

（2）氯气发生泄漏事故后，对泄漏出的氯气应采取一定措施防止其进一步扩散或引导其扩散方向，通常采用的方法是喷水雾方法。

（3）氯气发生泄漏事故，当污染源控制后，对被氯气污染的土壤应采用沙土或吸附剂等覆盖，转移后集中处理；对被氯气污染水体进行中和处理；对空气中的氯气使用喷水雾的方法进行吸收，并进行驱散。

（4）对于整个事故处理处置产生的应急废物，应该集中分类后，运输到专业处置中心进行无害化处理。

7.2.4 氯气环境污染事故常用应急物资

在处理氯气环境污染事故时常用的应急物资及各物资的作用见表 7-3、表 7-4。

表 7-3 氯气环境污染事故常用应急监测类物资

分 类	名 称	用 途
应急监测类物质	便携式分光光度计	水质监测，如氨氮，COD，磷，六价铬等
	便携式电化学分析仪	水质监测，如 pH、氨、溶解氧等
	便携式生物毒性分析仪	生物毒性分析
	便携式流量计	流量监测
	走航式多普勒流量测定仪	流量监测
	气体检测管	氯气气体检测

表 7-4　氯气环境污染事故常用应急物资

分　类	名　称	用　途
安全防护类物资	过滤式防毒面具	防尘、防毒或尘毒组合防护
	空气呼吸器	在充满浓烟、毒气、蒸汽或缺氧的恶劣环境下使用
	滤毒盒	去除空气中粉尘、有毒有害气体，与防毒面具配合使用
	滤毒罐	去除空气中粉尘、有毒有害气体，与防毒面具配合使用
	移动供气源	密闭空间，缺氧，有毒有害气体环境
	防酸服	防止氯气泄漏与水反应生成的酸性物质造成人体伤害
	气密型化学防护服	可保护用户及其所有防护设备（如头盔和压缩空气呼吸器）不受气体、液体和固体有害物质及悬浮物的侵袭
	安全帽	防止外物导致头部受损
	防腐蚀液护目镜	防腐蚀性液体或气体造成眼部损伤
	防酸碱手套	防酸碱腐蚀性物质造成手部伤害
	防（耐）酸碱鞋（靴）	具有透水及耐酸碱性能
	耐化学品的工业用橡胶靴	适用于有酸、碱及相关化学品作业
污染控制类物资	沙包沙袋	可用于液氯泄漏应急废水的围堵、吸收
	沙土	可用于液氯泄漏应急废水的围堵、吸收
	堵漏胶	对液氯泄漏源进行堵漏
	注胶器	向泄漏源注入堵漏胶进行堵漏
	石灰乳	用于氯气吸收
	雾状水	驱散氯气蒸气云
	泵	抽取受污染的废水
	投药装置	用于向受污染的水体投加药剂
其他物资	应急通信设备	电话、对讲机、移动互联网终端设备
	应急车	用于运输应急物资，装载应急废物
	应急船	用于运输应急物资，装载应急废物

7.2.5　氯气环境污染典型案例分析——重庆天原“4·16”爆炸事故分析

2004 年 4 月 15 日晚，位于江北区重庆天原化工厂发生氯气泄漏爆炸事故，共造成 9 人死亡。

7.2.5.1　事故经过

2004 年 4 月 15 日，重庆天原化工厂处于正常生产状态。17 时 40 分，该厂氯氢分厂冷冻工段液化岗位接总厂调度令开启 1 号氯冷凝器；18 时 20 分，氯气干燥岗位发现氯气泵压力偏高，4 号液氯储罐液面管在化霜。当班操作工人两度对液化岗位进行巡查，未发现氯冷凝器有何异常，判断 4 号储罐液氯进口管可能有堵塞，于是转 5 号液氯储罐（停 4 号储罐）进行液化，其液面管也不结霜；21 时，当班人员巡查 1 号液氯冷凝器和盐水箱时，发现盐水箱氯化钙（$CaCl_2$）盐水大量减少，有氯气从氨蒸发器盐水箱泄出，从而判断氯冷凝器已穿孔，约有 4 m^3 的 $CaCl_2$ 盐水进入了液氯系统。

发现氯冷凝器穿孔后，厂总调度室迅速采取将 1 号氯冷凝器从系统中断开，冷冻紧急停车等措施。并将 1 号氯冷凝器壳程内 $CaCl_2$ 盐水通过盐水泵进口倒流排入盐水箱。将 1 号氯冷凝器余氯和 1 号氯液气分离器内液氯排入排污罐。23 时 30 分，该厂采取措施，开启液氯包装尾气泵抽取排污罐内的氯气到次氯酸钠的漂白液装置。

16 日 0 时 48 分，正在抽气过程中，排污罐发生爆炸；1 时 33 分，全厂停车；2 时 15 分左右，排完盐水后 4 h 的 1 号盐水泵在静止状态下发生爆炸，泵体粉碎性炸坏。

7.2.5.2 污染范围与形式

此次事故造成 15 万人进行紧急疏散撤离，对整个重庆江北区的空气均造成了污染。

7.2.5.3 实际采用技术及效果

（1）采取自然减压排氯方式，通过开启三氯化铁、漂白液、次氯酸钠三个耗氯生产装置，在较短时间内减少危险源中的氯气总量。

（2）使用四氯化碳溶解罐内残存的三氯化氮（NCl_3）；最后用氮气将溶解 NCl_3 的四氯化碳废液压出，以消除爆炸危险。

（3）为彻底消除危险源，将所有液氯储罐与汽化器中的余氯和 NCl_3 采用引爆、碱液浸泡处理。

（4）环保部门进行监测，消防部门使用水雾，进行稀释处理。

7.2.5.4 技术方案评价

（1）从事故原因方面，天原化工总厂对氯冷凝器的运行状况缺乏有效监控与自动报警装置。

（2）处理处置过程中使用水车控制了氯气在空气中的扩散，对泄漏到空气中污染物进行驱散后，未采取有效措施进行去除。

（3）所采取的自然减压排氯技术，有效地减少了氯气总量，对事故处理处置有着重要的参考作用。

7.3 苯环境污染应急处置

7.3.1 概述

苯是具有特殊气味的无色液体，常温下沸点为 80℃，20℃时的相对密度为 0.879，比水轻。它的蒸气相对密度为 2.7，也就是说比空气重，当空气中含有 1.4%～7%的苯时就可能发生爆炸。苯是易燃易挥发的液体，一旦遇火就会燃烧。

苯是重要的化工原料，可以用来制造洗衣粉、合成染料、杀虫剂、聚合物、表面活性剂、炸药、医药制品、油漆的溶剂、摩托燃料的添加剂等，此外还能合成已内酰胺、环己烷、苯胺、氯苯、硝基苯、联苯、酚及其他化合物，使用的单位很多，故发生事故的概率也很高。

苯是早已证明的致癌物，人若吸入了苯是很危险的，一般人的嗅觉阈值约 5 mg/m^3。低浓度时急性中毒的症状是心情紧张，好像酒醉一般；然后嗜睡，全身乏力，头晕目眩，恶心，呕吐，头痛，失去知觉；也可能产生肌颤，转而痉挛；瞳孔散大，对光反应消失；呼吸加快后变缓，体温急剧下降，黏膜发白；脉搏加快，充盈不足，血压下降。浓度很高时，使人几乎瞬间失去知觉，数分钟内丧命。皮肤接触了苯后会引起皮肤干燥、裂口、瘙痒，然后发红，苯可以透过皮肤导致血液的特殊变化。

一般规定，苯在居民点中的最高允许浓度为 0.8 mg/m^3，工业企业中的工作场所的最高允许浓度为 5 mg/m^3，超出以上浓度或发生苯事故时，应佩戴过滤式防毒面具，主要用于呼吸道的防护。目前工业用过滤式防毒面具和军用各种型号的过滤式防毒面具均能在一定范围内有效地防护。当然，如果苯的浓度超过 22 000 mg/m^3 或浓度未知，此时参加救援工作时必须佩戴隔绝式防护用具，如空气呼吸器、生氧面具或氧气面具等。堵漏或直接接触苯时，应穿丁腈橡胶防毒衣，戴橡胶手套，穿橡胶靴等，以保护皮肤不受伤害。

当在运输或储存时发生溢漏事故时，应尽快隔离危险区，撤出人员至安全地带，车辆禁止驶入危险区。对中毒人员应进行急救，首先将中毒人员移到空气清新处，并注意保温和静卧。呼吸困难时应给予输氧，必要时进行人工呼吸。皮肤接触苯后可用肥皂水洗，涂以皮肤病药膏，必要时应尽快送对口医院治疗。事故现场处理人员必须全身防护，无防护装具时应选用口罩、毛巾之类的织物浸水后保护呼吸器官，人员应尽量站在上风方向，避免在低洼处作业。

苯很容易着火，因此事故现场应严格遵守防火安全规定，禁止吸烟，须清除一切可能存在的火源和火星，溢出的液体不能与火接触，可用土堆、水泥等围堤使其不任意扩散。千万不能让苯溶液流入地下室、地道或排水设施中。如果苯泄漏数量不大，可撒些沙土、黏土或其他材料埋住、盖住，待日后掩埋处理。当泄漏数量较大时应设法不让其继续扩散，采用吸附、转移等方法去除。当空气中含有大量苯蒸气时，可用消防车、自动喷水车和消火栓向空中喷水消除。

值得一提的是苯容器破裂或发生大火时，切忌用大量水冲刷或灭火，因为这样处理的后果会导致苯伴随水流流淌到周围的地区，会埋下更大的隐患和祸根。扑救苯火灾可选用干粉、二氧化碳、抗溶性泡沫灭火剂进行扑灭，以将事故范围缩小到最低限度。

7.3.2　苯环境污染应急监测方法

常用的苯环境污染应急监测方法如表 7-5 所示。

表 7-5 常用苯的应急检测方法

检测方法	常用规格	技术参数	用 途
苯检测管		ppm	劳动保护；偶尔检测时用
便携式有机气体检测仪	pBD5gas-HC	0～5%CH_4 0～100% CH_4	容器中残留气体探测 泄露报警检测；现场施工防护，可以常时间连续检测
溶解气体分析仪	pGas4820-Ar-2Ph	气相：0～5%CH_4 液相：0～50 mmol/kg 298.15 K	溶解有机化合物分析 水或液体中苯含量检测
常量有机气体含量连续分析器	CGA4120-HC	0～5% CH_4 0～100% CH_4 5～100% CH_4	有机气体连续检测；非有机混合气中苯系物分析
便携式红外有机气体分析仪	pGas4160-TF3041	0.05～5 ppm 甲苯	定性定量检测；简单有机混合气体苯分析
便携式红外有机气体分析仪	pGas4160TF6382 MIR pGas4160TF80105MIR pGas4160TF20140MIR	0.5 ppm/m 苯	定性定量检测；简单有机混合气体苯分析
便携式红外有机气体分析仪	pGas4160TF6382 MIR-AR-Vap	0.5 ppm 甲苯	定性定量检测；固体物中苯系物挥发气分析
便携式红外有机气体分析仪	pGas4810MIR-Ar	ppm～100%	苯系物定性定量分析；水或其他液体中溶解度测定
便携式苯系物气体分析仪	pGas4821-Ar	ppb/ppm/%	环境大气苯系物分析；室内空气苯系物分析；高分辨苯系物分析；水或其他液体中溶解度测定

7.3.3 苯环境污染应急处理处置

7.3.3.1 概述

当苯发生泄漏事故时，首先应切断火源，迅速将人员撤离泄漏污染区至安全地带，并进行隔离，严格限制出入。建议应急处理人员戴自给正压式呼吸器，穿防毒服。尽可能切断泄漏源。防止进入下水道、排洪沟等限制性空间。如果是少量泄漏到地面，尽可能将溢漏液收集在密闭容器内，用砂土、活性碳或其他惰性材料吸收残液，也可以用不燃性分散剂制成的乳液刷洗，洗液稀释后放入废水系统。如果是大量泄漏到地面，构筑围堤或挖坑收容。用泡沫覆盖，降低蒸气灾害。喷雾状水冷却和稀释蒸气、保护现场人员。用防爆泵转移至槽车或专用收集器内，回收或运至废物处理场所处理。

苯难溶于水，水面会出现漂浮液体，并有刺激性气体，还会使鱼类及其他水生生物死亡。当微量苯溶于水，在自然界能通过蒸发和水循环最后挥发至大气中被光解，这是最主要的迁移过程。苯在水中的迁移转化还包括生物降解等过程，但这种过程的速率比挥发过程的速率低。

当苯泄漏进入水体时应立即构筑堤坝，切断受污染水体的流动，或使用围栏将苯液限制在一定范围内，然后再作必要处理。不具备围隔条件的要追踪污染团，投加活性炭处理。

7.3.3.2　苯应急处理处置技术

在第 6 章我们已给出了危险化学品环境污染事故应急处理处置技术方案库，在这个基础上可以得到苯在各种污染情形下的处理处置方法。

苯属于易燃液体，当一部分泄漏到地面时会污染土壤，另一部分挥发到空气，进而污染大气；当泄漏到水体中时，主体是漂浮于水面；挥发进入大气中，会污染大气。

具体的处理处置技术如下所示：

（1）苯发生泄漏事故后，对于污染源，如果是容器、储罐、槽罐车等泄漏时，首先考虑堵漏技术，若是较小容器，则可以考虑外加包装后进行转移；其次考虑倒罐技术，然后转移到安全地方；最后在情况危急下，考虑进行点燃或引爆操作。如果是在工厂的设备中发生泄漏事故，首先考虑工艺措施进行控制；其次考虑投加吸附剂等吸附物质，减少污染物总量；最后考虑点燃或引爆操作。

（2）苯发生泄漏事故后，对泄漏出的苯应采取一定措施防止其进一步的扩散或引导其扩散方向，对于泄漏到土壤中的液体苯，应采取修筑围堤，挖掘沟槽的方法进行人工导流，将进入地区最好使用土壤密封剂，防止污染地下水源；对于进入水体中的液体苯，采用修筑水坝，挖掘沟槽的方法进行人工导流；对于挥发到空气中的苯，采用喷水雾方法进行控制。

（3）苯发生泄漏事故，当污染源控制后，对于泄漏到陆地上的液体苯，如果量很大，可以进行抽取后转移；若不能进行，则要使用吸附剂进行覆盖操作后转移。对被苯污染的水体进行袋装或直接投加吸附剂处理；对空气中的苯使用喷水雾的方法进行驱散。

（4）对于整个事故处理处置产生的应急废物，应该集中分类后，运输到专业处置中心进行无害化处理。

7.3.4　苯环境污染事故常用应急物资

在处理苯环境污染事故时常用的应急物资及各物资的作用见表 7-6、表 7-7、表 7-8。

表 7-6 苯环境污染事故常用应急监测类物资

分 类	名 称	用 途
应急监测类物资	便携式分光光度计	水质监测，如氨氮，COD，磷等
	便携式傅立叶红外分析仪	有机物定性检测
	便携式电化学分析仪	水质监测，如 pH，氨、溶解氧等
	便携式气相-质谱联机	有机物监测
	便携式生物毒性分析仪	生物毒性分析
	便携式流量计	流量监测
	走航式多普勒流量测定仪	流量监测

表 7-7 苯环境污染事故常用应急监测类物资

分 类	名 称	用 途
安全防护类物资	过滤式防毒面具	防尘、防毒或尘毒组合防护
	空气呼吸器	在充满浓烟、毒气、蒸气或缺氧的恶劣环境下使用
	滤毒盒	去除空气中粉尘、有毒有害气体，与防毒面具配合使用
	滤毒罐	去除空气中粉尘、有毒有害气体，与防毒面具配合使用
	移动供气源	密闭空间，缺氧，有毒有害气体环境
	防油服	适用于接触油作业的人员
	阻燃防护服	在发生火灾时使用，防止烧伤
	气密型化学防护服	可保护用户及其所有防护设备不受气体、液体和固体有害物质及悬浮物的侵袭
	安全帽	防止外物导致头部受损
	一般护目镜	防机械性危险，灰尘
	防腐蚀液护目镜	防液体（酸、碱、感染的血液）飞溅或气体（酸、溶剂）造成眼部伤害
	防水护目镜	防液体飞溅或气体造成眼部伤害
	防化学品手套	防止各种化学伤害
	耐化学品的工业用橡胶靴	适用于有酸、碱及相关化学品作业
	防热阻燃鞋（靴）	防御高温、熔融金属火花和明火等伤害足部
其他物资	应急通信设备	电话、对讲机、移动互联网终端设备
	应急车	用于运输应急物资，装载应急废物
	应急船	用于运输应急物资，装载应急废物

表 7-8　苯环境污染事故常用污染控制类应急物资

分　类	名　称	用　途
污染控制类物资	沙包沙袋	质疏松，可用作液体废物泄漏后的围堵、吸收材料
	堵漏胶	对苯泄漏源进行堵漏
	注胶器	向泄漏源注入堵漏胶进行堵漏
	橡胶围油栏	主要用于防止苯扩散
	PVC 围油栏	主要用于防止苯扩散
	PU 围油栏	主要用于防止苯扩散
	网式围油栏	主要用于防止苯扩散
	其他围油栏	主要用于防止苯扩散
	吸油毡	用于吸收泄漏的苯
	化学品吸附材料	用于吸收泄漏的苯
	浮动油囊	应用在水面小面积浮油暂时存储
	轻便储油管	储存回收的溢油。应用于车、船难接近的地区，装卸便捷，不需工具和平坦地基
	活性炭	用于吸收泄漏的苯
	沙土	可用作液体废物泄漏后的围堵、吸收材料
	雾状水	驱散蒸气云
	干粉	灭火
	泡沫	灭火
	二氧化碳	隔绝氧气灭火
	收油机	用于收集泄漏的苯及苯水混合物
	泵	抽取受污染的废水
	投药装置	用于向受污染的水体投加药剂

7.3.5　苯环境污染典型案例分析——合界高速苯泄漏事故

2006 年 9 月 1 日晚 23 时许，一辆装载 26.32 t 粗苯槽罐车，在行至合界高速公岭镇联合村时发生翻车事故，导致大量粗苯泄漏，同时有两名驾驶员被困车内。

7.3.5.1　事故经过

2006 年 9 月 1 日晚 23 时许，大湖高速怀宁县公岭镇联合村路段，一辆装载 26.32 t 粗苯槽罐车冲出防护栏，冲入高速路下的水塘。该汽车的前轮胎和车体已经分离，司机和副驾驶两人被困驾驶室。在报警后到启动应急预案的间隔时间内，水塘与高速公路的上空开始弥漫着农药一样刺鼻的气味，报警人员均感觉到头晕。

7.3.5.2　污染范围与形式

粗苯槽车侧卧在池塘中，车头已严重损坏，车前轮脱落，槽车车厢损坏较重，车厢顶部的两个阀门全部被撞开，大量粗苯液体不断从罐口流进水塘，同时大量粗苯进入空气，形成混合物，500 m 范围内可以闻到刺激性气味。

7.3.5.3 实际采用技术及效果

（1）警戒小组在上风方向 500 m 和下风方向 1 000 m 以外实施警戒，对现场交通实施管制，禁止无关车辆和人员进入现场。

（2）组织下风方向 2 km 范围内的数千名群众进行紧急撤离。

（3）环保部门对现场环境进行监测，消防部门对事故现场进行全面监护。

（4）两辆吊车将槽车从水塘吊到高速路上进行倒罐操作，过程中消防官兵用泡沫不间断地喷洒到槽车上。

（5）针对进入水塘的十几吨粗苯，因为现场地势低洼，水塘四周有围坝，最终采用点燃方法将残液清除。

7.3.5.4 技术方案评价

（1）处理处置过程中使用泡沫车抑制粗苯向空气中的挥发，对泄漏到空气中污染物进行驱散后，未采取有效措施进行去除。

（2）针对进入水塘的十几吨粗苯，环保局曾提出，根据类似液苯事故案例和现场液苯泄漏量，建议紧急调运 24 t 活性炭分装到 1 200 条麻袋内，然后投放于水塘内将液苯吸附后进行处理。但由于应急物资准备不足，无法实施。

（3）针对进入水塘的十几吨粗苯，还有一个处理处置方案，即使用特种泵将苯残液抽到槽车内运走，但各地在短时间内均无法提供这种特种泵，普通水泵在防爆与防腐方面无法达到要求，无法实施。

（4）针对进入水塘的十几吨粗苯所采取的点燃操作，虽然能够清除表面残液，但燃烧所产生的有害物质会严重污染空气，另外土壤中的污染也不能有效地减少。

7.4 甲醇环境污染应急处置

7.4.1 概述

甲醇大体上可分为工业甲醇、燃料甲醇和变性甲醇，目前生产是以工业甲醇为主。工业甲醇通常是以煤、焦炭、天然气、轻油或重油等为原料合成的甲醇。随着可再生资源的开发利用技术的发展，现在利用农作物秸秆、速生林木及林木废弃物、城市有机垃圾等也可以气化合成甲醇。粗甲醇如果经过脱水精制后作为燃料使用，那么就称为燃料甲醇，它是一种无水甲醇。燃料甲醇一般不加变性剂等物质，只要满足可燃烧和无水的要求即可，其生产成本往往要比工业甲醇低，而变性甲醇是加入了甲醇变性剂的燃料甲醇或工业甲醇。

甲醇用途广泛，是基础的有机化工原料和优质燃料，主要应用于精细化工塑料等领域，用来制造甲醛、醋酸、氯甲烷、甲氨、硫酸二甲酯等多种有机产品，也是农药、医药产品的重要原料之一。甲醇具有毒性，对人体的致命剂量大约是 70 ml。甲醇对人体的神经系统和血液系统影响最大，它经消化道、呼吸道和皮肤摄入都会产生毒性反应，甲醇蒸气能损害人的呼吸道黏膜和视力。甲醇的急性中毒症状有头疼、恶心、胃痛、疲倦、视线模糊、失明，继而呼吸困难，最终导致呼吸中枢麻痹；慢性中毒反应为眩晕、昏睡、头痛、耳鸣、视力减退、消化障碍。甲醇在体内不易排出，会发生蓄积，在体内氧化生成甲醛和甲酸。在甲醇生产工厂，我国有关部门规定，空气中允许甲醇浓度为 5 mg/m^3，在有甲醇气体的现场工作需戴防毒面具，废水处理后才能排放，允许含量小于 200 mg/L。

职业接触主要见于甲醇的制造、运输及以甲醇为原料和溶剂的工业、医药行业和日用品行业。接触中甲醇可经呼吸道、胃肠道和皮肤被吸收。职业性急性甲醇中毒是生产或使用过程中接触甲醇所引起的以中枢神经系统损害、眼部损害及代谢性酸中毒为主的全身性疾病。吸入高浓度甲醇蒸气可引起眼和上呼吸道黏膜刺激症状，重症可致失明、肝损害，极其严重者会呼吸衰竭致死。

7.4.2　甲醇环境污染应急监测方法

甲醇事故现场监测方法主要有气体检测管法、便携式气相色谱法等，常用的方法如表 7-9 所示。

表 7-9　甲醇事故现场监测常用方法

检测方法	常用规格	技术参数	用　途
手持式有机挥发气体检测仪	HBD5gas4110-VOC	0～5% CH_4	现场施工防护，可以常时间连续检测；容器中残留气体探测；简单气体分析
便携式有机气体检测仪	pBD5gas4110-HC	0～5%CH_4 0～100% CH_4	现场施工防护，可以常时间连续检测；容器中残留气体探测；简单气体分析
便携式 VOCs 检测仪	pBD5gas-VOC2290	5 ppb～1 000 ppm 100 ppb～6 000 ppm	现场施工防护，可以常时间连续检测；挥发气检测
液体有机挥发气体检测仪	pBD5gas-2Ph-TVOC	气相：0～5% CH_4 液相：0～50 mmol/kg 298.15 K	简单气体分析； 溶解有机化合物分析； 挥发性有机化合物分析
有机挥发气体浓度红外变送器	GD4110-HC	0～5% CH_4 0～100%	现场有机气体泄露监测； 空气背景有机气体泄露监测
有机挥发气体浓度变送器	CPT2312-VOC		现场气体泄露监测报警； 空气背景气体在线监测
便携式甲醇气体分析仪	pGas4821-VOCs	ppb/ppm/%	有机气体分析；非甲烷烃测定； 溶解气体分析
便携式红外光谱气体分析仪	pGas4160-TF3041 pGas4160TF2333 pGas4160TF80105	0.004 ppm/m 0.3 ppm/m 0.1 ppm/m	多种有机气体分析； 甲醇气体检测分析

7.4.3 甲醇环境污染应急处理处置

7.4.3.1 概述

当甲醇发生泄漏事故时，首先应切断火源，迅速撤离泄漏污染区人员至安全地带，并进行隔离，严格限制出入。建议应急处理人员戴自给正压式呼吸器，穿防毒服。尽可能切断泄漏源。防止甲醇进入下水道、排洪沟等限制性空间。如果是少量泄漏到地面，尽可能将溢漏液收集在密闭容器内，用沙土、活性炭或其他惰性材料吸收残液，也可以用不燃性分散剂制成的乳液刷洗，洗液稀释后放入废水系统。如果是大量泄漏到地面，构筑围堤或挖坑收容；用泡沫或水覆盖，降低蒸气灾害；喷雾状水冷却和稀释蒸气，保护现场人员；用防爆泵将泄漏液转移至槽车或专用收集器内，回收或运至专业处理场所处理。

7.4.3.2 甲醇环境污染应急处理处置技术

在第 6 章我们已给出了危险化学品环境污染事故应急处理处置技术方案库，在这个基础上可以得到甲醇在各种污染情形下的处理处置方法。

甲醇属于易燃液体，当泄漏到地面时会污染土壤；当泄漏到水体中时，溶于水体中；挥发进入大气中，会污染大气。

具体的处理处置技术如下所示：

（1）甲醇发生泄漏事故后，对于污染源，如果是容器、储罐、槽罐车等泄漏，首先考虑堵漏技术，若是较小容器，则可以考虑外加包装后进行转移；其次考虑倒罐技术，然后转移到安全地方；最后在情况危急下，考虑进行点燃或引爆操作。如果是在工厂的设备中发生泄漏事故，首先考虑工艺措施进行控制；其次考虑投加有机酸类物质，减少甲醇总量；最后考虑点燃或引爆操作。

（2）甲醇发生泄漏事故后，对泄漏出的甲醇应采取一定措施防止其进一步地扩散或引导其扩散方向，通常采用的方法是喷水雾方法。

（3）甲醇发生泄漏事故，当污染源控制后，对被甲醇污染的土壤应采取沙土或吸附剂等覆盖，转移后集中处理的方法；对被甲醇污染水体进行吸附或氧化处理，时间较长但相对环境风险较小的方法是生物技术处理方法；对空气中的甲醇使用喷水雾的方法进行吸收，并进行驱散。

（4）对于整个事故处理处置产生的应急废物，应该集中分类后，运输到专业处置中心进行无害化处理。

7.4.4 甲醇环境污染事故常用应急物资

在处理甲醇环境污染事故时常用的应急物资及各物资的作用见表 7-10、表 7-11。

表 7-10　甲醇环境污染事故常用应急物资

分　类	名　称	用　途
应急监测类物资	便携式分光光度计	水质监测，如氨氮、COD、磷等
	便携式傅立叶红外分析仪	有机物定性检测
	便携式电化学分析仪	水质监测，如 pH、氨、溶解氧等
	便携式气相-质谱联机	有机物监测
	便携式生物毒性分析仪	生物毒性分析
	便携式流量计	流量监测
	走航式多普勒流量测定仪	流量监测
安全防护类物资	过滤式防毒面具	防止有害物质通过呼吸造成人体伤害，与滤毒盒或滤毒罐配合使用
	空气呼吸器	在充满浓烟、毒气、蒸气或缺氧的恶劣环境下使用
	滤毒盒	去除空气中的粉尘、有毒有害气体，与防毒面具配合使用
	滤毒罐	去除空气中的粉尘、有毒有害气体，与防毒面具配合使用
	移动供气源	密闭空间，缺氧，有毒有害气体环境
	防油服	适用于接触油作业的人员
	阻燃防护服	在发生火灾时使用，防止烧伤
	非气密型化学防护服	对液态和固态有毒有害化学物质防护的单件化学防护服
	安全帽	防止外物导致头部受损
	绝缘手套	防触电
	防化学品手套	防止各种化学伤害
	防（耐）酸碱鞋（靴）	防止酸碱腐蚀性物质造成足部伤害
	耐化学品的工业用橡胶靴	防止化学物质造成足部伤害
其他物资	应急通信设备	电话、对讲机、移动互联网终端设备
	应急车	用于运输应急物资，装载应急废物
	应急船	用于运输应急物资，装载应急废物

表 7-11 甲醇环境污染事故常用污染控制类应急物资

分 类	名 称	用 途
污染控制类物资	沙包沙袋	可用于甲醇泄漏及灭火废水的围堵、吸收
	沙土	可用于甲醇泄漏及灭火废水的围堵、吸收
	堵漏胶	对甲醇泄漏源进行堵漏
	注胶器	向泄漏源注入堵漏胶进行堵漏
	轻便储油管	储存回收的甲醇及受甲醇污染的废水
	活性炭	用于吸附泄漏的甲醇
	雾状水	驱散蒸气云
	干粉	灭火
	泡沫	灭火
	二氧化碳	隔绝氧气灭火
	收油机	收集泄漏的甲醇
	泵	收集受甲醇污染的废水
	投药装置	用于向受污染的水体投加药剂

7.4.5 甲醇环境污染典型案例分析——浙江省甬台温高速猫狸岭隧道甲醇泄漏事故

2009 年 10 月 21 日，浙江临海甬台温高速猫狸岭隧道发生一起三车追尾事故，一辆载有 17 t 甲醇的重型罐车在追尾中罐体破裂，5 t 甲醇泄漏。

7.4.5.1 事故经过

2009 年 10 月 21 日早上 6 时 24 分，浙江临海甬台温高速猫狸岭隧道发生一起三车追尾事故，一辆载有 17 t 甲醇的重型罐车在追尾中罐体泄漏。追尾的三辆车均已严重变形，三辆车车尾紧紧地“贴”在了一起。装有甲醇的车牌号为浙 B1816 的槽罐车，受到前后两车的“夹击”，罐体后部被扯开了一个大口子，泄漏的甲醇从破裂处不断流出，沿着路面迅速扩散，周围弥漫着一股刺鼻的气味。

7.4.5.2 污染范围与形式

发生追尾事故的三辆车均严重变形，装有甲醇的槽罐车的罐体后部被扯开了一个大口子，泄漏的甲醇从破裂处不断流出，对周围土壤造成污染，500 m 范围内可以闻到刺激性气味，同时流出的甲醇威胁到附近的水体。

7.4.5.3 实际采用技术及效果

（1）警戒小组在上风方向 500 m 和下风方向 1 000 m 以外实施警戒，对现场交通实施管制，禁止无关车辆和人员进入现场。

（2）环保部门对现场环境进行监测，消防部门对事故现场进行全面监护。

（3）路政部门派来两辆大型拖车用钢丝绳将前后两辆车牵引拖离了现场。

（4）消防官兵佩戴空气呼吸器，在确保安全的情况下用水枪对周围泄漏的甲醇进行稀释，减少路面上甲醇的挥发。

（5）消防官兵使用衣服包裹木柱打入泄漏处的方法进行简单堵漏，倒罐后转移出事故现场。

（6）将泄漏出来的甲醇引导到高速公路旁的边沟里，并对边沟进行了封堵，防止甲醇流进附近的河道，使用土壤进行了覆盖。

7.4.5.4 技术方案评价

（1）警戒小组进行了安全合理的警戒。

（2）处理处置过程中对周围泄漏的甲醇进行稀释，减少路面上甲醇的挥发，并对泄漏到空气中污染物进行驱散，还可采用泡沫车进行覆盖。

（3）事故处理处置必须在环保部门对现场环境进行监测，消防部门对事故现场进行全面监护的情况下进行。

（4）处理处置中进行了有效的个人防护。

（5）处理处置中消防人员使用最易获取的材料进行了有效堵漏，为下一步倒罐提供了时间保证，但实施技术选取时，保证安全是第一要务。

（6）对于引导到高速公路旁的边沟里的甲醇液体，不能简单地覆盖土壤，可以考虑进行抽取后覆盖，或使用吸附剂进行吸附，以减少污染物总量，最后需要将被污染土壤转移到安全处理场所统一处理，减少安全隐患。

7.5 黄磷环境污染应急处置

7.5.1 概述

我国公布的危险化学品名录中将危险化学品共分八大类，其中易燃固体、自燃物品和遇湿易燃物品包含 250 余种危险化学品。该类化学品性质活泼，着火点低，易于自燃或遇湿易燃。黄磷是该类化学品的代表性物质，且在我国生产、运输、使用量巨大，事故发生次数较多，因此对黄磷环境污染应急处置技术进行研究，可为同类其他化学品事故的应急处置提供借鉴，具有较强的实用性。

黄磷，也称白磷，为白色或浅黄色半透明性固体，质软，冷时性脆，见光色变深。因结构不同，相对密度分别为 1.83（α型）或 1.88（β型），熔点 44.1℃（β型），沸点 280℃。在空气中可自燃，产生绿色磷光和白色烟雾。湿空气中黄磷的着火点约为 30℃，在干燥时则稍高。在隔绝空气的条件下，加热到 260℃或在光照下可转变成无毒的红磷，在高压下，黄磷可转变为具有层状网络结构的黑磷。黄磷难溶于水，微溶于乙醇、乙醚，易溶于氯仿、苯、二硫化碳等有机溶剂。

黄磷存储时应隔绝空气保存，少量黄磷可存储于广口试剂瓶中，并以水隔绝空气，较大量且不常用的黄磷可以储存于封口的试剂瓶中，并埋入沙地。黄磷能直接与卤素、硫、金属等起作用，与硝酸生成磷酸，与氢氧化钠或氢氧化钾生成磷化氢及次磷酸钠。因此存储时，应避免与氯酸钾、高锰酸钾、过氧化物及其他氧化物接触。

由于黄磷有剧毒且易自燃，接触过黄磷的实验用品必须进行适当的处理，所用的刀子和镊子要在通风处用酒精灯灼烧，擦过上述工具或用于吸干黄磷的纸片不能丢在废纸篓里，也要在通风橱中烧掉，实验中用过的水槽要加入硫酸铜水溶液冲洗数遍。

黄磷有剧毒，中毒后，呼吸有大蒜气味；呕吐物可在暗处发光。人的中毒剂量为 15 mg，致死量为 50 mg。误服黄磷后很快产生严重的胃肠道刺激腐蚀症状，大量摄入会导致全身出血、呕血、便血和循环系统衰竭而死。若病人暂时得以存活，也可由于肝、肾、心血管功能不全而慢慢死去。皮肤被磷灼伤面积达 7%以上时，可引起严重的急性溶血性贫血，以致死于急性肾衰竭。长期吸入磷蒸气，可导致气管炎、肺炎及严重的骨骼损害。此外，黄磷还可以慢慢地腐蚀下颌骨。

人手接触到黄磷后，要立即用水冲洗，然后用 0.2 mol/L 的 $CuSO_4$ 溶液（或 2%的 $AgNO_3$ 溶液）轻抹，再用 3%～5%的 $NaHCO_3$ 溶液湿敷。禁止用油脂性的烧伤药膏。如果误服黄磷而中毒时，要尽快用 $CuSO_4$ 溶液洗胃，将剧毒的黄磷转化为几乎无毒的 H_3PO_4 或不溶于酸的 Cu_3P 沉淀。

黄磷虽然危险，但也有很多用途。在工业上用黄磷制备高纯度的磷酸，利用黄磷易燃产生烟（P_4O_{10}）和雾（P_4O_{10} 与水蒸气形成 H_3PO_4 等雾状物质）；在军事上常用来制烟幕弹、燃烧弹。还可用黄磷制造赤磷（红磷）、三硫化四磷（P_4S_3）、有机磷酸酯、杀鼠剂等。

7.5.2 黄磷环境污染应急监测方法

由于黄磷化学性质的特殊性，且涉及黄磷的突发事故及环境污染行为未得到足够重视，目前国内尚缺乏对水体、土壤等其他环境介质中黄磷单质检测比较统一权威的标准方法。有学者及环保工作一线的研究人员，对黄磷应急检测方法进行了比较研究，各种黄磷检测方法及方法参数如表 7-12 所示。

表 7-12 黄磷环境应急检测方法

	检出限/（μg/L）	相对标准偏差/%	分析时间/min	成熟度	毒害性
磷钼酸盐分光光度法	3	18.7	150	成熟	强
银盐分光光度法	3	10.8	60	不成熟	较弱
紫外分光光度法	8	1.69	45	一般	弱
气相色谱火焰分光光度法	0.25	4.3	50	较成熟	弱
气相色谱氮磷检测器测定法	0.5	6.9	50	较不成熟	较强

7.5.3 黄磷环境污染应急处理处置

7.5.3.1 概述

黄磷进入水体后，大部分吸附在颗粒物上沉入水底与底泥混合，其中少量黄磷慢慢向水体释放，并被水中的溶解氧氧化。底泥中的黄磷则可残留很长时间不变，水中生物能富集水体中的元素磷。

在对黄磷泄漏污染事故进行应急处理时，参与应急人员应佩戴自给正压式呼吸器，穿上防毒服，不可直接接触泄漏物。对于遗撒在地面上的黄磷应用水、潮湿的沙或泥土覆盖，然后收入金属容器中并保存于水或矿物油中，以防发生自燃。对泄漏至水体中的黄磷，可采用挖取法，对泄漏的黄磷进行挖掘收集，并同时挖掘受污染的底泥，收入金属容器中并保存于水或矿物油中，以防发生自燃。

对于在应急过程收集的应急废物，包括泄漏的黄磷、受污染的水、土壤、底泥等，可能因其中黄磷含量较高，具有易燃性，燃烧后产生的烟气具有酸性腐蚀性，应当进行进一步处理以彻底消除这些应急废物的环境危害性，一般可采用焚烧的方法进行处置，对于焚烧炉型的选择，废水可选择液体焚烧炉、回转窑焚烧炉；受污染的底泥、土壤及废弃的黄磷，可选择回转窑焚烧炉进行焚烧处置。在不具备液体焚烧炉和回转窑焚烧炉焚烧条件的地区，也可以考虑采用水泥窑协同处置技术，对以上应急废物进行处置。

7.5.3.2 黄磷应急处理处置技术

在第 6 章我们已给出了危险化学品环境污染事故应急处理处置技术方案库，在这个基础上可以得到黄磷在各种污染情形下的处理处置方法。

黄磷属于易燃固体、自燃物品和遇湿易燃物品，当泄漏到地面时会污染土壤；当泄漏到水体中时，主体是漂浮于水面。

具体的处理处置技术如下所述：

（1）黄磷发生泄漏事故后，对于污染源，如果是容器、储罐、槽罐车等泄漏时，首先考虑堵漏技术，若是较小容器，则可以考虑外加包装后进行转移；其次考虑倒罐技术，然后转移到安全地方；最后在情况危急下，考虑进行点燃操作。如果是在工厂的设备中发生泄漏事故，首先考虑工艺措施进行控制；其次考虑清空反应器，减少黄磷总量；最后考虑点燃或引爆操作。

（2）黄磷发生泄漏事故后，对泄漏出的黄磷应采取一定措施防止其进一步的扩散，对于泄漏到土壤中的黄磷通常采用修筑围堤方法进行拦截；对于泄漏到水体中的黄磷采取修筑水坝、挖掘沟槽并进行人工导流等方法拦截；对于泄漏到空气中的黄磷用喷水雾或泡沫的方法进行覆盖、拦截。

（3）黄磷发生泄漏事故，当污染源控制后，对被黄磷污染的土壤应用沙土覆盖，收入金属容器中并保存于水或矿物油中，以防发生自燃，转移后集中处理；对被黄磷污染的水体进行撇取或氧化处理，也可以采取生物技术消除对环境的潜在危害；对空气中的黄磷使用喷水雾或泡沫进行覆盖、吸收，并进行驱散。

（4）对于整个事故处理处置产生的应急废物，应该集中分类后，运输到专业处置中心进行无害化处理。

7.5.4 黄磷环境污染事故常用应急物资

在处理黄磷环境污染事故时常用的应急物资及各物资的作用如表 7-13 所示。

表 7-13 黄磷环境污染事故常用应急物资

分类	名称	用途
应急监测类	便携式电化学分析仪	水质监测，如 pH、氨、溶解氧等
安全防护类	防尘口罩	防呼吸性粉尘
	防毒口罩	防有毒蒸气及粉尘
	过滤式防毒面具	防尘、防毒或尘毒组合防护
	空气呼吸器	在充满浓烟、毒气、蒸气或缺氧的恶劣环境下使用
	生氧面具	缺氧环境
	长管呼吸器	适合各种有害物存在环境
	送风过滤式呼吸器	防尘、防毒可供选择
	防酸服	防止酸性腐蚀性气体、液体造成体表伤害
	阻燃防护服	在发生火灾时使用，防止烧伤
	安全帽	防止外物导致头部受损
	一般护目镜	防机械性危险，灰尘等造成眼部伤害
	防烟尘护目镜	防烟雾及粉尘
	防腐蚀液护目镜	防止腐蚀性液体或气体造成眼部伤害
	防酸碱手套	防酸碱腐蚀性液体造成手部伤害
	防（耐）酸碱鞋（靴）	防止酸碱腐蚀性物质造成足部伤害
	耐化学品的工业用橡胶靴	防止酸碱腐蚀性物质造成足部伤害
	防热阻燃鞋（靴）	防御高温、熔融金属火花和明火等伤害足部
围堵物资	沙土	可用于灭火废水的围堵与吸收
	沙包沙袋	可用于灭火废水的围堵与吸收
	堵漏胶	用于对泄漏源进行堵漏
	注胶器	向泄漏源注入堵漏胶进行堵漏
	石灰乳	适用于中和黄磷自燃灭火过程产生的酸性液体
	纯碱	适用于中和黄磷自燃灭火过程产生的酸性液体
	NaOH	适用于中和黄磷自燃灭火过程产生的酸性液体
	石灰	适用于中和黄磷自燃灭火过程产生的酸性液体
	泵	抽取灭火过程产生的废水
通信设备	应急通信设备	电话、对讲机、移动互联网终端设备
交通设备	应急车	用于运输应急物资，装载应急废物
	应急船	用于运输应急物资，装载应急废物

7.5.5　黄磷环境污染典型案例分析——昆明黄磷储存罐起火事故

2005 年 5 月 12 日零时 30 分左右，昆明马龙产业集团安宁分公司一个用来沉淀黄磷的铁制储存罐发生泄漏，引发大火。火灾持续近 60 h，所幸未造成人员伤亡。

7.5.5.1　事故经过

2005 年 5 月 12 日零时 30 分，云南省安宁市草铺镇马龙产业集团安宁分公司污水处理厂值班的职工，突然看到用来过滤磷水的一个沉降罐发生泄漏着火，着火的磷水从罐底成串地往下掉。他马上通知了公司有关领导。很快，公司领导赶到现场组织工人灭火。可是从罐里流出的黄磷一遇空气就着火，公司职工经过半个多小时奋战，仍无法控制火势。公司领导只好向云南富瑞公司专职消防队求助。安宁市消防中队出动 3 辆消防车、20 余名官兵赶到火场。黄磷燃烧的火焰卷着浓烟翻滚出来，为防止沉降罐发生爆炸，消防中队的官兵出动几支水枪，与富瑞专职消防队并肩作战，一些水枪灭火，一些水枪喷水冷却罐体，公司员工也开动供水设施不停地往罐里加水降温。

7.5.5.2　污染范围与形式

由于事故比较特殊，黄磷遇空气就燃，加之储存罐下面的环境比较复杂，给扑救工作带来难度。主要污染是黄磷燃烧产生的废气中含有部分有毒的五氧化二磷气体，灭火时用水及原有含磷污染水对厂区造成一定污染。

7.5.5.3　实际采用技术及效果

（1）水枪喷水冷却罐体，开动供水设施不停地往罐里加水降温。

（2）安宁市环保部门、卫生部门安排专人对环境进行监测。

（3）消防官兵佩戴空气呼吸器，在确保安全的情况用沙土围堰填埋的方式灭火，火势迅速得到初步控制。

（4）现场指挥部对当地的 1 000 多名群众进行了疏散，同时派出卫生所的医生，给村民检查身体，确保群众的身体状况不出任何意外。

（5）调集液氮，将离地面 3 m 高、直径 10 m、高 2.7 m 的沉降槽冷却后，用沙袋堵填和混凝土浇灌，封闭槽底达到最终灭火目的。

7.5.5.4　技术方案评价

（1）警戒小组进行了安全合理的警戒，现场指挥部进行了人员的安全疏散。

（2）处理处置过程中使用水起到了一定降温作用，但并没有达到其应有目的。

（3）事故处理处置必须在环保部门对现场环境进行监测，消防部门对事故现场进行全面监护的情况下进行。

（4）处理处置中进行了有效的个人防护。

（5）处理处置中消防人员使用沙土达到了有效控制火灾的目的，但实施中由于环境的复杂，不能达到完全灭火的目的，在实施技术选取时，保证安全是第一要务。

（6）对于灭火中产生的污水应该有针对性地收集，集中到一定地方，统一处置，减少安全隐患。

7.6 氰化钠环境污染应急处置

7.6.1 概述

氰化钠为白色结晶粉末，在潮湿空气中，会因吸收空气中的水及二氧化碳而散发出杏仁味的氰化氢气体。易溶于水，水溶液为强碱性。氰化钠作为一种重要的无机化工原料，主要用于冶金、电镀、医药行业及一些精细化工生产。其生产方法主要采取丙烯腈装置副产氢氰酸生产，另外还有轻油裂解法、安氏法等工艺。目前我国已成为世界氰化钠主要生产国，在国际氰化钠市场中占据一定位置。

氰化钠产品的消费主要来自冶金、化工、农药、医药、电镀等行业。冶金工业中，氰化钠主要用于黄金、白银、铜、锌等贵重金属的提炼；医药工业中主要作医药添加剂，如咖啡因、黄连素、可口碱、氨茶碱、乙胺嘧啶等的生产；化工合成中主要用于合成三聚氯氰、EDTA、氰乙酸、丙二酸甲酯、羟基乙氰等；电镀工业中主要作为镀铜、银、镉及锌等的络合剂；农药工业中主要用于菊酯类农药的合成。其他行业如饲料添加剂、化学纤维、造纸等也消耗一部分。

氰化钠属“毒害品与感染性物品”类危险化学品，其特性表现为：① 在水中的溶解度越大，其毒性越大，越易被人、畜吸收；② 呈固体状时的颗粒度越小，越容易飞扬，引起中毒；③ 呈液体状时的沸点越低，挥发性越强，空气中的浓度越大，越易从呼吸道进入人体引起中毒；④ 绝大多数有机毒害品不仅有毒，而且有易燃、易爆、易腐蚀的危险性；⑤ 无机毒害品一般本身不燃，但其中的氰化物遇酸会产生剧毒、易燃的氰化氢气体等。

氰化钠有以固体形式储于密封袋和金属桶内，也有以溶液形式用储罐、槽车进行储运。

氰化钠事故的特点为：① 极易造成人员中毒：氰化钠具有剧毒危害，能通过呼吸系统、消化系统和皮肤进入人体，对呼吸酶有强烈抑制作用。中毒初期症状表现为面部潮红、心动过速、呼吸急促、头痛和头晕，然后出现焦虑、木僵、昏迷、窒息，进而出现阵发性抽搐、抽筋和大小便失禁，最后出现心动过缓、血压骤降和死亡。② 严重污染环境：氰化钠及其与水作用产生的氰化氢对大气、水域及土壤会造成严重的环境污染，对环境生物尤其是水生物会造成严重危害。③ 引发燃烧爆炸：氰化钠自身不燃烧，但遇潮湿空气或与酸类接触会产生剧毒、易燃的氰化氢气体，其爆炸极限为 5.6%～40%。与氯酸盐、硝酸盐等接触会剧烈反应，引起燃烧爆炸。

7.6.2　氰化钠环境污染应急监测方法

由于氰化物的剧毒性，受到环保部门的高度重视，原国家环境保护局于 1987 年批准、发布了《水质　氰化物的测定　第一部分　总氰化物的测定》(GB 7486—87)和《水质　氰化物的测定　第二部分　氰化物的测定》（GB 7487—87）两部关于氰化物检测的国家环境保护标准，后又于 1999 年批准、发布了《固体污染源排气中氰化氢的测定 异烟酸-吡唑啉酮分光光度法》（HJ/T 28—1999）。随着检测技术进步，2009 年颁布了新的水质氰化物检测标准——《水质　氰化物的检测　容量法和分光光度法》（GB 484—2009），规定了环境水体中氰化物及总氰化物检测的标准方法。目前关于土壤中氰化物检测的标准方法，也在进行意见征集，待发布实施后，这些标准方法将覆盖水体、大气及土壤全部三种环境介质，为氰化物污染事故应急监测提供了检测规范。

氰化物的检测主要是对 CN^-进行检测。目前颁布的环境介质中氰化物检测的标准方法主要有容量法和分光光度法，分光光度法又包括异烟酸-吡唑啉酮分光光度法、异烟酸-巴比妥酸分光光度法和吡啶-巴比妥酸分光光度法三种方法。常用的监测氰化物的方法见表 7-14。

表 7-14　常用监测氰化物的方法

	检测方法	方法检出限/（mg/L）	测定下限/（mg/L）	测定上限/（mg/L）
水体	硝酸银滴定法	0.25	1	100
	异烟酸-吡唑啉酮分光光度法	0.004	0.016	0.25
	异烟酸-巴比妥酸分光光度法	0.001	0.004	0.45
	吡啶-巴比妥酸分光光度法	0.002	0.008	0.45
	检测方法	采样体积/L	检出限/（mg/m^3）	定量范围/（mg/L）
气体	异烟酸-吡唑啉酮分光光度法	30	0.002	0.005～0.17
		5	0.09	0.29～8.8
	检测方法	采样质量/g	检出限/（mg/kg）	定量下限/（mg/kg）
土壤	异烟酸-吡唑啉酮分光光度法	10	0.004	0.016
	异烟酸-巴比妥酸分光光度法	10	0.001	0.004
	吡啶-巴比妥酸分光光度法	10	0.02	0.08

7.6.3　氰化钠环境污染应急处理处置

7.6.3.1　概述

事故发生后，要按以下步骤操作：

（1）报警

遇到氰化钠事故时应问清事故发生的时间、详细地址、泄漏物质的载体、有无人员伤亡等情况，并立即报警。

（2）个人防护

进入事故现场的救援人员必须佩戴隔绝式呼吸器，穿着全封闭式防化服或抗腐蚀性的防化学喷溅服以及无钉鞋。深入事故现场内部实施侦检、关阀堵漏等任务的救援人员更应加强全身性的安全防护。

（3）侦察检测

协助组织人员对事故现场进行侦察检测，掌握泄漏扩散区域，周围有无着火源，附近水系分布及流向；利用仪器检测事故现场氰化氢气体浓度，明确扩散范围；测定现场及周围区域的风向、风速、气温等气象数据。

（4）设立警戒

根据询情和侦检情况，确定警戒范围，设立警戒标志，布置警戒人员，严格控制人员、车辆出入。氰化钠泄漏量多、扩散范围较大时，应将警戒区域划分为重危区、轻危区和安全区。在整个处置过程中，实施动态监测，并根据监测情况，随时调整警戒范围。

（5）疏散救生

疏散泄漏区域及扩散可能波及范围内一切无关人员。组成救生小组，携带救生器材迅速进入危险区域搜寻遇险和被困人员，并迅速组织营救和疏散。疏散时应明确疏散方向，选择合理的疏散路线，快速转移至安全区域。

（6）现场急救

① 将抢救出来的遇险中毒人员迅速转移至上风或侧上风方向安全地带。

② 立即清除中毒人员口鼻内异物，使其呼吸新鲜空气。如果呼吸困难或已不能呼吸，则应在现场立即采取供氧或人工呼吸等急救措施，人工呼吸过程中救援人员注意采取措施防止中毒。

③ 立即脱去中毒人员被污染的衣服。皮肤受到污染的，应用流动清水、肥皂水或5%硫代硫酸钠溶液彻底冲洗至少 20 min；眼睛被污染的，立即提起眼睑，用大量流动清水或生理盐水彻底冲洗至少 15 min。

④ 中毒严重的，经现场处理后，迅速送医院观察救治。食入一定量的，建议饮足量温水，催吐，用 1∶5 000 高锰酸钾或 5%硫代硫酸钠溶液洗胃。

（7）排除险情

① 清除火源：切断警戒区内所有电源，熄灭明火，停止高热设备工作，禁止使用非防爆器材。

② 控制扩散：根据现场情况采取有效措施，确保包装容器内的氰化钠不再外泄。在确保安全的情况下，将包装完好的氰化钠及时疏散出危险区域，并建立安全隔离带。对散落在外的氰化钠及时用塑料布或帆布覆盖，避免扬尘。若是氰化钠溶液泄漏，应筑堤

或挖坑收容。及时封堵事故现场的排洪沟、下水道，严防氰化钠流入邻近河流、湖泊等水域。

③ 关阀断源：管道发生泄漏，泄漏点处在阀门下游且阀门尚未损坏时，可采取关闭阀门断绝物料源的措施制止泄漏。关闭管道阀门时，应在开花或喷雾水枪的掩护下进行。

④ 器具堵漏：根据现场泄漏情况，研究制订堵漏方案，分别采取不同的堵漏器具进行堵漏。

管道、储存容器壁因微孔发生跑、冒、滴、漏时，可采用木楔入孔的方式实施堵漏；管道、储存容器壁因撕裂发生泄漏，不能采取关阀止漏时，可使用堵漏垫、堵漏楔、捆绑式充气堵漏带或金属外壳内衬橡胶垫等专用堵漏器具实施内外封堵；阀门法兰盘或法兰垫片损坏发生泄漏时，可采用不同型号的法兰夹具，并注射密封胶的方法进行封堵，也可直接使用专用的阀门堵漏工具实施堵漏。

⑤ 倒罐转移：储罐等容器发生泄漏，在事故现场不能有效堵漏的情况下，可采取输转措施将氰化钠溶液转移到其他储罐。可移动的槽车等发生泄漏，应迅速转移到邻近化工厂等具有一定条件的场所进行倒罐处置。

⑥ 氧化分解：储罐等容器发生泄漏，一时无法实施有效堵漏和倒罐转移的，可在泄漏的氰化钠溶液中投加漂白粉、漂粉精或次氯酸钠等物质进行氧化分解，使其形成无害或低毒废水。氰化钠泄漏到河流、湖泊等水域中，应采取上游关闸、下游筑坝等措施进行拦截，并向污染水中投加漂白粉等物质进行处理。

⑦ 扑救火灾：氰化钠事故现场若已引发火灾，应首先选用干粉、干沙等扑救，若用水扑救，则应做好废水的收集、洗消工作。严禁用二氧化碳和酸碱灭火剂。对火场周边受威胁但无法转移的其他容器，条件允许时可用直射水流进行冷却。

（8）洗消处理

① 场地和器材洗消：用水冲洗救援用车辆和器材装备，对冲洗产生的污水及污染地面，则应喷撒漂白粉等强氧化性物质处理，消除其危害。

② 人员洗消：在危险区与安全区交界处设置洗消站。用清水或肥皂水对进入危险区内的人员进行冲洗，需要洗消的人员主要包括中毒人员、救援人员及现场医务人员。

（9）清理移交

用直流水清扫现场，特别是低洼地带、下水道、沟渠等处，确保不留残液残气；清点人员、车辆及器材；撤除警戒，做好移交，安全撤离。

7.6.3.2　氰化钠环境污染应急处理处置技术

在第 6 章我们已给出了危险化学品环境污染事故应急处理处置技术方案库，在这个基础上可以得到氰化钠在各种污染情形下的处理处置方法。

氰化钠属于毒害品与感染性物品类危险化学品，当泄漏到地面时污染土壤；当泄漏到水体中时，会溶解于水中。

具体的处理处置技术如下所述：

（1）氰化钠发生泄漏事故后，对于污染源，如果是容器、储罐、槽罐车等泄漏时，首先考虑堵漏技术，若是较小容器，则可以考虑外加包装后进行转移；其次考虑倒罐技术，最后转移到安全地方。如果是在工厂的设备中发生泄漏事故，首先考虑工艺措施进行控制；其次考虑投加漂白粉、漂粉精或次氯酸钠等物质进行氧化分解，减少氰化钠总量；最后考虑点燃或引爆操作。

（2）氰化钠不宜暴露在空气中，会与空气中水分接触，进而挥发，应及时用沙土等覆盖，使用喷水雾的方法吸收，并进行驱散。

（3）氰化钠发生泄漏事故，当污染源控制后，对被氰化钠污染的土壤应用沙土等覆盖，转移后集中处理；对被氰化钠污染水体投加漂白粉处理；对空气中的氰化钠粉尘使用喷水雾的方法吸收，并进行驱散。

（4）对于整个事故处理处置产生的应急废物，应该集中分类后，运输到专业处置中心进行无害化处理。

7.6.4 氰化钠环境污染事故常用应急物资

在处理氰化钠环境污染事故时常用的应急物资及各物资的作用如表 7-15、表 7-16 所示。

表 7-15 氰化钠环境污染事故常用应急物资

分 类	名 称	用 途
应急监测类物资	便携式分光光度计	水质监测，如氨氮、COD、磷等
	便携式电化学分析仪	水质监测，如 pH、氨、溶解氧等
	便携式气相-质谱联机	有机物监测
	便携式生物毒性分析仪	生物毒性分析
	走航式多普勒流量测定仪	流量监测
个人防护类物资	过滤式防毒面具	防止氰化钠粉末及其他有毒粉尘、气体通过呼吸造成人体伤害
	滤毒盒	去除空气中的粉尘、有毒有害气体
	阻燃防护服	在发生火灾时使用，防止烧伤
	非气密型化学防护服	防止液态和固态有毒有害化学物质造成体表伤害，应与自给式呼吸器或长管式呼吸器配合使用
	安全帽	防止外物导致头部受损
	一般护目镜	防机械性危险，灰尘
	防烟尘护目镜	防烟雾及粉尘
	防腐蚀液护目镜	防腐蚀性液体或气体造成眼部损伤
	防化学品手套	防止各种化学伤害
	防酸碱手套	防酸碱性物质造成手部伤害
	防（耐）酸碱鞋（靴）	防止酸碱腐蚀性物质造成足部伤害

表 7-16　氰化钠环境污染事故污染控制类应急物资

分　类	名　称	用　途
污染控制类物资	沙包沙袋	可用于液态氰化钠泄漏的围堵、吸收
	沙土	可用于液态氰化钠泄漏的围堵、吸收
	堵漏胶	对液态和固态氰化钠泄漏源进行堵漏
	注胶器	向泄漏源注入堵漏胶进行堵漏
	次氯酸钠	用于氧化泄漏进入水体中的氰化钠
	液氯	用于氧化泄漏进入水体中的氰化钠
	漂白粉	用于氧化泄漏进入水体中的氰化钠
	泵	抽取受污染的废水
	投药装置	用于向受污染的水体投加药剂
其他物资	应急通信设备	电话、对讲机、移动互联网终端设备
	应急车	用于运输应急物资，装载应急废物
	应急船	用于运输应急物资，装载应急废物

7.6.5　氰化钠环境污染典型案例分析——龙岩市氰化钠槽车泄漏事故

2000 年 10 月 24 日，龙岩市上杭县 205 国道至紫金山金矿矿区公路上发生了一起氰化钠槽车倾覆山涧的事件，7 t 的剧毒物品氰化钠流入小溪，饮用此水的村民 90 多人中毒。

7.6.5.1　事故经过

2000 年 10 月 24 日早晨 6 时 10 分左右，一辆从安徽安庆开过来的槽车突然在拐进矿区的 5 km 处坠落山涧，车里载有 10.7 t 剧毒物品氰化钠，加上车本身共有 12 t。车里有两个司机一个押运员，三人均只受轻伤，其中一名司机爬出驾驶室发现装有氰化钠的出口盖已被撞开，所装浓度为 33%的氰化钠溶液汩汩地流出来，于是赶快脱下衣服进行堵漏，但未能成功，而且由于手部有伤口，伤口在堵漏过程中接触到了氰化钠浓液，造成血液中毒，于是他赶紧顺着山谷跑向村庄，告诉人们山里小溪已污染，不能饮用，并迅速向紫山矿业公司有关人员和消防环保等部门求救。

7.6.5.2　污染范围与形式

经现场勘查，车体掉进了深 20 m、底宽 8 m 的深谷中，装有氰化钠的出口盖已被撞开，所装浓度为 33%的氰化钠溶液共有 7 t 流出，进入溪水中。事发小溪流入古县河，再汇入汀江，该小溪是附近村民的直接饮用水水源，古县河是上杭县居民主要饮用水水源，汀江是龙岩市的主要水源地。

7.6.5.3　实际采用技术及效果

（1）氰化钠是溶解金矿的药液，不能用软木塞等去堵漏，罐体的入口盖已变形，无法堵住，也无法将罐体翻过来，让泄漏口朝上。在这种情况下，最好的方法是用导管吸出残液，使用专用桶盛装吸出来的残液，以及将地上能够舀起的残液，全部运到炼金厂进行处理。

（2）调运 20 t 漂白粉到事故现场以及附近水源作前期消毒处理。

（3）在山沟里、沟里和稻田的交界处筑起了两道 5 m 多高的坝体，形成总容量达 1.25 万 m^3 的蓄洪池，在现场周边还挖出了长约 800 m、深约 1 m 的隔离防洪沟，控制污染源的扩大。

（4）省市环保局及临近的武平县抽调人员支援事故监测，按照应急需要，进行 24 h 现场监测，进行氰化物浓度的定量分析。

（5）在水源被污染的情况下，24 日、25 日两天，上杭县消防官兵从城关运水到梅溪村供水口，解决村里几千人的生活用水。

7.6.5.4 技术方案评价

（1）宣传快速，减少中毒。运输司机在试图自行处置泄漏未果的情况下，通知相关部门后，沿溪流奔走，告知周围居民溪水有毒，不可饮用，行动方式虽然效率不高，但也对避免周围居民的大量伤亡起到了积极作用。

（2）现场消防与环保人员，结合实际情况，及时有效地调整技术方案，以达到最佳的处理效果。

（3）应急物资准备充分。事发后，有关方面在短时间内迅速调集了 20 多 t 漂白粉用于应急处置，为事故处置准备物质基础。

（4）防污扩散，措施得当。事发后，迅速筑起防污坝，避免剧毒物质污染下游应用水源，同时保护了周围水田等农业用地。

（5）环保监测，支持得力。应急过程中，环保部门从省市及临近地区抽调人员，保证应急监测工作顺利完成，为应急处置行动提供了可靠的决策依据。

（6）对于泄漏到土壤中的氰化钠溶液，在处理液体物质后，需要将被污染土壤转移到安全处理场所统一处理，减少安全隐患。

（7）预警不力，造成中毒。该起事故最大的失误在于未能及时向周围村民发布相关信息。车祸发生事件在早晨 6 点，此时村民多集中在家，车祸地距村民居住区定距离不远，通过合理手段，完全可以及时将溪水有毒，不能使用的消息告知周围居民，但仍有众多居民中毒，表明许多居民未能及时了解溪水有毒的事实或未足够重视溪水有毒的事实。

7.7 氨水环境污染应急处置

7.7.1 概述

氨水即氨的水溶液，通过将氨气溶解于水制得。由于氨水中氨的含量不同，部分物理性质略有差别，如密度、分子量等。工业氨水是含氨 25%～28%的水溶液，氨水中含氨越多，密度越小。目前，含氨 28%～29%的氨水的密度约为 0.9 g/cm^3，最浓的氨水含氨 35.28%，密度 0.88 g/cm^3。氨水中仅有一小部分氨分子与水反应形成铵离子和氢氧根离子，即氢氧化铵，无水氨的凝固点约为−77℃。与强氧化剂和酸剧烈反应，与卤素、氧化汞、氧化银接触会形成对震动敏感的化合物。接触下列物质能引发燃烧和爆炸：三甲胺、氨基化合物、1-氯-2,4-二硝基苯、邻-氯代硝基苯、铂、二氟化三氧、二氧二氟化铯、卤代硼、汞、碘、溴、次氯酸盐、氯漂、有机酸酐、异氰酸酯、乙酸乙烯酯、烯基氧化物、环氧氯丙烷、醛类。

氨水易分解放出氨气，随温度升高和放置时间延长而增加挥发率，且随浓度的增高挥发量增加，可形成爆炸性气氛。若遇高热，容器内压增大，有开裂和爆炸的危险。氨水与酸可以发生中和反应，产生热量，加速溶解于水中的氨挥发。常温下氨气是一种可燃气体，但较难点燃，爆炸极限为 16%～25%，浓度为 17%时最易引燃，因此一定条件下，氨气泄漏有燃烧爆炸危险。

氨水具有腐蚀性，能腐蚀某些涂料、塑料和橡胶，也能腐蚀铜、黄铜、青铜、铝、钢、锡、锌及其合金。氨水的腐蚀性源于其碱性，碳化氨水的腐蚀性更加严重，对铜的腐蚀比较强，钢铁比较差，对水泥腐蚀不大，对木材也有一定腐蚀作用。氨水中的一小部分氨分子与水反应生成铵离子（NH_4^+）和氢氧根离子（OH^-），故呈弱碱性。氨水能与酸反应，生成铵盐。浓氨水与挥发性酸（如浓盐酸和浓硝酸）相遇会产生白烟。

此外，氨水在化学性质上，还具有不稳定性，见光易分解；呈络合性，能与多种金属离子（Ag^+、Cu^{2+}、Cr^{3+}、Zn^{2+}等）发生络合反应；沉淀性，能与多种金属离子反应，生成难溶性弱碱或两性氢氧化物；还原性等多种化学性质。

呼吸暴露是人体接触氨气的主要途径，轻度吸入氨中毒表现有鼻炎、咽炎、气管炎、支气管炎，患者有咽灼痛、咳嗽、咳痰、咯血、胸闷和胸骨后疼痛等症状。急性中毒主要由意外事故造成，表现为呼吸道黏膜刺激和灼伤，伤害程度与氨的浓度、吸入时间及受害者个人因素有关，严重中毒可能出现喉头水肿，声门狭窄以及呼吸道黏膜脱落，可造成气管阻塞，引起窒息，甚至直接影响肺部毛细血管通透性引起肺水肿。

低浓度氨对眼睛和皮肤能迅速产生刺激作用，高浓度的氨则可以引起严重的化学烧伤。皮肤接触可引起严重疼痛和烧伤，并能发生咖啡样着色。被腐蚀部位呈胶状并发软，可发生深度组织破坏。

高浓度氨气对眼睛有强烈刺激作用，可引起疼痛和烧伤，导致明显的炎症并可能发生水肿，上皮组织破坏，角膜混浊和虹膜发炎。轻度病例一般会缓解，严重病例会持续较长时间，并发生持续性水肿、疤痕、永久性混浊、眼睛膨出、白内障、眼睑和眼球粘连及失明。

7.7.2 氨环境污染应急监测方法

根据《室内环境质量及检测标准》中的检测环境要求，氨的测定有如下几种方法。

（1）测定工业废气和空气中氨的钠氏试剂分光光度法，本方法适用于制药、化工、炼焦等工业行业废气中氨的测定。

测量范围：在吸取液体积为 50 ml，采样体积为 2.5～10 L 时，测量范围为 0.5～800 mg/m^3。对于浓度更高的样品，测定前必须进行稀释。最低检出限为 0.25 mg/m^3。

（2）次氯酸钾-水杨酸分光光度测定法，适用于恶臭源厂界及环境空气中氨的测定。

测量范围：在吸收液为 10 ml，采样体积为 10～20 L 时，测量范围为 0.08～110 mg/m^3，对于高浓度样品测定前必须进行稀释。

干扰：有机胺浓度大于 1 mg/m^3 时不适用。

（3）氨气敏电极法，适用于测定空气和工业废气中的氨。

测量范围：本方法检测限为 10 ml 吸收溶液中 0.7 μg 氨，但样品溶液总体积为 10 ml，采样体积为 60 ml，最低检测浓度为 0.014 mg/m^3。

（4）靛酚蓝分光光度法，适用于公共场所空气中氨的测定，也适用于居民区大气和室内空气中氨浓度的测定。

根据市场上检测氨浓度的仪器可分为分光光度法、电化学法和快速检测法三种。

（1）分光光度法：检测出来的数据相对准确度高，但操作不方便，目前还没有能现场操作的仪器。

（2）电化学法：以氨传感器为主体的检测仪成本较高，检测数据相对准确，操作便捷，但传感器是易疲劳件，每年需要更换。

（3）快速检测法：以快速检测管为主，检测的精确度稍差些，但能满足室内空气检测的要求。普遍适用于室内空气定性检测。快速检测管即通过检测气体与指示剂发生化学反应而表现出的颜色变化来测定检测气体浓度，操作相当方便，成本也比较低廉。

7.7.3 氨水环境污染应急处理处置

7.7.3.1 概述

（1）公众安全

立即在所有方向上隔离泄漏区，至少 50 m，若发生火灾且火场内如有储罐、槽车或罐车，四周隔离 800 m，考虑初始撤离 800 m。疏散无关人员，在上风向上停留，切勿进入低洼处。密闭空间加强通风。

（2）个体防护

佩戴正压自给式呼吸器。穿生产商特别推荐的化学防护服，注意该类防护服可能不防热。消防防护服仅用于灭火时的防护，对泄漏防护则无效。

（3）现场急救

① 皮肤接触：立即用水冲洗至少 15 min。若有灼伤，就医治疗。对少量皮肤接触，避免将物质播散面积扩大。注意患者保暖并且保持安静。

② 眼睛接触：立即提起眼睑，用流动清水或生理盐水冲洗至少 15 min，或用 3%硼酸溶液冲洗，立即就医。

③ 吸入：迅速脱离现场至空气新鲜处，保持呼吸道通畅，呼吸困难时给输氧。呼吸

停止时，立即进行人工呼吸。如果患者食入或吸入该物质不要用口对口进行人工呼吸，可用单向阀小型呼吸器或其他适当的医疗呼吸器。

④ 食入：误服者立即漱口，口服稀释的醋或柠檬汁。吸入、食入或皮肤接触该物质可引起迟发反应，确保医务人员了解该物质相关的个体防护知识，注意自身防护。

（4）少量泄漏

疏散泄漏污染区人员至安全区，防止吸入氨气，防止液体与身体接触。处置人员应佩戴自给式呼吸器。禁止无关人员进入氨气可能汇集的局限空间，并加强通风。泄漏的容器应转移至安全地带，并在确保安全的情况下才能打开阀门泄压。用大量水冲洗，经稀释的洗水放入废水系统。也可以用沙土、蛭石或其他惰性材料吸收，然后加入大量水中，调节至中性，再放入废水系统。收集的泄漏物应放在贴有标签的密闭容器中，以便废弃处理。

（5）大量泄漏

疏散场内所有未防护人员，向上风向转移，并禁止进入氨气可能汇集的受限制空间。泄漏处置人员应穿全身防护服，佩戴呼吸设备。消除附近火源。

禁止接触或跨越泄漏的液体，防止泄漏物进入阴沟和排水渠道，增强通风。场内禁止吸烟和明火。在保证安全的情况下，要堵漏或翻转泄漏容器，使泄漏口向上。喷雾状水，以抑制蒸气或改变蒸气云流向，但禁止用水直接冲击泄漏源。防止泄漏的氨水进入水体、下水道、地下室或其他密闭空间。利用围堤收容，然后收集、转移、回收或无害处理后废弃。清洗后，在储存和再使用前要将所有的保护性服装和设备洗消。

（6）火灾处置

火灾发生后要立即向当地“119”消防、政府、环保、交通等部门报警，报警内容应包括事故单位、事发时间、地点、化学品危害程度、有无人员伤亡及报警人姓名、电话。

用干粉、二氧化碳、抗醇泡沫或水幕灭火；在确保安全的前提下将容器移离火场。筑堤收集消防水以备处理，不得随意排放。

若发生储罐、公路/铁路槽车火灾则应注意：消防人员进入火场前，应穿着防护服，佩戴正压式呼吸器；氨气易穿透衣物，且易溶于水，消防人员要注意对人体排汗量大的部位的防护；从远处使用遥控水枪水炮灭火；容器内禁止注水，用大量水冷却容器，直至大火扑灭；若安全阀发出声响或储罐变色，应立即撤离；远离着火的储罐。

7.7.3.2　氨水环境污染应急废物处理处置技术

在第 6 章我们已给出了危险化学品环境污染事故应急处理处置技术方案库，在这个基础上可以得到氨水在各种污染情形下的处理处置方法。

氨水属于碱性腐蚀品，当泄漏到地面时一部分会碱化土壤，另一部分挥发到空气，进而污染大气；当泄漏到水体中时，溶解于水中，成为碱性物质；直接进入大气中，可以污染大气。

具体的处理处置技术如下所述：

（1）氨水发生泄漏事故后，对于污染源，如果是容器、储罐、槽罐车等泄漏时，首先考虑堵漏技术，若是较小容器，则可以考虑外加包装后进行转移；其次考虑倒罐技术，再次转移到安全地方；最后在情况危急下，考虑进行点燃或引爆操作。如果是在工厂的设备中发生泄漏事故，首先考虑工艺措施进行控制；其次考虑投加酸性物质等进行中和，减少氨水总量。

（2）氨水发生泄漏事故后，对挥发到空气中的氨气应采取一定措施防止其进一步的扩散或引导其扩散方向，通常采用的方法是喷水雾。

（3）氨水发生泄漏事故，当污染源控制后，对被氨水污染的土壤应用沙土或吸附剂等覆盖，转移后集中处理；对被氨水污染水体进行中和处理；对空气中的氨气使用喷水雾的方法吸收，并进行驱散。

（4）对于整个事故处理处置产生的应急废物，应该集中分类后，运输到专业处置中心进行无害化处理。

7.7.4 氨水环境污染事故常用应急物资

在处理氨水环境污染事故时常用的应急物资及各物资的作用如表 7-17、表 7-18 所示。

表 7-17　氨水环境污染事故常用应急物资

分　类	名　称	用　途
应急监测类物质	便携式分光光度计	水质监测，如氨氮、COD、磷、六价铬等
	便携式电化学分析仪	水质监测，如 pH、氨、溶解氧等
	便携式生物毒性分析仪	生物毒性分析
	便携式流量计	流量监测
	走航式多普勒流量测定仪	流量监测
	气体检测管	氨气气体检测管
污染控制类物资	沙土	可用于液态氰化钠泄漏的围堵、吸收
	堵漏胶	对液态和固态氰化钠泄漏源进行堵漏
	注胶器	向泄漏源注入堵漏胶进行堵漏
	盐酸	用于中和碱性液体
	雾状水	驱散蒸气云、吸收空气中氨气
	泵	抽取受污染的废水
	投药装置	用于向受污染的水体投加药剂
其他物资	应急通信设备	电话、对讲机、移动互联网终端设备
	应急车	用于运输应急物资，装载应急废物
	应急船	用于运输应急物资，装载应急废物

表 7-18　氨水环境污染事故常用个人防护类应急物资

分　类	名　称	用　途
个人防护类物资	过滤式防毒面具	防止有害物质通过呼吸造成人体伤害，与滤毒盒或滤毒罐配合使用
	空气呼吸器	在充满浓烟、毒气、蒸气或缺氧的恶劣环境下使用
	滤毒盒	去除空气中的粉尘、有毒有害气体，与防毒面具配合使用
	滤毒罐	去除空气中的粉尘、有毒有害气体，与防毒面具配合使用
	防碱服	防止碱性腐蚀性气体、液体造成体表伤害
	阻燃防护服	在发生火灾时使用，防止烧伤
	气密型化学防护服	可保护用户及其所有防护设备（如头盔和压缩空气呼吸器）不受气体、液体和固体有害物质及悬浮物的侵袭
	安全帽	防止外物导致头部受损
	防腐蚀液护目镜	防止腐蚀性液体或气体造成眼部伤害
	防化学品手套	防止各种化学伤害
	防酸碱手套	防酸碱
	防（耐）酸碱鞋（靴）	具有透水及耐酸碱性能
	耐化学品的工业用橡胶靴	适用于有酸、碱及相关化学品作业

7.7.5 氨水环境污染典型案例分析——甬金高速岩坑尖隧道氨水泄漏事故

2011 年 7 月 8 日，位于甬金高速岩坑尖隧道群 2 号隧道内，一辆集装箱卡车追尾撞上一辆装满氨水的槽罐车，槽罐车上约 20 t 氨水全部泄漏。

7.7.5.1 事故经过

2011 年 7 月 8 日 8 时 20 分左右，甬金高速岩坑尖隧道群 2 号隧道内发生一起车祸，一辆集装箱卡车追尾撞上一辆装满氨水的槽罐车，横在了隧道中间，槽罐车上的氨水迅速泄漏。事发时一辆载有 27 名乘客的大巴紧随事故车辆，车上乘客被紧急疏散离开隧道，集装箱运输车驾驶员逃离不及，出现氨中毒症状，后被送至医院抢救，所幸生命体征较为平稳。事故造成 5 人受伤，并导致罐车内约 20 t 工业氨水全部泄漏。

7.7.5.2 污染范围与形式

槽罐车上的 20 t 氨水全部泄漏，隧道口附近的许多树木被高浓度的工业氨水熏焦，一部分氨水通过高速公路的渠道流到山坳的小溪里。

7.7.5.3 实际采用技术及效果

（1）高速交警在第一时间封锁事故路段，五辆消防车在第一时间赶到现场，根据现场情况，立即成立侦检、堵漏、稀释、搜救疏散、供水、保障六个战斗小组。

（2）轮番对罐体进行喷淋，稀释泄漏的氨水，降低氨水的挥发浓度。

7.7.5.4 技术方案评价

（1）应急准备充分。事故发生后，高速巡警、消防、环保、市政府、镇政府等多个部门立即行动，消防部门应对合理，表明政府及相关部门已经准备了应急预案。

（2）社会平稳。针对饮用水水源受到污染的村庄，当地政府组织消防车，每日送水，保证了当地居民的用水需求，将居民生活所受影响降至最低，维护了当地社会稳定。

（3）在距离事故地点 1.5 km 之外的浙江义乌西塘村是离氨水泄漏现场最近的一个村子，村子没有与市自来水管网对接，该村 1 300 多户村民和外来人员的饮用水都靠村里的六口水井。事故应急产生的稀释后的浊水沿着村旁的河道流入村里的地下水系统，六口水井都被污染了。在事故过程中未对应急可能产生的浊水进行收集处理，应急预案准备不充分。

参考文献

[1] GB 20576—2006 化学品分类、警示标签和警示性说明安全规范（爆炸物）.

[2] GB 20577—2006 化学品分类、警示标签和警示性说明安全规范（易燃气体）.

[3] GB 20578—2006 化学品分类、警示标签和警示性说明安全规范（易燃气溶胶）.

[4] GB 20579—2006 化学品分类、警示标签和警示性说明安全规范（氧化性气体）.

[5] GB 20580—2006 化学品分类、警示标签和警示性说明安全规范（压力下气体）.

[6] GB 20581—2006 化学品分类、警示标签和警示性说明安全规范（易燃液体）.

[7] GB 20582—2006 化学品分类、警示标签和警示性说明安全规范（易燃固体）.

[8] GB 20583—2006 化学品分类、警示标签和警示性说明安全规范（自反应物质）.

[9] GB 20584—2006 化学品分类、警示标签和警示性说明安全规范（自热物质）.

[10] GB 20585—2006 化学品分类、警示标签和警示性说明安全规范（自燃液体）.

[11] GB 20586—2006 化学品分类、警示标签和警示性说明安全规范（自燃固体）.

[12] GB 20587—2006 化学品分类、警示标签和警示性说明安全规范（遇水放出易燃气体的物质）.

[13] GB 20588—2006 化学品分类、警示标签和警示性说明安全规范（金属腐蚀物）.

[14] GB 20589—2006 化学品分类、警示标签和警示性说明安全规范（氧化性液体）.

[15] GB 20590—2006 化学品分类、警示标签和警示性说明安全规范（氧化性固体）.

[16] GB 20591—2006 化学品分类、警示标签和警示性说明安全规范（有机过氧化物）.

[17] GB 20592—2006 化学品分类、警示标签和警示性说明安全规范（急性毒性）.

[18] GB 20593—2006 化学品分类、警示标签和警示性说明安全规范（皮肤腐蚀刺激）.

[19] GB 20594—2006 化学品分类、警示标签和警示性说明安全规范（严重眼睛损伤眼睛刺激性）.

[20] GB 20595—2006 化学品分类、警示标签和警示性说明安全规范（呼吸或皮肤过敏）.

[21] GB 20596—2006 化学品分类、警示标签和警示性说明安全规范（生殖细胞突变性）.

[22] GB 20597—2006 化学品分类、警示标签和警示性说明安全规范（致癌性）.

[23] GB 20598—2006 化学品分类、警示标签和警示性说明安全规范（生殖毒性）.

[24] GB 20599—2006 化学品分类、警示标签和警示性说明安全规范（特异性靶器官系统毒性　一次接触）.

[25] GB 20601—2006 化学品分类、警示标签和警示性说明安全规范（特异性靶器官系统毒性　反复接触）.

[26] GB 20602—2006 化学品分类、警示标签和警示性说明安全规范（对水环境的危害）.

[27] 胡忆沩. 危险化学品应急处置. 化学工业出版社，2009.

[28] 鞠江，范小花. 危险化学品安全法律法规. 中国劳动社会保障出版社，2010.
[29] 王罗春，何德文，赵由才. 危险化学品废物的处理. 化学工业出版社，2006.
[30] 赵由才. 实用环境工程手册——固体废物污染控制与资源化. 化学工业出版社，2002.
[31] 岳杨，赵凯. 氰化物突发性污染事故应急处理及监测. 科技信息，2010（4）：316.
[32] 张兆年，张彩香，马蓓蓓. 黄磷应急监测方法探讨. 中国卫生检验，2007（17）9：1703-1704.
[33] 国家安全生产应急救援指挥中心，国家安全监管总局化学品登记中心. 危险化学品应急处置手册. 中国石化出版社，2010.
[34] 路乘风，崔正斌. 防尘技术. 化学工业出版社，2005.
[35] 胡忆沩. 注剂式带压密法技术. 机械工业出版社，1998.
[36] 合丽秋. 危险化学品灾害事故中的洗消. 安防科技，2004（12）：28-29.
[37] 张益，赵由才. 生活垃圾焚烧技术. 化学工业出版社，2000.
[38] 聂永丰. 三废处理工程技术手册（固体废物卷）. 化学工业出版社，2000.
[39] [美]YEN-HSIUNG KIANG AMIR A. METRY. 有害废物的处理技术. 承伯兴，等，译. 中国环境科学出版社，1993.
[40] 张红振，等. 发达国家污染场地修复技术评估实践及其对中国的启示. 环境污染与防治，2012（34）2：105-111.
[41] 吴文飞，等. 大气中酮类化合物污染事故应急监测. 中国环境监测，2001，17（1）：54-56.
[42] 常占华. 氯气泄漏爆炸和中毒事故应急处置. 危险化学品管理，2004，4（6）：25-27.
[43] 吴宗之. 重大危险源控制技术研究现状及若干问题探讨. 中国安全科学学报，1994，4（2）：17-22.
[44] 王完清. 常见危险化学品泄漏处置方法研究. 山西焦煤科技，2005（11）：35-36.
[45] 张宏哲，赵永华，姜春明，等. 危险化学品泄漏事故应急处置技术. 安全、健康与环境，2008，8（6）：2-4.
[46] 环境保护部自然生态保护司编译. 土壤修复技术方法. 中国环境科学出版社，2011.
[47] 李钢. 遇湿易燃物品泄漏事故应急处置. 中国科技信息，2011（20）：42-51.
[48] 陈寒根. 遇水反应危险化学品. 灾害事故处理，2011，36（9）：8-22.
[49] 钟茂华，温丽敏. 关于危险源分类与分级探讨. 中国安全科学学报，2003，6（13）：18-20.
[50]《危化品重特大事故案例精选》编委会. 危化品重特大事故案例精选. 北京：中国劳动社会保障出版社，2007.
[51] 曹俊程，陈程，张君. 跨界酚污染事故的分析和对策. 江苏环境科技，2007，20（2）：142-143.
[52] 丁斌. 危险化学品泄漏事故的应急处置. 安徽化工，2008，34（1）：58-61.
[53] 董文福，傅德黔. 近年来我国环境污染事故综述. 环境科学与技术，2009（7）：81-83.
[54] 傅桃生. 环境应急与典型案例. 北京：中国环境科学出版社，2006.
[55] 宫运华，白福利. 全国死亡百人以上事故统计分析. 中国安全生产科学技术，2006，2（6）：105-107.
[56] 国家安全监管总局监管三司. 国内外危化品典型事故案例分析. 中国劳动社会保障出版社，2009.
[57] 韩晓刚，黄廷林. 我国突发性水污染事件统计分析. 水资源保护，2010（1）：84-90.

[58] 侯娟，胡锋平. 突发性水污染事故的应急处理. 江西化工，2009（1）：49-51.

[59] 黄平，王亚军，刘强. 2000 年国内重特大事故数据. 安全与环境学报，2001，1（1）：44-47.

[60] 贾超，李新群. 高坝风险分析的事件树法. 水力发电，2006，32（8）：71-74.

[61] 李国刚. 突发性环境污染事故应急监测案例. 北京：中国环境科学出版社，2010.

[62] 李健，魏向东，杜欣. 2005 年北京市生活饮用水污染事故分析. 中国卫生监督，2006，13（3）：204-206.

[63] 李丽娟，梁丽乔，刘昌明. 近 20 年我国饮用水污染事故分析及防治对策. 地理学报，2007，62（9）：917-924.

[64] 刘小春，周荣义. 国内化学危险品重特大典型事故分析及其预防措施. 中国安全科学学报，2004，14（6）：87-91.

[65] 罗援，李晓. 中国道路交通事故中人的因素影响分析. 公路与汽运，2001（3）：19-20.

[66] 吕海燕，李文彬. 我国生产安全事故统计分析与预测. 中国个体防护装备，2004（3）：8-9.

[67] 吕海燕. 生产安全事故统计分析及预测理论方法研究. 北京林业大学，2004.

[68] 马杰，宋建池. 近 8 年我国化工事故统计与分析. 工业安全与环保，2009（35）：37-38.

[69] 潘旭海，蒋军成. 重特大泄漏事故统计分析及事故模式研究. 化学工业与工程，2002，19（3）：248-252.

[70] 申洪臣，王健行，成宇涛，等. 海上石油泄漏事故危害及其应急处理. 环境工程，2011，29（6）：110-114.

[71] 孙国良. 霸州市 1990—2005 年饮用水污染事故分析. 中国热带医学，2009，9（6）：13-17.

[72] 王凯全，危化品事故分析与预防. 北京：中国石化出版社，2008.

[73] 王完清. 常见危险化学品泄漏处置方法研究. 山西焦煤科技，2005（11）：34-38.

[74] 魏国，杨志峰，李玉红. 城市危险化学品事故统计分析与对策. 环境污染与防治，2006，28（9）：81-84.

[75] 魏科技，王毅力，宋永会，等. 突发性环境污染事故防范与应急研究进展及体系构建. 安全与环境学报，2008（6）：66-72.

[76] 吴芬，夏昭林. 媒介报告的全国危险化学品事故分析. 职业卫生与应急救援，2005，23（3）：113-115.

[77] 吴宗之，孙猛. 200 起危险化学品公路运输事故的统计分析及对策研究. 中国安全生产科学技术，2005，2（2）：3-8.

[78] 吴宗之，张圣柱，张悦. 2006—2010 年我国危险化学品事故统计分析研究. 中国安全生产科学技术，2011，7（7）：5-9.

[79] 杨洁，毕军，张海燕. 中国环境污染事故发生与经济发展的动态关系. 中国环境科学，2010：571-576.

[80] 于慧源. 事件树原理及其应用中的几个问题. 工业安全与防尘，1994（3）：18-22.

[81] 于水军，潘荣锟，余明高. 2005 年全国危险化学品事故统计分析. 河南理工大学学报，2006，25（6）：452-456.

[82] 张鹤达，刘伟. 危险化学品事故致因研究. 工业安全与环保，2012，38（11）：10-11.

[83] 章春华，刘传润. 海洋环境污染的船舶事故成因与预防对策. 广州航海高等专科学校学报，2006，

14（1）：12-14.

[84] 赵来军，吴萍，许科. 我国危险化学品事故统计分析及对策研究. 中国安全科学学报，2009，19（7）：165-170.

[85] 仲崇波，王成功，陈炳辰. 氰化物的危害及其处理方法综述. 金属矿山，2001（5）：44-47.

[86] 周聪. 试论生产安全事故中统计分析的作用. 甘肃冶金，2012，34（2）：133-134.

[87] 周小龙，蒋军成，张明广. 移动危险源事故统计分析及发生规律探讨. 工业安全与环保，2012，38（1）：23-26.

[88] 朱庆明. 煤矿事故统计分析与预测研究. 山东科技大学，2010.

[89] 左凤朝. 基于 Web 的数据库访问技术探析. 计算机工程与应用，2005，52（15）：36-38.

[90] Adriana Palacios，Joaquim Casal，R. m. darbra. Domino effect in chemical accidents main features and accident sequences. Journal of Hazardous materials，2010：565-573.

[91] Efthymia Papanikolaoua，Daniele Baraldia，M. cristina galassia. HIAD hydrogen incident and accident database. International Journal of Hydrogen Energy，2012，37（37）：17351-17357.

[92] F. mushtaq，M. D. Christou1，R. Nomen et. al. Study of Accidents Involving Chemical Reactive Substances Analysis and Lessons Learned. Process Safety and Environmental Protection，2007：117-124.

[93] Guohua Chen，Qing Ye，Weili duan. The situation of hazardous chemical accidents in China between 2000 and 2006. Journal of Hazardous materials，2011（186）：1489-1494.

[94] H. E. mc Nay. Enterprise Content management：an Overview. InProc. IEEE Intl. Professional Communication Conf，2002，396-402.

[95] HE Gui-zhen，ZHANG Lei，LU Yong-long et al. Managing magor chemical accidents in China：Towards effective risk information. Journal of Hazardous materials，2011，187（3）：171-181.

[96] Hongmin Yang，Kang sun. Statistical Analysis of Dangerous Chemical Accidents in China. Fire Technology，2012.

[97] Joanne Ellis. Analysis of accidents and incidents occurring during transport of packaged dangerous goods by sea. Safety Science，2011：1231-1237.

[98] Laura I. Zimmerman，Raquel Lima，Ricardo Pietrobon et. al. The effects of seasonal variation on hazardous chemical releases. Journal of Hazardous materials，2008（151）：232-238.

[99] Masayuki，Kobayashi，Hideo ohtani. Statistical analysis of dangerous goods accident in japan. Safety Science，2005（43）：287-297.

[100] Paivarinta T，Salminen A. Introduction to the enterprise content management and XML minitrack. System Sciences，2004（1）：92.

[101] S. M. Tauseef，Tasneem Abbasi. Development of a new chemical process-industry accident database to assist in past accident analysis. Journal of Loss Prevention in the Process Industries，2011，24（4）：426-431.

[102] Xiao ping Zheng，Heda Zhang. Characteristics of hazardous chemical accidents in China A statistical

investigation. Journal of Loss Prevention in the Process Industries，2012：686-693.

[103] Shi Senggang，Cao Jingcan，Feng Li. ，Liang Wenyan，Zhang Liqiu，Construction of a technique plan repositoryand evaluation system based on AHP group decision-making for emergency treatment and disposal in chemical pollution accidents. Journal of Hazardous materials，2014，276：200-206.

[104] Xuan Xudan，Qiu Rui，Huang ping. Statistical Analysis on Production Safety Accidents of Heavy Casualties of the Period 2001-2011 in China. Procedia Engineering，2012：950-958.